高 等 数 学

主　审　周智光

主　编　王永森　房　阁

副主编　徐连俊

北京理工大学出版社
BEIJING INSTITUTE OF TECHNOLOGY PRESS

内容简介

本书适用于高等职业院校及同层次的工科学员。全书共八章,内容包括一元函数的极限与连续、导数及应用、不定积分和定积分、多元函数微分学、二重积分、矩阵及其应用。每个重要知识点后都设有课堂练习,以供学生及时巩固之用。每一节后还精心选编了一些习题,并附有参考答案,使学生可以循序渐进地掌握复杂知识和综合性题目。书后设有附录,将初等数学常用公式列举出来,以备参考。

版权专有　侵权必究

图书在版编目(CIP)数据

高等数学／王永森,房阁主编.—北京:北京理工大学出版社,2009.3
(2019.1重印)

ISBN 978－7－5640－2040－8

Ⅰ.高… Ⅱ.①王…②房… Ⅲ.高等数学－高等学校－教材 Ⅳ.O13

中国版本图书馆 CIP 数据核字(2009)第 005046 号

出版发行／北京理工大学出版社
社　　址／北京市海淀区中关村南大街5号
邮　　编／100081
电　　话／(010)68914775(办公室)　68944990(批销中心)　68911084(读者服务部)
网　　址／http:// www.bitpress.com.cn
经　　销／全国各地新华书店
印　　刷／北京虎彩文化传播有限公司
开　　本／787毫米×1092毫米　1/16
印　　张／12.75
字　　数／293千字
版　　次／2009年1月第1版　2019年1月第7次印刷　　　　责任校对／陈玉梅
定　　价／26.00元　　　　　　　　　　　　　　　　　　　　责任印制／吴皓云

图书出现印装质量问题,本社负责调换

前　言

随着高等职业技术教育的迅速发展，接受高等职业技术教育的学生不断增加，为适应高等职业技术教育的需要，编写了本教材。

参加编写本书的人员都是从事高等数学教育多年的一线骨干教师。由于有丰富的教学经验，我们更了解接受高等职业技术教育的学生的需求。

在编写中，我们以"拓宽知识，着眼应用，适当提高"为原则，力求内容通俗易懂，兼顾各类学生。

本书结合高等职业技术院校的学生的实际情况，做到教材结构紧凑，语言简明易懂，对基本理论和基本方法由浅入深，引导学生学会用数学的逻辑思维的方法解决问题。

为了让学生易于掌握高等数学的内容，本书从实例入手将抽象概念形象化，对部分内容配以图、表使学生理解一些定理和概念，将一些数学方法公式化，更便于学生掌握。并且每项内容都配有一定量的课堂练习，来训练学生的解决问题的能力。

本书共有八章，主要内容有函数、极限与连续、导数及导数应用、不定积分和定积分、多元函数微分学、二重积分、矩阵及其应用。每节都配有课堂练习，每节后都配有一定数量的习题，供教师和学生选用，书后附有习题答案供参考。本书的参考学时为90～120学时。

参加编写的有王永森（第六章、第七章）、房阁（第一章、第二章）、徐连俊（第五章）、石坚（第四章、第八章）、项慧慧（第三章、第六章）、周姝等。本书由王永森、房阁主编，徐连俊任副主编，周智光主审。全书由王永森、房阁负责统稿工作。

由于编者的学术水平有限及时间比较仓促，难免有不妥和疏漏之处，恳请广大师生、读者不吝赐教。

作　者

目 录

第一章 函数的极限与连续 ... 1
- 第一节 初等函数 ... 1
- 第二节 极限的概念 ... 9
- 第三节 极限的运算 ... 14
- 第四节 两个重要极限 ... 16
- 第五节 无穷小与无穷大 ... 19
- 第六节 函数的连续性 ... 23

第二章 导数与微分 ... 29
- 第一节 导数的概念 ... 29
- 第二节 导数的基本公式 ... 35
- 第三节 函数的和、差、积、商的求导法则 ... 37
- 第四节 复合函数的导数 ... 41
- 第五节 高阶导数 ... 44
- 第六节 隐函数及由参数方程所确定的函数的导数 ... 46
- 第七节 函数的微分 ... 51

第三章 导数的应用 ... 58
- 第一节 拉格朗日中值定理、函数单调性及极值 ... 58
- 第二节 函数的最值 ... 64
- 第三节 曲线的凹凸和拐点 ... 66
- 第四节 函数图像的描绘 ... 68
- 第六节 边际分析与弹性分析 ... 71
- 第七节 罗必达法则 ... 77

第四章 不定积分 ... 83
- 第一节 原函数与不定积分 ... 83
- 第二节 换元积分法 ... 86
- 第三节 分部积分法 ... 89

第五章 定积分及其应用 ... 92
- 第一节 定积分的概念 ... 92
- 第二节 微积分基本公式 ... 99
- 第三节 定积分换元积分法和分部积分法 ... 103
- 第四节 定积分在几何上的应用 ... 108
- 第五节 定积分在物理中的应用 ... 113
- 第六节 广义积分 ... 115

第六章　多元函数微分学 ························· 119
第一节　空间解析几何简介 ························· 119
第二节　二元函数的概念、极限和连续性 ················· 123
第三节　偏导数 ······························ 127
第四节　复合函数与隐函数的求导法则 ·················· 130
第五节　全微分 ······························ 133
第六节　多元函数的极值 ························· 136

第七章　二重积分 ····························· 142
第一节　二重积分的概念与性质 ····················· 142
第二节　二重积分的计算法 ························ 145
第三节　二重积分的应用实例 ······················ 153

第八章　矩阵及其应用 ·························· 157
第一节　n 阶行列式的概念 ······················· 157
第二节　行列式的性质与克莱姆法则 ··················· 162
第三节　矩阵的概念及运算 ························ 165
第四节　矩阵的初等变换、逆矩阵 ···················· 168
第五节　一般线性方程组的求解问题 ··················· 171

参考答案 ································· 176
附录　初等数学常用公式 ························· 191
参考文献 ································· 195

第一章 函数的极限与连续

函数是微积分研究的主要对象,极限的概念、理论和方法是微积分研究的基本工具. 本章将在复习函数概念和性质的基础上进一步介绍复合函数、初等函数、函数的极限及连续性等内容.

第一节 初等函数

一、函数的概念

1. 函数定义

日常生活中,我们经常看到两个事物之间存在着某种联系,如购买物品的单价确定后,付款金额与购买数量之间存在着一种关系;某天的气温与所处的时间之间存在着一种关系,汽车的耗油量与所行驶的路程之间存在着一种关系,我们把上述这些关系统称为是一种函数关系.

定义1 设 D 是一个实数集,如果有一个对应法则 f,对每一个 $x \in D$,都存在唯一数值 y 和它对应,则将对应法则 f 称为定义在 D 上的一个**函数**,记作 $y = f(x)$,x 称为**自变量**,y 称为**因变量**,数集 D 称为函数的**定义域**,当 x 取遍 D 中的数,对应的 y 构成一个数集 M,称为函数的**值域**.

函数的定义域、对应法则称为函数的**二要素**. 在函数定义中,由定义域和对应法则确定了函数的值域,如果两个函数的定义域、对应法则完全相同,则称这两个函数是同一个函数,否则是两个不同的函数. 如 $y = |x|$ 与 $y = \sqrt{x^2}$,因为它们的定义域与对应法则完全相同,所以是同一个函数;而 $y = 1$ 与 $y = \dfrac{x}{x}$,由于定义域的不同,是两个不同的函数.

课堂练习

下列各对函数 $f(x)$ 与 $\varphi(x)$ 是否相同?为什么?

(1) $f(x) = \dfrac{x^2}{x}$,$\varphi(x) = x$

(2) $f(x) = \lg x^2$,$\varphi(x) = 2\lg x$

2. 函数值

当自变量 x 在定义域内取某一定值 x_0 时,因变量 y 按对应法则 f 得出的对应值称为函数当 $x = x_0$ 的函数值,记为 $f(x_0)$.

例1 已知 $f(x) = 1 + x$,$\varphi(x) = \cos 2x$,求:$f(0)$,$f(-x)$,$f[\varphi(x)]$.

解 $f(0) = 1 + 0 = 1$;

$f(-x) = 1 + (-x) = 1 - x$;

$$f[\varphi(x)] = 1 + \varphi(x) = 1 + \cos 2x.$$

3. 函数的定义域

在研究函数时必须注意它的定义域. 如果是实际问题, 函数的定义域应根据问题的实际意义来确定. 例如, 圆的面积 $A = \pi r^2$, 半径 r 是表示长度的, 故 $r > 0$. 如果一个函数是用解析式来表示的, 我们约定其定义域为使数学表达式有意义的自变量所能取的实数集合. 一般应考虑以下几个方面：

(1) 分母不等于零；   (2) 偶次根式根号内的式子大于或等于零；

(3) $y = \tan x$ 中 $x \neq \dfrac{\pi}{2} + k\pi$ ($k \in \mathbf{Z}$);   (4) $y = \cot x$ 中 $x \neq k\pi$ ($k \in \mathbf{Z}$);

(5) $y = \log_a x$ 的真数需大于零；   (6) $y = \arcsin x, y = \arccos x$ 中, $|x| \leqslant 1$；

(7) 表达式中含有以上六类函数式, 则应取各部分定义域的交集.

例 2 已知函数 $y = \dfrac{5x + 7}{\sqrt{2x - 6}}$, 求定义域.

解 因为偶次根号内的式子非负, 分母不能为零. 有
$$2x - 6 > 0, \quad 即 \quad x > 3$$

所以函数的定义域为 $x \in (3, +\infty)$.

例 3 求函数 $y = \ln(x + 2) + \arcsin \dfrac{2x - 1}{7}$ 的定义域.

解 因为真数必须大于零. 同时考虑反正弦函数的定义域要求, 有
$$\begin{cases} x + 2 > 0 \\ -1 \leqslant \dfrac{2x - 1}{7} \leqslant 1 \end{cases}, \quad \begin{cases} x > -2 \\ -3 \leqslant x \leqslant 4 \end{cases}, \quad -2 < x \leqslant 4$$

所以函数的定义域为 $x \in (-2, 4]$.

在研究函数时, 经常用到邻域概念. 设 x_0 是实数轴上一点, δ 为某一正数, 我们把以 x_0 为中心, 长度为 2δ 的开区间 $(x_0 - \delta, x_0 + \delta)$ 称为 x_0 的 **δ 邻域**. 或简称为点 x_0 的**邻域**.

课堂练习

求下列函数的定义域：

(1) $y = \dfrac{\sqrt{5 - x}}{\ln(x - 3)}$ (2) $y = \dfrac{1}{x} - \sqrt{1 - x^2}$

4. 分段函数

通常函数有三种表示法：列表法、图形法和公式法（又称解析法）.

一个函数在其定义域的不同区间内, 用不同的解析式表示的函数称为**分段函数**. 如符号函数

$$y = \operatorname{sgn} x = \begin{cases} 1 & x > 0 \\ 0 & x = 0 \\ -1 & x < 0 \end{cases}$$

就是一个分段函数，它的定义域为 $D=(-\infty,+\infty)$，值域为 $M=\{-1,0,1\}$.

注意：上面的函数不是两个函数，而是用两个式子表示一个函数. 因此，要求定义域内某个自变量 x 的函数值时，一定要注意将此自变量代入分段函数在相应定义区间上的公式. 分段函数的定义域是各自变量取值集合的并集. 分段函数的图像在每一个区间段上与相应解析式函数的图像相同.

例 4 设 $f(x)=\begin{cases} x+1 & x\leqslant 0 \\ x^2 & 0<x\leqslant 1 \\ -2x+4 & x>1 \end{cases}$

求（1） $f(-1)$，$f(1)$；
  （2）函数的定义域；
  （3）画出函数的图像；

解（1） $f(-1)=-1+1=0$，$f(1)=1^2=1$.
  （2）函数的定义域为 $D=(-\infty,+\infty)$.
  （3）作图如图 1.1 所示.

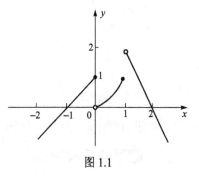

图 1.1

课堂练习

设 $f(x)=\begin{cases} x^2+1 & x<0 \\ 2 & x=0 \\ 3x & x>0 \end{cases}$，求 $f(-2)$，$f(0)$，$f(3)$，

并作出它的图像.

5. 反函数

在研究两个变量的相互关系时，两个变量之间是互相依存，互相制约的. 在实际问题中，两个变量的地位虽有不同但又可以互相转化. 例如研究圆面积 A 与圆半径 r 之间的关系. 如果已知半径求面积，则我们有函数

$$A=f(r)=\pi r^2 \quad (r>0)$$

反过来我们要依据已知的圆的面积来确定它的半径，则必须将 A 作为自变量,将半径 r 作为因变量，即

$$r=\varphi(A)=\sqrt{\frac{A}{\pi}} \quad (A>0)$$

这样一来我们得到了两个函数：$A=f(r)=\pi r^2$ 及 $r=\varphi(A)=\sqrt{\frac{A}{\pi}}$. 一方面，它们描述了圆的半径与面积之间的同一数量关系；另一方面，函数作为两个变量之间的对应法则 $f(\ )$ 与 $\varphi(\ )$ 却有不同的含义. 即：$f(\ )$ 表示将自变量平方再乘以 π；$\varphi(\ )$ 表示将自变量除以 π 再取算术根.

我们称 $A=f(r)$ 是 $r=\varphi(A)$ 的反函数，也可称 $r=\varphi(A)$ 是 $A=f(r)$ 的反函数. 习惯上以 x 表示自变量，y 作为因变量，则

$$y=f(x)=\pi x^2 \quad (x \text{ 表示半径}，y \text{ 表示面积})$$

$$y = \varphi(x) = \sqrt{\frac{x}{\pi}} \quad (x \text{ 表示面积}, y \text{ 表示半径})$$

称 $y = \sqrt{\frac{x}{\pi}}$ 是 $y = \pi x^2$ 的反函数.

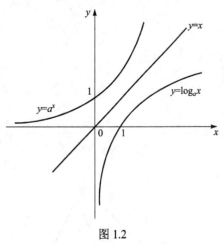

图 1.2

定义 2 设函数 $y = f(x)$ 的定义域为 D, 值域为 M. 如果对于 M 中的每一个 y 值, 都有 D 中的一个 x 值适合 $y = f(x)$. 这样由关系式 $y = f(x)$ 确定了一个以 y 为自变量, 以 x 为因变量的函数 $x = \varphi(y)$, $y \in M$. 则称函数 $x = \varphi(y)$ 是函数 $y = f(x)$ 的**反函数**, 习惯上以 x 为自变量, 可将 $x = \varphi(y)$ 改写为 $y = \varphi(x)$, 仍称 $y = \varphi(x)$ 是 $y = f(x)$ 的反函数. 显然 $y = f(x)$ 与 $y = \varphi(x)$ 互为反函数.

几何上, 在同一直角坐标系中, $y = f(x)$ 与它的反函数 $x = \varphi(y)$ 表示同一曲线, 但 $y = f(x)$ 与它的反函数 $y = \varphi(x)$ 的图像关于直线 $y = x$ 对称.

例如, $y = a^x$ 与 $y = \log_a x$ 它们互为反函数, 它们的图像关于直线 $y = x$ 对称, 如图 1.2 所示.

二、函数的几种特性

1. 有界性

定义 3 设函数 $y = f(x)$ 在区间 (a,b) 上有定义, 如果存在正数 M, 对于任意 $x \in (a,b)$, 恒有 $|f(x)| \leq M$, 则称函数 $y = f(x)$ 在 (a,b) 上是**有界的**, 正数 M 称为函数 $y = f(x)$ 的**界**; 若不存在这样的正数 M, 则称 $y = f(x)$ 在 (a,b) 上是**无界的**.

从几何上看, 有界函数的图形被限制在两条平行于 x 轴的直线 $y = M$ 与 $y = -M$ 所确定的带形区域内 (图 1.3).

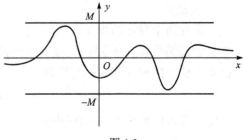

图 1.3

如: $y = \sin x$ 在 $(-\infty, +\infty)$ 上是有界的, 因为 $|\sin x| \leq 1$, $M = 1$. $y = x^2$ 在 $(-\infty, +\infty)$ 上是无界的, 因为找不到这样的正数 M, 使得 $|x^2| \leq M$ 恒成立. 而 $y = x^2$ 在 $(-8,3)$ 上是有界的, 因为 $|x^2| \leq 8^2$, $M = 8$.

2. 奇偶性

定义 4 设函数 $y = f(x)$ 的定义域 D 关于原点对称. 若对任意的 $x \in D$, 都有 $f(-x) = -f(x)$ 恒成立, 则称 $y = f(x)$ 是**奇函数**; 如果对任意的 $x \in D$, 都有 $f(-x) = f(x)$ 恒成立, 则称 $y = f(x)$ 是**偶函数**.

在直角坐标系下, 奇函数的图像关于原点对称, 偶函数的图像关于 y 轴对称.

3. 单调性

定义 5 设函数 $y = f(x)$ 在 (a,b) 内有定义, 对任意的 $x_1, x_2 \in (a,b)$, 若 $x_1 < x_2$ 时, 恒有 $f(x_1) < f(x_2)$ 成立, 则称函数 $y = f(x)$ 在区间 (a,b) 内是**单调增加的**; 若 $x_1 < x_2$ 时, 恒有

$f(x_1) > f(x_2)$ 成立，则称函数 $y = f(x)$ 在区间 (a,b) 内是**单调减少的**.

单调递增函数和单调递减函数统称为单调函数. 单调递增函数的图像随 x 的增大而保持上升的势头，单调递减函数的图像随 x 的增大而保持下降的势头.

4. 周期性

设 $y = f(x)$ 是在 $(-\infty, +\infty)$ 上有定义的函数，若存在实数 $T \neq 0$，使对任意的 $x \in (-\infty, +\infty)$，都有 $f(x+T) = f(x)$，则称 $y = f(x)$ 为**周期函数**，并称使上述等式成立的最小正数 T 为 $y = f(x)$ 的**周期**.

比如函数 $y = \sin x$，$y = \cos x$ 是以 2π 为周期的周期函数；$y = \tan x$，$y = \cot x$ 是以 π 为周期的周期函数.

周期函数的图像，沿 x 轴每间隔一个周期 T 就重复一次. 因此画周期函数的图像时，只需作出该函数在一个周期上的图像就可以了.

三、初等函数

中学学过的常数函数、幂函数、指数函数、对数函数、三角函数、反三角函数统称为**基本初等函数**，现将其图形及性质列表见表 1.1.

表 1.1 基本初等函数的图像和性质

		定义域和值域	图 像	特 性
常数函数	$y = C$	$x \in (-\infty, +\infty)$		偶函数
幂函数	$y = x$	$x \in (-\infty, +\infty)$ $y \in (-\infty, +\infty)$		奇函数，单调增加
	$y = x^2$	$x \in (-\infty, +\infty)$ $y \in [0, +\infty)$		偶函数. 在 $(-\infty, 0)$ 内单调减少，在 $(0, +\infty)$ 内单调增加
	$y = x^3$	$x \in (-\infty, +\infty)$ $y \in (-\infty, +\infty)$		奇函数，单调增加

续表

		定义域和值域	图像	特　性
幂函数	$y = x^{-1}$	$x \in (-\infty,0) \cup (0,+\infty)$ $y \in (-\infty,0) \cup (0,+\infty)$		奇函数在 $(-\infty,0)$ 和 $(0,+\infty)$ 上分别单调减少
幂函数	$y = x^{\frac{1}{2}}$	$x \in [0,+\infty)$ $y \in [0,+\infty)$		单调增加
指数函数	$y = a^x$ $(a>1)$	$x \in (-\infty,+\infty)$ $y \in (0,+\infty)$		单调增加，经过点 $(0,1)$
指数函数	$y = a^x$ $(0<a<1)$	$x \in (-\infty,+\infty)$ $y \in (0,+\infty)$		单调减少，经过点 $(0,1)$
对数函数	$y = \log_a x$ $(a>1)$	$x \in (0,+\infty)$ $y \in (-\infty,+\infty)$		单调增加，经过点 $(1,0)$
对数函数	$y = \log_a x$ $(0<a<1)$	$x \in (0,+\infty)$ $y \in (-\infty,+\infty)$		单调减少，经过点 $(1,0)$
三角函数	$y = \sin x$	$x \in (-\infty,+\infty)$ $y \in [-1,1]$		奇函数，有界，周期 2π，在 $\left(2k\pi - \dfrac{\pi}{2}, 2k\pi + \dfrac{\pi}{2}\right)$ 内单调增加，在 $\left(2k\pi + \dfrac{\pi}{2}, 2k\pi + \dfrac{3\pi}{2}\right)$ 内单调减少 $(k \in \mathbf{Z})$
三角函数	$y = \cos x$	$x \in (-\infty,+\infty)$ $y \in [-1,1]$		偶函数，有界，周期 2π，在 $(2k\pi, 2k\pi+\pi)$ 内单调减少，在 $(2k\pi+\pi, 2k\pi+2\pi)$ 内单调增加 $(k \in \mathbf{Z})$

续表

		定义域和值域	图像	特性
三角函数	$y = \tan x$	$x \neq k\pi + \dfrac{\pi}{2}$ $(k \in \mathbf{Z})$ $y \in (-\infty, +\infty)$		奇函数，周期π，在$\left(k\pi - \dfrac{\pi}{2}, k\pi + \dfrac{\pi}{2}\right)$内单调增加$(k \in \mathbf{Z})$
	$y = \cot x$	$x \neq k\pi$ $(k \in \mathbf{Z})$ $y \in (-\infty, +\infty)$		奇函数，周期π，在$(k\pi, k\pi + \pi)$内单调减少$(k \in \mathbf{Z})$
反三角函数	$y = \arcsin x$	$x \in [-1, 1]$ $y \in \left[-\dfrac{\pi}{2}, \dfrac{\pi}{2}\right]$		奇函数，有界，单调增加
	$y = \arccos x$	$x \in [-1, 1]$ $y \in [0, \pi]$		有界，单调减少
	$y = \arctan x$	$x \in (-\infty, +\infty)$ $y \in \left(-\dfrac{\pi}{2}, \dfrac{\pi}{2}\right)$		奇函数，有界，单调增加
	$y = \text{arccot}\, x$	$x \in (-\infty, +\infty)$ $y \in (0, \pi)$		有界，单调减少

四、复合函数

1. 复合函数

在很多实际问题中，两个变量的联系有时不是直接的．例如，简谐振动 $y = f(x) = A\sin(\omega x + \varphi)$，函数值 y 不是直接由自变量 x 来确定，而是通过 $\omega x + \varphi$ 来确定的．如果用 u 表示 $\omega x + \varphi$，则函数 $y = A\sin(\omega x + \varphi)$ 就可表示成 $y = A\sin u$，而 $u = \omega x + \varphi$．这也说明了 y 与 x 的函数关系是通过变量 u 来确定的．

定义 6 设 y 为 u 的函数 $y=f(u)$，而 u 又是 x 的函数 $u=\varphi(x)$，通过 u 将 y 表示成 x 的函数，即 $y=f[\varphi(x)]$，那么 y 就叫做 x 的**复合函数**，其中 u 叫做**中间变量**.

注意：函数 $u=\varphi(x)$ 的值域应该取在函数 $y=f(u)$ 的定义域内，否则复合函数将失去意义.

例如，复合函数 $y=\sqrt{u}$，$u=2+x$，由于 $y=\sqrt{u}$ 的定义域为 $[0,+\infty)$，所以中间变量 $u=2+x$ 的值域必须在 $[0,+\infty)$ 内，即 x 应在 $[-2,+\infty)$ 内.

复合函数也可以由两个以上的函数复合而成. 如：$y=\sin u$，$u=\sqrt[3]{v}$，$v=1-e^x$，则得复合函数：$y=\sin\sqrt[3]{1-e^x}$，这里，u，v 都是中间变量.

利用复合函数的概念，可以把一个较复杂的函数分解成若干个简单函数（即基本初等函数，或由常数与基本初等函数经过有限次四则运算而成的函数）.

例 5 下列函数由哪些基本初等函数复合而成：

(1) $y=2^{\cos x}$ (2) $y=\ln(1-2x)$

(3) $y=\sin^2\dfrac{1}{x}$ (4) $y=e^{\sqrt{x^2-2x-3}}$

解 (1) $y=2^u$，$u=\cos x$；

(2) $y=\ln u$，$u=1-2x$；

(3) $y=u^2$，$u=\sin v$，$v=\dfrac{1}{x}$；

(4) $y=e^u$，$u=\sqrt{v}$，$v=x^2+2x-3$.

注意：分析复合函数的复合结构时，应该由外至内逐步将复合函数分解成若干个基本初等函数(多项式例外)，我们形象地说：由外至内，层层剥笋.

课堂练习

下列函数由哪些基本初等函数复合而成：

(1) $y=\sqrt{x^2-3}$ (2) $y=\sin^2(\ln x)$

(3) $y=e^{\sqrt{\cos(x+2)}}$ (4) $y=\dfrac{1}{\tan 3x}$

2. 初等函数

定义 7 由基本初等函数经过有限次四则运算和复合而成的，且能用一个解析式表示的函数，称为**初等函数**.

如：$y=\dfrac{e^x+e^{-x}}{2}$，$y=\sqrt{1+x^2}\sin^2(3x+2)+5$ 都是初等函数，应当注意的是分段函数一般不是初等函数，如 $f(x)=\begin{cases}2x+1 & x\leqslant 0\\ 1-2x & x>0\end{cases}$ 是由两个解析式表示的一个函数.

习题 1-1

1. 下列各对函数 $f(x)$ 与 $\varphi(x)$ 是否相同？为什么？

（1） $f(x)=1$， $\varphi(x)=\sec^2 x-\tan^2 x$

（2） $f(x)=\ln|x|$， $\varphi(x)=\ln x$

（3） $f(x)=x$， $\varphi(x)=e^{\ln x}$

2. 设 $f(x)=x^2+5$， $\varphi(x)=\sin 3x$，求：$f(-2)$，$f(-x)$，$f[f(x)]$，$f[\varphi(x)]$.

3. 设 $f(x)=\begin{cases}-1 & x<0 \\ x+3 & 0\leqslant x<2 \\ x^2 & x\geqslant 2\end{cases}$，求 $f(x)$ 的定义域及 $f(-1)$、$f(0)$、$f(3)$ 的值，并作出它的图像.

4. 求下列函数的定义域：

（1） $y=\dfrac{1}{1-x^2}$ （2） $y=\sqrt{3x+2}$

（3） $y=\lg(4-x)$ （4） $y=\arcsin\dfrac{x-1}{2}$

5. 下列函数由哪些基本初等函数复合而成：

（1） $y=\lg(2^{\cos x})$ （2） $y=[\arccos(1-x^2)]^3$

6. 设 $f(x)$ 的定义域为 $[0,1]$，求：

（1） $f(x^2)$ 的定义域；

（2） $f\left(x+\dfrac{1}{3}\right)+f\left(x-\dfrac{1}{3}\right)$ 的定义域.

第二节 极限的概念

一、极限概念的引入

我国春秋战国时期的《庄子·天下篇》中说："一尺之棰，日取其半，万世不竭"，这就是最朴素的极限思想.

在这个过程中可以试想一下，一根棒子，每天取其一半，尽管永远取不完，可到了一定的时候，还能看得见吗？看不见意味着什么？不就是没有了吗？终极的时候，就彻底地没有了. 它的终极状态就是零. 那么我们如何去理解这个终极状态和零呢？

中国古代数学家刘徽的割圆术，就是用圆内接正多边形的周长逼近圆周长的极限思想来近似计算圆周率 π 的. 他说："割之弥细，所失弥少，割之又割，以至不可再割，则与圆合体而无所失矣！"

17 世纪 60 年代，牛顿和莱布尼兹两人分别从力学问题和几何学问题入手，在前人工作的基础上. 利用还不严密的极限方法各自独立地建立了微积分学，最后由柯西和维尔斯特拉斯完善了微积分的基础概念——极限.

用现代数学的思想来说，刘徽割圆术中所述的不可再割的情况是不存在的，无论怎么一种割法，都不可能"与圆合体而无所失"，但是，他体现出来的终极思想是无可非议的.

微分学与积分学中还有许多有关极限思想的应用问题，在后面的课程中我们还会有这方面的阐述,在这里就不作介绍了.

二、数列的极限

例 1 观察下列数列的变化趋势:

(1) $1, \dfrac{1}{2}, \dfrac{1}{3}, \dfrac{1}{4}, \cdots, \dfrac{1}{n}, \cdots$

(2) $-\dfrac{1}{2}, -\dfrac{1}{4}, -\dfrac{1}{8}, -\dfrac{1}{16}, \cdots, -\dfrac{1}{2^n}, \cdots$

(3) $2, \dfrac{3}{2}, \dfrac{4}{3}, \dfrac{5}{4}, \cdots, \dfrac{n+1}{n}, \cdots$

(4) $(-1), \dfrac{1}{2}, \dfrac{1}{3}, \dfrac{1}{4}, \cdots, (-1)^n \dfrac{1}{n}, \cdots$

(5) $2, 4, 6, 8, \cdots, 2n, \cdots$

(6) $(-1), 1, (-1), 1, \cdots, (-1)^n, \cdots$

解 观察上述数列发现:

(1) 当 n 无限增大时,数列的通项 $x_n = \dfrac{1}{n}$ 在数轴上从 0 的右侧无限地趋近于常数 0;

(2) 当 n 无限增大时,数列的通项 $x_n = -\dfrac{1}{2^n}$ 在数轴上从 0 的左侧无限地趋近于常数 0;

(3) 当 n 无限增大时,数列的通项 $x_n = \dfrac{n+1}{n}$ 在数轴上从 1 的右侧无限地趋近于常数 1;

(4) 当 n 无限增大时,数列的通项 $x_n = (-1)^n \dfrac{1}{n}$ 在数轴上从 0 的两侧无限地趋近于常数 0;

(5) 当 n 无限增大时,数列的通项 $x_n = 2n$ 也无限增大;

(6) 当 n 无限增大时,n 分为奇数与偶数,数列分别趋近于 (-1) 和 1,而不趋近于一个确定的常数.

定义 1 对于无穷数列 $\{x_n\}$,如果当项数 n 无限增大时,数列 $\{x_n\}$ 的通项 x_n 无限地趋近于一个确定的常数 A,则称 A 为**数列 $\{x_n\}$ 当 n 趋于无穷大时的极限**,记作

$$\lim_{n \to \infty} x_n = A \text{ 或 } x_n \to A \ (n \to \infty)$$

亦称数列 $\{x_n\}$ 当 n 趋于无穷大时收敛于 A. 若当 n 无限增大时,数列 $\{x_n\}$ 的极限不存在,亦称数列 $\{x_n\}$ 是发散的.

根据数列极限的定义,例1中的 6 个数列,有

(1) $\lim\limits_{n \to \infty} \dfrac{1}{n} = 0$;

(2) $\lim\limits_{n \to \infty} \left(-\dfrac{1}{2^n}\right) = 0$;

(3) $\lim\limits_{n \to \infty} \dfrac{n+1}{n} = 1$;

(4) $\lim\limits_{n \to \infty} (-1)^n \dfrac{1}{n} = 0$;

(5) 数列 $x_n = 2n$ 的极限不存在;

(6) 数列 $x_n = (-1)^n$ 的极限不存在.

由此看到数列极限不存在有两种情况:

(1) $n \to \infty$ 时,$x_n \to \infty$; 如:数列(5).

(2) $n \to \infty$ 时,数列交错; 如:数列(6).

例2 观察下列数列的极限：

（1） $x_n = q^n$ （$|q|<1$）

（2） $x_n = 5$

解 （1） $\lim\limits_{n\to\infty} q^n = 0$ （$|q|<1$）

（2） $\lim\limits_{n\to\infty} 5 = 5$

一般地，任何一个常数数列的极限都是这个常数本身，即

$$\lim_{n\to\infty} C = C \quad （C 为常数）$$

在实际中，经常会遇到下列数列的极限，请熟记下列结果：

（1） $\lim\limits_{n\to\infty} C = C$

（2） $\lim\limits_{n\to\infty} n$ 不存在

（3） $\lim\limits_{n\to\infty} \dfrac{1}{n} = 0$

（4） $\lim\limits_{n\to\infty} q^n = 0$ （$|q|<1$）

课堂练习

观察下列数列的变化趋势，如果有极限，写出它们的极限值：

（1） $x_n = 1 - \left(-\dfrac{2}{3}\right)^n$ （2） $x_n = \dfrac{2n+1}{n-1}$

（3） $x_n = (-1)^n n$ （4） $x_n = 3 - \dfrac{1}{n}$

三、函数的极限

1. 当 $x\to\infty$ 时函数 $f(x)$ 的极限

例3 观察下列函数的变化趋势（图1.4，图1.5，图1.6）：

（1） $f(x) = \dfrac{1}{x}$ （$x\to\infty$）；

（2） $f(x) = 2^{-x}$ （$x\to+\infty$）；

（3） $f(x) = \arctan x$ （$x\to\infty$）.

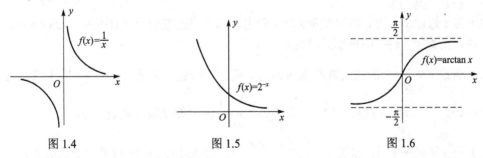

图1.4   图1.5   图1.6

定义2 设函数 $y=f(x)$ 在 $|x|>a$ 时有定义（a 为某个正实数），如果当自变量 x 的绝对值无限增大时，函数 $f(x)$ 的值无限趋近于一个确定的常数 A，则称常数 A 为函数 $y=f(x)$ 当

$x \to \infty$ 时的极限，记作

$$\lim_{x \to \infty} f(x) = A \quad 或 \quad f(x) \to A (x \to \infty)$$

定义 3 设函数 $y = f(x)$ 在 $(a, +\infty)$ 内有定义（a 为某个实数），如果当自变量 x 无限增大时，函数 $f(x)$ 的值无限趋近于一个确定的常数 A，则称常数 A 为函数 $y = f(x)$ 当 $x \to +\infty$ 时的极限，记作

$$\lim_{x \to +\infty} f(x) = A \quad 或 \quad f(x) \to A (x \to +\infty)$$

定义 4 设函数 $y = f(x)$ 在 $(-\infty, a)$ 内有定义（a 为某个实数），如果当自变量 x 取负值而绝对值无限增大时，函数 $f(x)$ 的值无限趋近于一个确定的常数 A，则称常数 A 为函数 $y = f(x)$ 当 $x \to -\infty$ 时的极限，记作

$$\lim_{x \to -\infty} f(x) = A \quad 或 \quad f(x) \to A (x \to -\infty)$$

定理 1 $\lim_{x \to \infty} f(x) = A$ 的充要条件是 $\lim_{x \to +\infty} f(x) = \lim_{x \to -\infty} f(x) = A$.

由函数极限的定义，例 2 中的三个函数有：

(1) $\lim_{x \to \infty} \dfrac{1}{x} = 0$；(2) $\lim_{x \to +\infty} 2^{-x} = 0$；(3) $\lim_{x \to +\infty} \arctan x = \dfrac{\pi}{2}$，$\lim_{x \to -\infty} \arctan x = -\dfrac{\pi}{2}$. (3) 中当 x 趋于无穷大时，$\arctan x$ 不能趋近于一个确定的常数，故 $\lim_{x \to \infty} \arctan x$ 不存在.

2. 当 $x \to x_0$ 时函数 $f(x)$ 的极限

例 4 观察下列函数当 $x \to 1$ 时的变化趋势（图 1.7，图 1.8，图 1.9）：

(1) $y = x + 1$；　(2) $y = \dfrac{x^2 - 1}{x - 1}$；　(3) $y = \begin{cases} x+1 & x \neq 1 \\ 1 & x = 1 \end{cases}$

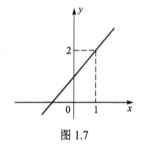
图 1.7

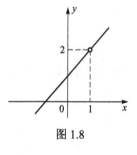
图 1.8

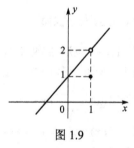
图 1.9

解 根据图像可知：

(1) 当 x 趋近于 1 时，即自变量 x 从 x 轴上表示 1 点的左边 ($x < 1$) 或者右边 ($x > 1$) 无限趋近于 1 时，函数 $y = x + 1$ 的值都无限地趋近于 2；

(2) 函数 $y = \dfrac{x^2 - 1}{x - 1}$ 的定义域不包括 $x = 1$，但当 x 趋近于 1 时，即 x 从 x 轴上点 $x = 1$ 左右两边无限趋近于 1 时（但不等于 1），函数 $y = \dfrac{x^2 - 1}{x - 1}$ 的值都无限地趋近于 2；

(3) 当 x 趋近于 1 时，函数 $y = \begin{cases} x+1 & x \neq 1 \\ 1 & x = 1 \end{cases}$ 的值无限地趋近于 2（不等于函数值）.

定义 5 设函数 $f(x)$ 在点 x_0 的某个邻域内（点 x_0 可除外）有定义，如果当 x 无限地趋近于 x_0 时，函数 $f(x)$ 的值无限地趋近于一个确定的常数 A，则称 A 为函数 $y = f(x)$ 当 $x \to x_0$ 时

的极限，记作
$$\lim_{x \to x_0} f(x) = A \quad \text{或} \quad f(x) \to A \ (x \to x_0)$$

若当 x 无限趋近于 x_0 时，函数 $f(x)$ 不趋向于一个确定的常数，就称 $f(x)$ 的极限不存在．根据函数极限的定义，例 3 中的三个函数有：

（1）$\lim\limits_{x \to 1} f(x) = \lim\limits_{x \to 1}(x+1) = 2$；（2）$\lim\limits_{x \to 1} f(x) = \lim\limits_{x \to 1} \dfrac{x^2-1}{x-1} = 2$；（3）$\lim\limits_{x \to 1} f(x) = 2$．

3. 当 $x \to x_0$ 时 $f(x)$ 的左、右极限

在定义 5 中，x 是从左右两边趋近于 x_0 的，但在有些问题中，往往只需要考虑点 x 从 x_0 一侧趋近于 x_0 时，函数 $f(x)$ 的变化趋向．

定义 6 设函数 $f(x)$ 在点 x_0 的某个邻域内（点 x_0 可除外）有定义，如果当 x 从点 x_0 的左边无限地趋近于 x_0 时，函数 $f(x)$ 的值无限地趋近于一个确定的常数 A，则称 A 为函数 $y = f(x)$ 当 x 趋近于 x_0 时的**左极限**，记作 $\lim\limits_{x \to x_0^-} f(x) = A$；如果当 x 从点 x_0 的右边无限地趋近于 x_0 时，函数 $f(x)$ 的值无限地趋近于一个确定的常数 A，则称 A 为函数 $y = f(x)$ 当 x 趋近于 x_0 时的**右极限**，记作 $\lim\limits_{x \to x_0^+} f(x) = A$．

定理 2 $\lim\limits_{x \to x_0} f(x) = A$ 的充要条件是 $\lim\limits_{x \to x_0^-} f(x) = \lim\limits_{x \to x_0^+} f(x) = A$．

例 5 观察函数 $f(x) = \begin{cases} x^2 & x \leqslant 0 \\ x+1 & x > 0 \end{cases}$ 的图形（图 1.10），讨论当 $x \to 0$ 时，$f(x)$ 的极限是否存在．

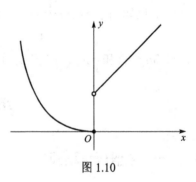

图 1.10

解 $\lim\limits_{x \to 0^-} f(x) = \lim\limits_{x \to 0^-} x^2 = 0$

$\lim\limits_{x \to 0^+} f(x) = \lim\limits_{x \to 0^+}(x+1) = 1$

当 $x \to 0$ 时，函数 $f(x)$ 的左、右极限分别存在但不相等，故 $f(x)$ 极限不存在．

通常，函数不存在有三种情况：

（1）函数值趋近于无穷大，如：$y = \ln x$ 当 $x \to 0^+$ 时；

（2）函数值无穷摆动，如：$y = \sin x$ 当 $x \to \infty$ 时；

（3）函数值有跳跃现象，如：例 5．

课堂练习

1. 观察下列函数的变化趋势，如果有极限，写出它们的极限值：

（1）$\lim\limits_{x \to x_0} C$（$C$ 为常数）　　　　（2）$\lim\limits_{x \to x_0} x$

（3）$\lim\limits_{x \to 2}(x^2 + 5)$　　　　　　　（4）$\lim\limits_{x \to -\infty} e^x$

（5）$\lim\limits_{x \to 0^+} \ln x$　　　　　　　　（6）$\lim\limits_{x \to \infty} \dfrac{1}{x^2}$

2. 设 $f(x) = \begin{cases} x+1 & x < 0 \\ x & x \geqslant 0 \end{cases}$，作出 $f(x)$ 的图像，求 $\lim\limits_{x \to 0^-} f(x)$ 及 $\lim\limits_{x \to 0^+} f(x)$，并问 $\lim\limits_{x \to 0} f(x)$ 是否存在？

习题 1-2

1. 观察下列数列的变化趋势，如果有极限，写出它们的极限值：

(1) $x_n = 0.\overbrace{333\cdots3}^{n\uparrow}$

(2) $x_n = \dfrac{n+1}{n^2}$

(3) $x_n = \dfrac{n^2+1}{n}$

2. 下列极限是否存在？为什么？

(1) $\lim\limits_{x\to 0}\dfrac{x}{x}$

(2) $\lim\limits_{x\to 0}\dfrac{|x|}{x}$

(3) $\lim\limits_{x\to 0}e^{\frac{1}{x}}$

(4) $\lim\limits_{x\to\infty}\cos x$

3. 设 $f(x)=\begin{cases}2x & 0\leqslant x\leqslant 1\\ 3-x & 1<x\leqslant 2\end{cases}$，求 $\lim\limits_{x\to 1^-}f(x)$ 及 $\lim\limits_{x\to 1^+}f(x)$，并问 $\lim\limits_{x\to 1}f(x)$ 是否存在？

4. 已知函数 $f(x)=\begin{cases}x^2+2 & x<0\\ 2e^x & 0\leqslant x<1\\ 4 & x\geqslant 1\end{cases}$，求：$\lim\limits_{x\to 0^-}f(x)$，$\lim\limits_{x\to 0^+}f(x)$，$\lim\limits_{x\to 1^-}f(x)$，$\lim\limits_{x\to 1^+}f(x)$，

并问 $\lim\limits_{x\to 0}f(x)$ 和 $\lim\limits_{x\to 1}f(x)$ 是否存在，如果存在等于多少？

第三节　极限的运算

一、极限运算法则

设 $\lim\limits_{x\to x_0}f(x)=A$，$\lim\limits_{x\to x_0}g(x)=B$，则有

法则 1　$\lim\limits_{x\to x_0}[f(x)\pm g(x)]=\lim\limits_{x\to x_0}f(x)\pm\lim\limits_{x\to x_0}g(x)=A\pm B$

法则 2　$\lim\limits_{x\to x_0}[f(x)g(x)]=\lim\limits_{x\to x_0}f(x)\lim\limits_{x\to x_0}g(x)=AB$

推论 1　$\lim\limits_{x\to x_0}[Cf(x)]=C\lim\limits_{x\to x_0}f(x)=CA$　（C 为常数）

推论 2　$\lim\limits_{x\to x_0}[f(x)]^n=[\lim\limits_{x\to x_0}f(x)]^n=A^n$　（n 为正整数）

法则 3　$\lim\limits_{x\to x_0}\dfrac{f(x)}{g(x)}=\dfrac{\lim\limits_{x\to x_0}f(x)}{\lim\limits_{x\to x_0}g(x)}=\dfrac{A}{B}$　（$B\neq 0$）

上述极限运算法则对于 $x\to\infty$ 的情况也成立，并且法则 1，2 可推广到有限个具有极限的函数的情形.

二、极限的运算举例

例1 求 $\lim\limits_{x \to 1}(x^2 - 2x + 5)$.

解 $\lim\limits_{x \to 1}(x^2 - 2x + 5) = \lim\limits_{x \to 1} x^2 - 2\lim\limits_{x \to 1} x + \lim\limits_{x \to 1} 5 = 1 - 2 \times 1 + 5 = 4$

例2 求 $\lim\limits_{x \to 0} \dfrac{2x^2 - 3x + 1}{x + 2}$.

解 $\lim\limits_{x \to 0} \dfrac{2x^2 - 3x + 1}{x + 2} = \dfrac{\lim\limits_{x \to 0}(2x^2 - 3x + 1)}{\lim\limits_{x \to 0}(x + 2)} = \dfrac{2\lim\limits_{x \to 0} x^2 - 3\lim\limits_{x \to 0} x + \lim\limits_{x \to 0} 1}{\lim\limits_{x \to 0} x + \lim\limits_{x \to 0} 2} = \dfrac{1}{2}$

例3 求 $\lim\limits_{x \to 2} \dfrac{x^2 - 4}{x - 2}$.

解 因为 $\lim\limits_{x \to 2}(x - 2) = 0$，所以不能直接应用法则 3，但在 $x \to 2$ 的过程中，由于 $x \neq 2$ 即 $x - 2 \neq 0$，因而在分式中可约去非零公因子，即

$$\lim\limits_{x \to 2} \dfrac{x^2 - 4}{x - 2} = \lim\limits_{x \to 2} \dfrac{(x - 2)(x + 2)}{x - 2} = \lim\limits_{x \to 2}(x + 2) = 4$$

例4 求 $\lim\limits_{x \to 0} \dfrac{\sqrt{1 + x} - 1}{x}$.

解 $\lim\limits_{x \to 0} \dfrac{\sqrt{1 + x} - 1}{x} = \lim\limits_{x \to 0} \dfrac{(\sqrt{1 + x} - 1)(\sqrt{1 + x} + 1)}{x(\sqrt{1 + x} + 1)}$

$= \lim\limits_{x \to 0} \dfrac{x}{x(\sqrt{1 + x} + 1)} = \dfrac{1}{2}$

例5 求下列极限：

（1）$\lim\limits_{x \to \infty} \dfrac{2x^2 - x + 3}{3x^2 + 1}$；　　　　　（2）$\lim\limits_{x \to \infty} \dfrac{4x^3 + 2x^2 + 1}{3x^4 + 1}$.

解 当 $x \to \infty$ 时，每小题分子、分母的极限都不存在，所以不能直接应用法则 3，此时可先将分子、分母同除以分母的最高次幂，再求极限.

（1）$\lim\limits_{x \to \infty} \dfrac{2x^2 - x + 3}{3x^2 + 1} = \lim\limits_{x \to \infty} \dfrac{2 - \dfrac{1}{x} + \dfrac{3}{x^2}}{3 + \dfrac{1}{x^2}} = \dfrac{\lim\limits_{x \to \infty}\left(2 - \dfrac{1}{x} + \dfrac{3}{x^2}\right)}{\lim\limits_{x \to \infty}\left(3 + \dfrac{1}{x^2}\right)} = \dfrac{2}{3}$

（2）$\lim\limits_{x \to \infty} \dfrac{4x^3 + 2x^2 + 1}{3x^4 + 1} = \lim\limits_{x \to \infty} \dfrac{\dfrac{4}{x} + \dfrac{2}{x^2} + \dfrac{1}{x^4}}{3 + \dfrac{1}{x^4}} = \dfrac{\lim\limits_{x \to \infty}\left(\dfrac{4}{x} + \dfrac{2}{x^2} + \dfrac{1}{x^4}\right)}{\lim\limits_{x \to \infty}\left(3 + \dfrac{1}{x^4}\right)} = \dfrac{0}{3} = 0$

课堂练习

求下列极限：

（1）$\lim\limits_{x \to 0}(x + 1)(2 - \sin x)$　　　　　（2）$\lim\limits_{x \to 2} \dfrac{x^2 - 4}{x^2 + x - 6}$

(3) $\lim\limits_{x\to 0}\dfrac{\sqrt{1+x}-\sqrt{1-x}}{x}$ (4) $\lim\limits_{x\to\infty}\dfrac{x^3+x}{x^4-3x^2+1}$

习题 1–3

1. 设 $f(x)=\begin{cases}3x & -1<x<1\\ 2 & x=1\\ 3x^2 & 1<x<2\end{cases}$，求 $\lim\limits_{x\to 0}f(x)$，$\lim\limits_{x\to 1}f(x)$ 和 $\lim\limits_{x\to\frac{3}{2}}f(x)$．

2. 求下列极限：

(1) $\lim\limits_{x\to 3}\dfrac{x-3}{x^2+1}$ (2) $\lim\limits_{x\to 5}\dfrac{x^2-7x+10}{x-5}$

(3) $\lim\limits_{x\to 2}\left(\dfrac{1}{x-2}-\dfrac{4}{x^2-4}\right)$ (4) $\lim\limits_{x\to\infty}\dfrac{x^2-1}{2x^2-x-1}$

(5) $\lim\limits_{n\to\infty}\dfrac{2n+3}{n^3-n}$ (6) $\lim\limits_{x\to\infty}\dfrac{(2x-3)^{20}(3x+2)^{30}}{(5x+1)^{50}}$

3. 设 $\lim\limits_{x\to\infty}\left(\dfrac{x^2+1}{x+1}-ax-b\right)=0$，求 a，b．

第四节 两个重要极限

为了能求更多函数的极限，本节介绍两个在微积分学中起重要作用的极限公式．

一、$\lim\limits_{x\to 0}\dfrac{\sin x}{x}=1$

列表考察当 $x\to 0$ 时，函数 $\dfrac{\sin x}{x}$ 的变化趋势，见表 1.2．

表 1.2

x	$\pm\dfrac{\pi}{18}$	$\pm\dfrac{\pi}{36}$	$\pm\dfrac{\pi}{72}$	$\pm\dfrac{\pi}{144}$	$\pm\dfrac{\pi}{288}$	$\cdots\to 0$
$\dfrac{\sin x}{x}$	0.994 93	0.998 73	0.996 8	0.999 92	0.999 98	$\cdots\to 1$

从上表和图 1.11 可以看出，当 $x\to 0^-$ 与 $x\to 0^+$ 时，函数 $\dfrac{\sin x}{x}$ 的值无限地趋近于 1，即

$$\lim_{x\to 0}\dfrac{\sin x}{x}=1 \qquad (1.4.1)$$

例 1 求 $\lim\limits_{x\to 0}\dfrac{\sin 7x}{x}$．

解 $\lim\limits_{x\to 0}\dfrac{\sin 7x}{x}=7\lim\limits_{7x\to 0}\dfrac{\sin 7x}{7x}=7$

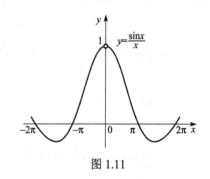

图 1.11

例 2 求 $\lim\limits_{x\to 0}\dfrac{\sin 4x}{\sin 2x}$.

解 $\lim\limits_{x\to 0}\dfrac{\sin 4x}{\sin 2x} = \lim\limits_{x\to 0}\left[\dfrac{4}{2}\dfrac{\sin 4x}{4x}\dfrac{2x}{\sin 2x}\right]$

$= 2\lim\limits_{4x\to 0}\dfrac{\sin 4x}{4x}\lim\limits_{2x\to 0}\dfrac{2x}{\sin 2x} = 2$

例 3 求 $\lim\limits_{x\to 0}\dfrac{1-\cos x}{x^2}$.

解 $\lim\limits_{x\to 0}\dfrac{1-\cos x}{x^2} = \lim\limits_{x\to 0}\dfrac{2\sin^2\frac{x}{2}}{x^2} = \dfrac{1}{2}\lim\limits_{\frac{x}{2}\to 0}\left[\dfrac{\sin\frac{x}{2}}{\frac{x}{2}}\right]^2 = \dfrac{1}{2}$

例 4 求 $\lim\limits_{x\to\infty}\left(x\sin\dfrac{1}{x}\right)$.

解 $\lim\limits_{x\to\infty}\left(x\sin\dfrac{1}{x}\right) = \lim\limits_{\frac{1}{x}\to 0}\dfrac{\sin\frac{1}{x}}{\frac{1}{x}} = 1$

课堂练习

求下列极限：

（1）$\lim\limits_{x\to 0}\dfrac{\sin 5x}{2x}$

（2）$\lim\limits_{x\to\pi}\dfrac{\sin(\pi-x)}{\pi-x}$

（3）$\lim\limits_{x\to 0}\dfrac{\tan 3x}{x}$

（4）$\lim\limits_{n\to\infty}2^n\sin\dfrac{x}{2^n}$

二、$\lim\limits_{x\to\infty}\left(1+\dfrac{1}{x}\right)^x = \mathrm{e}$

列表考察当 $x\to\infty$ 时，函数 $\lim\limits_{x\to\infty}\left(1+\dfrac{1}{x}\right)^x$ 的变化趋势，见表 1.3.

表 1.3

x	$-\infty\leftarrow\cdots$	$-100\,000$	$-10\,000$	-10	1	10	$10\,000$	$1\,000\,000$	$\cdots\to +\infty$
$\left(1+\dfrac{1}{x}\right)^x$	e	2.718 28	2.718 40	2.867 97	2	2.593 74	2.718 15	2.718 28	e

从上表看出，当 $x\to +\infty$ 和 $x\to -\infty$ 时，函数 $\left(1+\dfrac{1}{x}\right)^x$ 的值无限地趋近于一个常数 $\mathrm{e} = 2.718\,28\cdots$，e 是个无理数，所以

$$\lim_{x\to\infty}\left(1+\dfrac{1}{x}\right)^x = \mathrm{e} \tag{1.4.2}$$

在这个重要极限中，令 $t = \dfrac{1}{x}$，则 $x \to \infty$ 时，$t \to 0$. 此时有另一种形式

$$\lim_{t \to 0}(1+t)^{\frac{1}{t}} = e \qquad (1.4.3)$$

例 5 求 $\lim\limits_{x \to \infty}\left(1 - \dfrac{1}{x}\right)^x$.

解 $\lim\limits_{x \to \infty}\left(1 - \dfrac{1}{x}\right)^x = \lim\limits_{x \to \infty}\left[1 + \dfrac{1}{(-x)}\right]^{(-x)\cdot(-1)}$

$\qquad = \left\{\lim\limits_{-x \to \infty}\left[1 + \dfrac{1}{(-x)}\right]^{(-x)}\right\}^{(-1)} = e^{-1}$

例 6 求 $\lim\limits_{x \to \infty}\left(1 + \dfrac{2}{x}\right)^x$.

解 $\lim\limits_{x \to \infty}\left(1 + \dfrac{2}{x}\right)^x = \lim\limits_{\frac{x}{2} \to \infty}\left[1 + \dfrac{1}{\frac{x}{2}}\right]^{\frac{x}{2} \times 2} = e^2$

例 7 求 $\lim\limits_{x \to \infty}\left(\dfrac{x^2+1}{x^2}\right)^{x^2+1}$.

解 $\lim\limits_{x \to \infty}\left(\dfrac{x^2+1}{x^2}\right)^{x^2+1} = \lim\limits_{x \to \infty}\left[\left(1 + \dfrac{1}{x^2}\right)^{x^2}\left(1 + \dfrac{1}{x^2}\right)\right]$

$\qquad = \lim\limits_{x^2 \to \infty}\left(1 + \dfrac{1}{x^2}\right)^{x^2} \lim\limits_{x \to \infty}\left(1 + \dfrac{1}{x^2}\right) = e$

例 8 求 $\lim\limits_{x \to \infty}\left(1 + \dfrac{1}{2x-1}\right)^{3x+5}$.

解 令 $\dfrac{1}{2x-1} = t$，则 $x = \dfrac{1}{2t} + \dfrac{1}{2}$，$3x + 5 = \dfrac{3}{2t} + \dfrac{13}{2}$，当 $x \to \infty$ 时，$t \to 0$，

$\lim\limits_{x \to \infty}\left(1 + \dfrac{1}{2x-1}\right)^{3x+5} = \lim\limits_{t \to 0}(1+t)^{\frac{3}{2t} + \frac{13}{2}} = \lim\limits_{t \to 0}(1+t)^{\frac{3}{2t}} \lim\limits_{t \to 0}(1+t)^{\frac{13}{2}}$

$\qquad = \left[\lim\limits_{t \to 0}(1+t)^{\frac{1}{t}}\right]^{\frac{3}{2}} \times 1 = e^{\frac{3}{2}}$

课堂练习

求下列极限：

(1) $\lim\limits_{n \to \infty}\left(1 + \dfrac{1}{n+1}\right)^n$ (2) $\lim\limits_{x \to 0}(1 - 2x)^{\frac{1}{x}}$

(3) $\lim\limits_{x \to 0}(1 + \tan x)^{\cot x}$ (4) $\lim\limits_{x \to \infty}\left(\dfrac{2x+6}{2x}\right)^{-4x}$

习题 1-4

1. 求下列极限：

(1) $\lim\limits_{x\to 0}\dfrac{\sin 2x}{\sin 3x}$

(2) $\lim\limits_{x\to 0}\dfrac{\sin^2 ax}{x^2}$ $(a\neq 0)$

(3) $\lim\limits_{x\to 1}\dfrac{\sin^2(x-1)}{x^2-1}$

(4) $\lim\limits_{x\to 0}\dfrac{2x-\sin x}{x+\sin x}$

(5) $\lim\limits_{x\to 0}\dfrac{\sin ax}{\tan bx}$ $(b\neq 0, a\neq 0)$

(6) $\lim\limits_{x\to 0}\dfrac{1-\cos 4x}{x\sin x}$

(7) $\lim\limits_{x\to \infty} x\tan\dfrac{1}{x}$

2. 求下列极限：

(1) $\lim\limits_{x\to \infty}\left(1+\dfrac{2}{x}\right)^{x+3}$

(2) $\lim\limits_{x\to 0}\left(1+\dfrac{x}{2}\right)^{2-\frac{1}{x}}$

(3) $\lim\limits_{x\to 1}(3-2x)^{\frac{3}{x-1}}$

(4) $\lim\limits_{x\to \infty}\left(\dfrac{2x-1}{2x+1}\right)^x$

第五节　无穷小与无穷大

一、无穷小

1. 无穷小的定义

定义 1 当 $x\to x_0$（或 $x\to\infty$）时，如果函数 $f(x)$ 的极限为零，则称函数 $f(x)$ 为 $x\to x_0$（或 $x\to\infty$）时的**无穷小量**，简称为**无穷小**，记作 $\lim\limits_{\substack{x\to x_0\\(x\to\infty)}} f(x)=0$.

应当注意：无穷小不是一个"很小的数"，而是一个以零为极限的函数. 但若函数 $f(x)\equiv 0$，则它的极限也是零，即数 0 是唯一可以看做无穷小的数.

对于函数 $y=2x$，因为 $\lim\limits_{x\to 0} 2x=0$，所以 $y=2x$ 是 $x\to 0$ 时的无穷小. 但 $\lim\limits_{x\to 1} 2x=2$，故 $x\to 1$ 时，$y=2x$ 就不是无穷小了. 由此可见，无穷小与自变量的变化过程有关.

2. 无穷小的性质

在自变量的同一变化过程中，无穷小有以下性质：

(1) 有限个无穷小的代数和仍是无穷小.

(2) 有限个无穷小的乘积仍是无穷小.

(3) 有界函数与无穷小的乘积仍是无穷小.

推论　常数与无穷小的乘积仍是无穷小.

例 1　求 $\lim\limits_{x\to \infty}\left(\dfrac{1}{x}\sin x\right)$

解 当 $x \to \infty$ 时，$\dfrac{1}{x}$ 是无穷小，$\sin x$ 的极限不存在，但 $\sin x$ 是有界函数．根据无穷小性质 3 可知

$$\lim_{x \to \infty}\left(\dfrac{1}{x}\sin x\right)=0$$

课堂练习

求 $\lim\limits_{x \to 0} x\sin\dfrac{1}{x}$．

3. 无穷小与函数极限的关系

定理 1 $\lim f(x)=A \Leftrightarrow f(x)=A+\alpha(x)$（其中 $\alpha(x)$ 是同极限过程中的无穷小）．

定理中函数极限仅用 $\lim$ 表示，表明定理对 $x \to \infty$ 与 $x \to x_0$ 两种情况都成立．事实上，若 $\lim f(x)=A$，则 $\lim[f(x)-A]=0$，即 $\alpha(x)=f(x)-A$ 是无穷小，则 $f(x)=\alpha(x)+A$；反之，若 $f(x)=\alpha(x)+A$，$\alpha(x)$ 为无穷小，显然 $\lim f(x)=A$．

4. 无穷小的比较

我们遇到过这样的现象：同一极限过程中的几个无穷小量，趋向于 0 的速度不一样．例如，当 $x \to 0$ 时，x，x^2，$2x^2$，x^3 都是无穷小量，它们趋向于 0 的速度列表 1.4.

表 1.4

x	10^{-1}	10^{-2}	10^{-3}	10^{-4}	…	$\to 0$
x^2	10^{-2}	10^{-4}	10^{-6}	10^{-8}	…	$\to 0$
$2x^2$	2×10^{-2}	2×10^{-4}	2×10^{-6}	2×10^{-8}	…	$\to 0$
x^3	10^{-3}	10^{-6}	10^{-9}	10^{-12}	…	$\to 0$

由表看出，当 $x \to 0$ 时，$2x^2$ 趋于 0 的速度与 x^2 趋于 0 的速度大体差不多，而 x^3 趋于 0 的速度比 x^2 趋于 0 的速度要快得多．

为了定量地描述无穷小量趋于 0 的速度的"快"、"慢"，我们引入如下的术语和记号．

定义 2 设 $\lim \alpha=0$，$\lim \beta=0$，且 $\beta \neq 0$．

（1）若 $\lim \dfrac{\alpha}{\beta}=0$，则称 α 是比 β **较高阶的无穷小**，记为 $\alpha=o(\beta)$，而 β 是比 α **较低阶的无穷小**．

（2）若 $\lim \dfrac{\alpha}{\beta}=C$（常数 $C\neq 0$），则称 α 和 β 是**同阶无穷小**.

特别地，$\lim \dfrac{\alpha}{\beta}=1$，则称 α 与 β 是**等价无穷小**，记为：$\alpha \sim \beta$．

如上表：当 $x \to 0$ 时，x^2，$2x^2$，x^3 都是无穷小．由于 $\lim\limits_{x \to 0}\dfrac{x^3}{2x^2}=0$，所以当 $x \to 0$ 时，x^3 是比 $2x^2$ 较高阶的无穷小，记为 $x^3=o(2x^2)$，$2x^2$ 是比 x^3 较低阶的无穷小．由于 $\lim\limits_{x \to 0}\dfrac{x^2}{2x^2}=\dfrac{1}{2}$，所以当 $x \to 0$ 时，x^2 与 $2x^2$ 是同阶无穷小．又如 $\lim\limits_{x \to 0}\dfrac{\sin x}{x}=1$，所以当 $x \to 0$ 时，$\sin x$ 与 x 是等

价无穷小. 记为 $\sin x \sim x$.

课堂练习

当 $x \to 0$ 时，与 x 相比，下列各函数哪些是高阶无穷小量，哪些是低阶无穷小量，哪些是等价无穷小量？

（1）x^3 （2）$\sin 3x$ （3）$\ln(1+x)$

二、无穷大

定义 3 当 $x \to x_0$(或 $x \to \infty$) 时，如果函数 $f(x)$ 的绝对值无限增大，则称函数 $f(x)$ 是 $x \to x_0$(或 $x \to \infty$) 时的**无穷大量**，简称为**无穷大**.

按照极限定义，如果 $f(x)$ 当 $x \to x_0$(或 $x \to \infty$) 时为无穷大，那么它的极限不存在，但为了便于描述函数的这种变化趋势，也说"函数的极限是无穷大"，记作

$$\lim_{\substack{x \to x_0 \\ (x \to \infty)}} f(x) = \infty \quad 或 \quad f(x) \to \infty \quad (当 x \to x_0 时)$$
$$(或当 x \to \infty 时)$$

由函数的图形与极限的定义，有 $\lim\limits_{x \to +\infty} e^x = +\infty$，$\lim\limits_{x \to 0^+} \ln x = -\infty$.

应当注意：无穷大量是指绝对值无限增大的变量，不能将其与绝对值很大的常数相混淆，任何常数都不是无穷大量.

三、无穷小与无穷大的关系

定理 2 在自变量的同一变化过程中，若 $f(x)$ 为无穷大，则 $\dfrac{1}{f(x)}$ 为无穷小. 反之，若 $f(x)$ 为无穷小，且 $f(x) \neq 0$，则 $\dfrac{1}{f(x)}$ 为无穷大.

下面利用无穷小与无穷大的关系来求一些函数的极限.

例 2 求 $\lim\limits_{x \to 3} \dfrac{1}{x-3}$.

解 因为 $\lim\limits_{x \to 3}(x-3) = 0$，由无穷小与无穷大的关系，有 $\lim\limits_{x \to 3} \dfrac{1}{x-3} = \infty$

例 3 求 $\lim\limits_{x \to \infty}(x^2 - 2x + 5)$.

解 因为 $\lim\limits_{x \to \infty} \dfrac{1}{x^2 - 2x + 5} = \lim\limits_{x \to \infty} \dfrac{\dfrac{1}{x^2}}{1 - \dfrac{2}{x} + \dfrac{5}{x^2}} = 0$

即当 $x \to \infty$ 时，$\dfrac{1}{x^2 - 2x + 5}$ 是无穷小，所以它的倒数 $x^2 - 2x + 5$ 是无穷大，即

$$\lim_{x \to \infty}(x^2 - 2x + 5) = \infty$$

例 4 求 $\lim\limits_{x \to \infty} \dfrac{5x^3 - 3x^2 + 1}{2x^2 + 3}$.

解 当 $x \to \infty$ 时，分子、分母的极限都不存在，不能直接应用法则 3，但是

$$\lim_{x\to\infty}\frac{2x^2+3}{5x^3-3x^2+1}=\lim_{x\to\infty}\frac{\frac{2}{x}+\frac{3}{x^3}}{5-\frac{3}{x}+\frac{1}{x^3}}=0$$

所以

$$\lim_{x\to\infty}\frac{5x^3-3x^2+1}{2x^2+3}=\infty$$

归纳本章第三节例 5 及本节例 4 可得以下结论：当 $a_0\neq 0$、$b_0\neq 0$ 时，有

$$\lim_{x\to\infty}\frac{a_0x^m+a_1x^{m-1}+\cdots+a_m}{b_0x^n+b_1x^{n-1}+\cdots+b_n}=\begin{cases}0 & \text{当 } m<n \\ \frac{a_0}{b_0} & \text{当 } m=n \\ \infty & \text{当 } m>n\end{cases}$$

课堂练习

观察下列函数，哪些是无穷小？哪些是无穷大？

（1）$y=\dfrac{1+2x}{x^2}$，当 $x\to 0$ 时

（2）$y=\dfrac{1+2x}{x^2}$，当 $x\to\infty$ 时

（3）$y=2^{\frac{1}{x}}$，当 $x\to 0^+$ 时

（4）$y=\tan x$，当 $x\to 0$ 时

习题 1-5

1. 观察下列函数，哪些是无穷小？哪些是无穷大？

（1）$y=\dfrac{1}{x^2-1}$，当 $x\to 1$ 时

（2）$y=e^{-x}$，当 $x\to -\infty$ 时

（3）$y=2^{-x}-1$，当 $x\to 0$ 时

（4）$y=(-1)^n\dfrac{1}{2^n}$，当 $n\to\infty$ 时

2. 函数 $f(x)=\dfrac{x+1}{x-1}$ 在什么条件下是无穷小？在什么条件下是无穷大？

3. 求下列极限：

（1）$\lim\limits_{x\to\infty}\dfrac{\cos x}{x^2}$

（2）$\lim\limits_{x\to\infty}\dfrac{\sqrt[3]{x^2}\sin x}{x}$

（3）$\lim\limits_{x\to\infty}\dfrac{x^3-4x+1}{2x^2+x-1}$

（4）$\lim\limits_{x\to\infty}\dfrac{x^4}{3x^4-5x^2-1}$

4. 下列说法是否正确，为什么？

（1）$0.01^{1\,000}$ 是无穷小．

（2）无穷小是比 $10^{-10\,000}$ 更小的常数．

（3）$10\,000^{10\,000}$ 是无穷大．

（4）无穷大必须是正数．

（5）无穷大的倒数是无穷小，无穷小的倒数定是无穷大．

5. 当 $x \to 0$ 时，与 x 相比，下列各函数哪些是高阶无穷小量，哪些是低阶无穷小量，哪些是等价无穷小量？

(1) $\sqrt[3]{x}$ (2) $\tan x$ (3) $\dfrac{\sin^2 x}{x}$

第六节　函数的连续性

客观世界中，许多变量的变化都是连续的. 例如万物的生长、气温的变化、血液的流动、物体的运动等，其特点是时间间隔很小时，这些量的变化也很小. 一个函数若自变量有一微小变化时，其函数值也产生微小的变化，表现在图形上是一条连续不断的曲线，这种性质就是函数的连续性.

一、函数连续的概念

1. 函数的增量

设函数 $y = f(x)$ 在点 x_0 的某邻域内有定义，当自变量 x 从初值 x_0 变到终值 x_1 时，差 $x_1 - x_0$ 称为**自变量的改变量**（或增量），记作 Δx，即 $\Delta x = x_1 - x_0$. 相应地函数 $y = f(x)$ 由初值 $f(x_0)$ 变到终值 $f(x_1)$，差 $f(x_1) - f(x_0)$ 称为**函数值的改变量**（或增量），记为 Δy，即 $\Delta y = f(x_1) - f(x_0)$ 或 $\Delta y = f(x_0 + \Delta x) - f(x_0)$. 改变量的意义如图 1.12 所示.

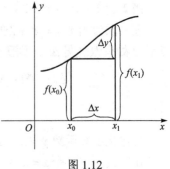

图 1.12

例 1　设函数 $y = x^2 - x + 1$，当自变量 x 有下列变化时，求相应的函数改变量.

(1) x 从 1 变到 2；   (2) x 从 1 变到 0；   (3) x 从 1 变到 $1 + \Delta x$

解　(1) $\Delta y = f(2) - f(1) = (2^2 - 2 + 1) - (1^2 - 1 + 1) = 2$

(2) $\Delta y = f(0) - f(1) = (0^2 - 0 + 1) - (1^2 - 1 + 1) = 0$

(3) $\Delta y = f(1 + \Delta x) - f(1) = [(1 + \Delta x)^2 - (1 + \Delta x) + 1] - (1^2 - 1 + 1) = (\Delta x)^2 + \Delta x$

2. 函数连续的定义

现在先从函数的图像上来看函数在给定点 x_0 处的变化情况.

从图 1.13 看出，函数 $y = f(x)$ 的图像是连续不断的曲线，而在图 1.14 中，函数 $y = \varphi(x)$ 的图像在点 $x = x_0$ 处断开了. 我们说函数 $y = f(x)$ 在点 $x = x_0$ 处是连续的，而函数 $y = \varphi(x)$ 则在点 $x = x_0$ 处有间断.

从图 1.14 中我们看到：函数 $y = \varphi(x)$ 在点 $x = x_0$ 处有间断，是因为当 x 经过 x_0 时，函数值发生了跳跃式的变化. 当 x 由 x_0 变化到另一值 x_1，可以看作 x 有一个增量 Δx，这时函数 y 得到相应的增量 Δy，由图显然可见，当 $\Delta x \to 0$ 时，Δy 不趋近零. 但在图 1.13 中便没有这种现象，而是当 $\Delta x \to 0$ 时，相应的 $\Delta y \to 0$. 通过以上分析可知，函数 $y = f(x)$ 在点 x_0 处连续的特征是：当 $\Delta x \to 0$ 时，$\Delta y \to 0$. 即 $\lim\limits_{\Delta x \to 0} \Delta y = 0$. 函数 $y = \varphi(x)$ 在点 x_0 处断开的特征是：当 $\Delta x \to 0$ 时，Δy 不趋近零. 即 $\lim\limits_{\Delta x \to 0} \Delta y \ne 0$. 由此我们给出函数在点 x_0 处连续的定义：

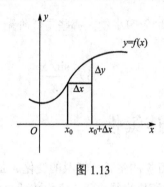 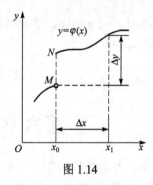

图 1.13　　　　　　　　　图 1.14

定义 1　设函数 $y=f(x)$ 在点 x_0 的某个邻域内有定义. 如果当自变量 x 在 x_0 处的改变量 $\Delta x=x-x_0$ 趋于零时，相应地函数的改变量 $\Delta y=f(x_0+\Delta x)-f(x_0)$ 也趋于零，即 $\lim\limits_{\Delta x\to 0}\Delta y=\lim\limits_{\Delta x\to 0}[f(x_0+\Delta x)-f(x_0)]=0$，则称函数 $y=f(x)$ **在点 x_0 处连续**，并称 x_0 为函数的**连续点**.

例 2　设 $f(x)=x^2+2$，证明 $f(x)$ 在点 $x=1$ 处连续.

证　因为函数 $y=x^2+2$ 的定义域是 $(-\infty,+\infty)$，函数在 $x=1$ 的邻域内有定义. 设自变量在点 $x=1$ 处有改变量 Δx，则函数 y 相应的改变量为

$$\Delta y=f(1+\Delta x)-f(1)=[(1+\Delta x)^2+2]-(1^2+2)=2\Delta x+(\Delta x)^2$$

所以
$$\lim_{\Delta x\to 0}\Delta y=\lim_{\Delta x\to 0}[2\Delta x+(\Delta x)^2]=0$$

由定义 1 知函数 $y=x^2+2$ 在点 $x=1$ 处连续.

在定义 1 中，令 $x=x_0+\Delta x$，则 $\Delta x\to 0$，$x\to x_0$，此时

$$\lim_{\Delta x\to 0}\Delta y=\lim_{\Delta x\to 0}[f(x_0+\Delta x)-f(x_0)]=\lim_{x\to x_0}[f(x)-f(x_0)]=0,\ 即\ \lim_{x\to x_0}f(x)=f(x_0)$$

定义 2　设函数 $y=f(x)$ 在点 x_0 的某个邻域内有定义，如果当 $x\to x_0$ 时函数 $f(x)$ 的极限存在，且等于它在点 x_0 处的函数值 $f(x_0)$，即 $\lim\limits_{x\to x_0}f(x)=f(x_0)$，则称函数 $f(x)$ 在点 x_0 处**连续**.

例 3　设 $f(x)=x^2+2$，证明 $f(x)$ 在点 $x=1$ 处连续.

证明　因为 $\lim\limits_{x\to 1}(x^2+2)=1^2+2=3=f(1)$

所以 $f(x)=x^2+2$ 在 $x=1$ 处连续.

定义 3　如果函数 $y=f(x)$ 在区间 (a,b) 内的每一点都连续，则称函数 $y=f(x)$ 在区间 (a,b) 内**连续**，区间 (a,b) 称为函数的**连续区间**.

定义 4　如果函数 $y=f(x)$ 在 (a,b) 内连续，且 $\lim\limits_{x\to a^+}f(x)=f(a)$（此时称函数 $y=f(x)$ 在点 $x=a$ 处**右连续**）及 $\lim\limits_{x\to a^-}f(x)=f(b)$（此时称函数 $y=f(x)$ 在点 $x=b$ 处**左连续**），则称函数 $y=f(x)$ 在闭区间 $[a,b]$ 上连续.

二、函数的间断点

由定义 2 知，如果函数 $f(x)$ 有下列三种情形之一：

（1）函数 $f(x)$ 在 $x=x_0$ 处没有定义；

(2) 在 $x = x_0$ 处有定义，但 $\lim\limits_{x \to x_0} f(x)$ 不存在；

(3) 在 $x = x_0$ 处有定义，且 $\lim\limits_{x \to x_0} f(x)$ 存在，但 $\lim\limits_{x \to x_0} f(x) \neq f(x_0)$. 则称函数 $f(x)$ 在点 x_0 不连续，点 x_0 叫做函数 $f(x)$ 的不连续点或间断点.

如函数 $f(x) = \dfrac{1}{x}$（图 1.4）在点 $x = 0$ 处没有定义，所以点 $x = 0$ 是函数 $f(x) = \dfrac{1}{x}$ 的间断点.

又如函数 $f(x) = \begin{cases} x - 1 & x < 0 \\ 0 & x = 0 \\ x + 1 & x > 0 \end{cases}$（见图 1.15），在点 $x = 0$ 处有定义，$\lim\limits_{x \to 0^-} f(x) = -1$，$\lim\limits_{x \to 0^+} f(x) = 1$，$\lim\limits_{x \to 0^-} f(x) \neq \lim\limits_{x \to 0^+} f(x)$，所以在点 $x = 0$ 处函数 $f(x)$ 不连续，点 $x = 0$ 是函数 $f(x)$ 的间断点.

再如函数 $f(x) = \begin{cases} x & x \neq 1 \\ \dfrac{1}{2} & x = 1 \end{cases}$（见图 1.16），在点 $x = 1$ 处有定义，$\lim\limits_{x \to 1^-} f(x) = \lim\limits_{x \to 1^+} f(x) = 1$，但 $\lim\limits_{x \to 1} f(x) \neq f(1) = \dfrac{1}{2}$，所以在点 $x = 1$ 处函数 $f(x)$ 是间断的.

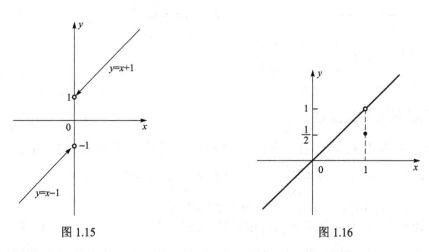

图 1.15　　　　　　　　　　图 1.16

通常对间断点作如下分类：

(1) 如果 $\lim\limits_{x \to x_0^-} f(x)$，$\lim\limits_{x \to x_0^+} f(x)$ 都存在，此时称 x_0 为函数 $f(x)$ 的**第一类间断点**. 在第一类间断点中，如果 $\lim\limits_{x \to x_0} f(x)$ 存在，而 $f(x_0)$ 没有定义，或 $f(x_0)$ 虽有定义，但 $\lim\limits_{x \to x_0} f(x) \neq f(x_0)$，此时称 x_0 为函数 $f(x)$ 的可去间断点.

(2) 如果 $\lim\limits_{x \to x_0^-} f(x)$，$\lim\limits_{x \to x_0^+} f(x)$ 至少有一个不存在，此时称 x_0 为函数 $f(x)$ 的**第二类间断点**.

如图 1.4 中的点 $x = 0$ 就是函数 $f(x)$ 的第二类间断点，图 1.15 中的点 $x = 0$ 就是函数 $f(x)$ 的第一类间断点，图 1.16 中的点 $x = 1$ 就是函数 $f(x)$ 的可去间断点.

例 4　讨论函数　$f(x) = \begin{cases} 2x^2 - x + 1 & x \leq 0 \\ \dfrac{\sin x}{x} & x > 0 \end{cases}$

在点 $x=0$ 处的连续性.

解 $f(x)$ 在 $x=0$ 处有定义，且 $f(0)=1$，即

$$\lim_{x\to 0^-}f(x)=\lim_{x\to 0^-}(2x^2-x+1)=1,\quad \lim_{x\to 0^+}f(x)=\lim_{x\to 0^+}\frac{\sin x}{x}=1$$

即

$$\lim_{x\to 0}f(x)=1$$

$$\lim_{x\to 0}f(x)=f(0)=1$$

由定义 2 可知，函数 $f(x)$ 在点 $x=0$ 处连续.

例 5 讨论函数 $f(x)=\begin{cases} x+1 & 0<x\leqslant 1 \\ 2-x & 1<x\leqslant 3\end{cases}$

在点 $x=1$ 处的连续性.

解 因为 $\lim\limits_{x\to 1^-}f(x)=\lim\limits_{x\to 1^-}(x+1)=2$，$\lim\limits_{x\to 1^+}f(x)=\lim\limits_{x\to 1^+}(2-x)=1$

所以 $\lim\limits_{x\to 1}f(x)$ 不存在，由定义 2 可知，函数 $f(x)$ 在点 $x=1$ 处间断，且为第一类间断点.

课堂练习

1. 找出下列函数的间断点：

(1) $f(x)=\dfrac{x-2}{x^2-3x+2}$ \qquad (2) $f(x)=\sin\dfrac{1}{x}$

2. 讨论函数 $f(x)=\begin{cases} 2x-1 & x<1 \\ x^2 & x\geqslant 1\end{cases}$

在分段点处的连续性.

三、初等函数的连续性

定理 1 若函数 $f(x)$ 及 $g(x)$ 在点 x_0 处连续，则这两个函数的和 $f(x)+g(x)$，差 $f(x)-g(x)$，积 $f(x)g(x)$，商 $\dfrac{f(x)}{g(x)}$ ($g(x_0)\neq 0$) 都在点 x_0 处连续.

定理 2 一切初等函数在其定义域内都是连续的.

定理 2 说明，若 x_0 是初等函数 $f(x)$ 定义域内的点，则有 $\lim\limits_{x\to x_0}f(x)=f(x_0)$. 关于分段函数的连续性，除按上述结论考虑每一段函数的连续性外，还必须讨论分段点处的连续性.

定理 3 设函数 $y=f(u)$ 在点 u_0 处连续，函数 $u=\varphi(x)$ 在点 x_0 处连续，且 $u_0=\varphi(x_0)$，则复合函数 $y=f[\varphi(x)]$ 在点 x_0 处连续，即

$$\lim_{x\to x_0}f[\varphi(x)]=f[\varphi(x_0)]=f[\lim_{x\to x_0}\varphi(x)]$$

定理 3 说明，由连续函数复合而成的复合函数仍是连续函数. 复合函数取极限时，极限符号" $\lim$ "和函数记号" f "可以交换.

例 6 求下列极限：

(1) $\lim\limits_{x\to 1}\dfrac{e^{-x}+\cos(x^2-1)}{2x-1}$ \qquad (2) $\lim\limits_{x\to 0}\dfrac{\ln(1+x)}{x}$

解 (1) $\lim\limits_{x\to 1}\dfrac{e^{-x}+\cos(x^2-1)}{2x-1}=\dfrac{e^{-1}+\cos(1^2-1)}{2-1}=e^{-1}+1$

(2) $\lim\limits_{x\to 0}\dfrac{\ln(1+x)}{x} = \lim\limits_{x\to 0}\dfrac{1}{x}\ln(1+x) = \lim\limits_{x\to 0}\ln(1+x)^{\frac{1}{x}}$

$= \ln\left[\lim\limits_{x\to 0}(1+x)^{\frac{1}{x}}\right] = \ln e = 1$

课堂练习

求下列极限：

(1) $\lim\limits_{x\to e}(x\ln x + 2x)$

(3) $\lim\limits_{x\to \frac{\pi}{2}}\ln\sin x$

(3) $\lim\limits_{x\to 0}\dfrac{\lg(x+1)}{x}$

(4) $\lim\limits_{x\to 0}\dfrac{\sqrt{x+4}-2}{\sin 5x}$

四、闭区间上连续函数的性质

定理 4（最值定理） 在闭区间上的连续函数一定有最大值和最小值.

如图 1.17 所示，函数 $f(x)$ 在闭区间 $[a,b]$ 上连续，在点 ξ_1 处取到最大值 $M(f(x)\leqslant M)$，在点 ξ_2 处取到最小值 $m(f(x)\geqslant m)$.

定理 5（介值定理） 若函数 $f(x)$ 在闭区间 $[a,b]$ 上连续，m 与 M 分别为 $f(x)$ 在 $[a,b]$ 上的最小值与最大值，则对介于 m 和 M 之间的任一实数 C $(m<C<M)$，则至少存在一点 $\xi\in(a,b)$，使得 $f(\xi)=C$. 如图 1.18 所示.

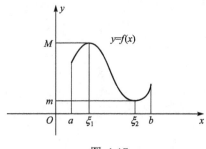

图 1.17

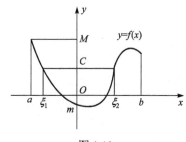

图 1.18

推论 若 $f(x)$ 在闭区间 $[a,b]$ 上连续，且 $f(a)f(b)<0$，则至少存在一点 $\xi\in(a,b)$，使得 $f(\xi)=0$. 如图 1.19 所示.

例 8 证明方程 $x-\sin x-1=0$ 在 $(0,\pi)$ 内至少有一实根.

证 设 $f(x)=x-\sin x-1$，$f(x)$ 在 $[0,\pi]$ 上连续，且 $f(0)=-1<0$，$f(\pi)=\pi-1>0$，即 $f(0)f(\pi)<0$. 由推论知，在 $(0,\pi)$ 内至少有一点 ξ，使 $f(\xi)=0$，即 $\xi-\sin\xi-1=0$. 从而说明方程 $x-\sin x-1=0$ 在 $(0,\pi)$ 内至少有一根.

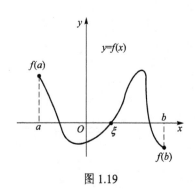

图 1.19

习题 1–6

1. 求下列极限：

(1) $\lim\limits_{x\to-2}\dfrac{e^x+1}{x}$

(2) $\lim\limits_{x\to\frac{\pi}{4}}\dfrac{\sin x-\cos x}{\cos 2x}$

(3) $\lim\limits_{x\to 0}\sqrt{\dfrac{\tan 2x}{x}}$

(4) $\lim\limits_{x\to 0}\ln\dfrac{\sin x}{x}$

(5) $\lim\limits_{x\to 0}\ln\left(1+\dfrac{3}{x}\right)^x$

(6) $\lim\limits_{x\to+\infty}x[\ln(x+a)-\ln x]$

2. 利用连续的定义证明 $f(x)=2x+3$ 在定义域内任一点 x_0 处都是连续的.

3. 找出下列函数的间断点：

(1) $f(x)=\dfrac{\sin x}{x}$

(2) $f(x)=\begin{cases}2x+1 & x<1\\ 3x-2 & x\geq 1\end{cases}$

4. 设 $f(x)=\begin{cases}e^x & x<0\\ a+x & x\geq 0\end{cases}$，问 a 为何值时函数 $f(x)$ 在 $x=0$ 处连续？

5. 证明方程 $x^3-3x-1=0$ 在 $(1,2)$ 内至少有一实根.

第二章 导数与微分

微分学是微积分的重要组成部分，它的基本内容是导数与微分，其中导数反映出函数相对于自变量变化的快慢程度，即函数的变化率；而微分则反映出当自变量有微小改变量时，函数值的改变量的近似值．本章主要介绍导数和微分的概念及它们的计算方法．

第一节 导数的概念

一、引例

微分学的第一个最基本的概念——导数，来源于实际生活中两个最典型的朴素概念：速度与切线．

1. 变速直线运动的瞬时速度

我们知道，当物体做匀速直线运动时，它在任何时刻的速度等于走过的路程与所用的时间之比，即

$$速度 = \frac{路程}{时间}$$

但是，在实际问题中，运动往往是非匀速的．因此，上述公式只是表示物体走完某一路程的平均速度，而没有反映出在任何时刻物体运动的快慢．要想精确地刻画出物体运动中的这种变化，就需要进一步讨论物体在运动过程中任一时刻的速度，即所谓瞬时速度．

设一物体做变速直线运动，以它运动的直线为数轴，物体在数轴上的位置 s 与时间 t 的函数关系为 $s = s(t)$（叫做运动方程）．现在我们来考察该物体在 t_0 时刻的瞬时速度．

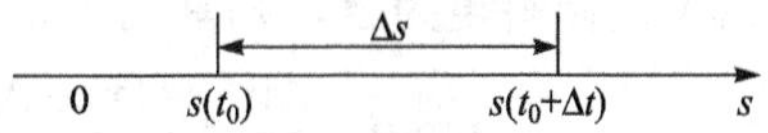

设物体在时刻 t_0 到时刻 $t_0 + \Delta t$ 内经过的路程为 Δs（图 2.1），则

图 2.1

$$\Delta s = s(t_0 + \Delta t) - s(t_0)$$

于是 Δt 这段时间内的平均速度为

$$\bar{v} = \frac{\Delta s}{\Delta t} = \frac{s(t_0 + \Delta t) - s(t_0)}{\Delta t}$$

由于变速运动的速度通常是连续变化的，所以从整体来看，运动是变速的；但从局部来看，在一段很短的时间 Δt 内，速度变化不大，可以近似地看作是匀速的，因此当 $|\Delta t|$ 很小时，$\bar{v}$ 可作为物体在 t_0 时刻瞬时速度的近似值．

很明显，$|\Delta t|$ 越小，$\bar{v}$ 就越接近物体在 t_0 时刻的瞬时速度，即若 $\Delta t \to 0$，$\dfrac{\Delta s}{\Delta t}$ 的极限存在，则

$$v(t_0) = \lim_{\Delta t \to 0} \overline{v} = \lim_{\Delta t \to 0} \frac{\Delta s}{\Delta t} = \lim_{\Delta t \to 0} \frac{s(t_0 + \Delta t) - s(t_0)}{\Delta t}$$

就是说，物体运动的瞬时速度是函数 $s = s(t)$ 的函数增量与自变量的增量之比当自变量增量趋于零时的极限.

2. 平面曲线的切线斜率

在平面几何里，圆的切线被定义为"与圆只相交于一点的直线"，对一般曲线来说，不能把与曲线只相交于一点的直线定义为曲线的切线.

如图 2.2 所示，y 轴与抛物线 $y = x^2$ 虽只有一个交点，但显然 y 轴不是抛物线 $y = x^2$ 的切线. 而图 2.3 中的直线 l 虽然与曲线相交于两点，但它却是该曲线在点 M_0 处的切线.

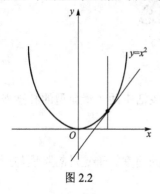

图 2.2   图 2.3

下面给出一般曲线的切线定义. 如图 2.4 所示，在曲线上取与 $M_0(x_0, y_0)$ 邻近的一点 $N(x_0 + \Delta x, y_0 + \Delta y)$，作割线 M_0N，当点 N 沿着曲线逐渐向点 M_0 靠近时，割线 M_0N 将绕着点 M_0 转动，割线 M_0N 的极限位置 M_0T 就叫做曲线 $y = f(x)$ 在点 M_0 处的切线.

下面求曲线 $y = f(x)$ 在 M_0 点处切线的斜率. 设割线 M_0N 的倾斜角为 β，则割线 M_0N 的斜率为

$$\tan \beta = \frac{\Delta y}{\Delta x} = \frac{f(x_0 + \Delta x) - f(x_0)}{\Delta x}$$

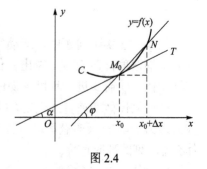

图 2.4

又设切线 M_0T 的倾斜角为 α，那么当点 N 沿曲线趋向点 M_0，即 $\Delta x \to 0$ 时，割线 M_0N 的斜率的极限如果存在，则该极限就是切线 M_0T 的斜率，即

$$k = \tan \alpha = \lim_{\beta \to \alpha} \tan \beta = \lim_{\Delta x \to 0} \frac{\Delta y}{\Delta x} = \lim_{\Delta x \to 0} \frac{f(x_0 + \Delta x) - f(x_0)}{\Delta x} \quad \left(\alpha \neq \frac{\pi}{2}\right)$$

$$k = \tan \alpha = \lim_{\beta \to \alpha} \tan \beta = \lim_{\Delta x \to 0} \frac{\Delta y}{\Delta x}$$

$$= \lim_{\Delta x \to 0} \frac{f(x_0 + \Delta x) - f(x_0)}{\Delta x} \quad \left(\alpha \neq \frac{\pi}{2}\right)$$

由此可见，曲线 $y = f(x)$ 在点 M_0 处的纵坐标 y 的增量 Δy 与横坐标 x 的增量 Δx 之比，当 $\Delta x \to 0$ 时的极限即为曲线在 M_0 点处的切线斜率.

二、导数的概念

上面所讨论的两个问题，虽然是力学、几何学两个不同领域中的问题，但是从数量关系上看它们的实质是一样的，都是求函数改变量与自变量改变量之比，当自变量改变量趋于零的极限。这个极限在不同的实际问题中有着不同的实际意义，如速度、切线的斜率、电流强度、线密度等，就函数而言，它表示函数在一点处由于自变量变化所引起的函数变化的快慢程度，这样就形成了"导数"（变化率）的概念。

定义 1 设函数 $y = f(x)$ 在点 x_0 的某个邻域内有定义，当自变量 x 由 x_0 改变到 $x_0 + \Delta x$ 时，相应地函数 $f(x)$ 有改变量

$$\Delta y = f(x_0 + \Delta x) - f(x_0)$$

如果极限 $\lim\limits_{\Delta x \to 0} \dfrac{\Delta y}{\Delta x} = \lim\limits_{\Delta x \to 0} \dfrac{f(x_0 + \Delta x) - f(x_0)}{\Delta x}$ 存在，则称此极限值为函数 $f(x)$ 在点 x_0 处**的导数**（或微商），可记作

$$f'(x_0), \quad y'\big|_{x=x_0}, \quad \dfrac{dy}{dx}\bigg|_{x=x_0}, \quad \text{或} \quad \dfrac{df(x)}{dx}\bigg|_{x=x_0}$$

这时也称函数 $f(x)$ 在点 x_0 可导，或称 $f(x)$ 在点 x_0 导数存在。

如果 $\lim\limits_{\Delta x \to 0} \dfrac{\Delta y}{\Delta x}$ 不存在，则称函数 $f(x)$ 在点 x_0 **不可导**。如果不可导的原因是由于当 $\Delta x \to 0$ 时，$\dfrac{\Delta y}{\Delta x} \to \infty$，为了方便起见，往往也说函数 $f(x)$ 在点 x_0 处的**导数为无穷大**。

因此，瞬时速度 $v(t_0)$ 就是位移函数 $s(t)$ 在 t_0 时刻对时间的导数，即 $v(t_0) = s'(t_0)$。曲线 $y = f(x)$ 在点 $M(x_0, y_0)$ 处的切线斜率 k 就是函数 $y = f(x)$ 在 x_0 处对 x 的导数，即 $k = f'(x_0)$。

定义 2 如果函数 $y = f(x)$ 在区间 (a,b) 内每一点都可导，则称函数 $y = f(x)$ **在区间** (a,b) **内可导**，即 $y' = \lim\limits_{\Delta x \to 0} \dfrac{\Delta y}{\Delta x} = \lim\limits_{\Delta x \to 0} \dfrac{f(x + \Delta x) - f(x)}{\Delta x}$。

显然对于 (a,b) 内的每一个 x 值，都对应着 $f(x)$ 的一个确定的导数值。这就构成了一个新的函数，这个函数叫做 $f(x)$ 的**导函数**，简称**导数**，记作

$$f'(x), \quad y', \quad \dfrac{dy}{dx}, \quad \text{或} \quad \dfrac{df(x)}{dx}$$

函数 $y = f(x)$ 在点 x_0 的导数 $f'(x_0)$ 就是导函数 $f'(x)$ 在 x_0 处的函数值。因此，我们求函数在某点处的导数时，可先求出导函数，然后求出导函数在该点处的函数值。

三、求导数举例

由导数定义可知，求函数 $y = f(x)$ 的导数一般可分为以下三个步骤：

（1）求增量：$\Delta y = f(x + \Delta x) - f(x)$；

（2）算比值：$\dfrac{\Delta y}{\Delta x} = \dfrac{f(x + \Delta x) - f(x)}{\Delta x}$；

（3）取极限：$y' = \lim\limits_{\Delta x \to 0} \dfrac{\Delta y}{\Delta x} = \lim\limits_{\Delta x \to 0} \dfrac{f(x + \Delta x) - f(x)}{\Delta x}$。

下面我们按照这三个步骤来求一些较简单的函数的导数.

例1 求函数 $y = C$ 的导数（C 为常量）.

解 （1）求增量：$\Delta y = f(x + \Delta x) - f(x)$
$$= C - C = 0$$

（2）算比值：$\dfrac{\Delta y}{\Delta x} = \dfrac{0}{\Delta x} = 0$

（3）取极限：$y' = \lim\limits_{\Delta x \to 0} \dfrac{\Delta y}{\Delta x} = \lim\limits_{\Delta x \to 0} 0 = 0$，即 $(C)' = 0$ (2.1.1)

这就是说，常数的导数等于零.

应用该公式时，应注意识别常数，如 $\ln 2, \sin\dfrac{\pi}{7}, e^4, K$ 都是常数.

例2 求函数 $y = x$ 的导数.

解 （1）求增量：$\Delta y = f(x + \Delta x) - f(x)$
$$= (x + \Delta x) - x = \Delta x$$

（2）算比值：$\dfrac{\Delta y}{\Delta x} = \dfrac{\Delta x}{\Delta x} = 1$

（3）取极限：$y' = \lim\limits_{\Delta x \to 0} \dfrac{\Delta y}{\Delta x} = \lim\limits_{\Delta x \to 0} 1 = 1$，即 $(x)' = 1$

例3 求函数 $y = x^2$ 的导数.

解（1）求增量：$\Delta y = f(x + \Delta x) - f(x)$
$$= (x + \Delta x)^2 - x^2 = 2x\Delta x + \Delta x^2$$

（2）算比值：$\dfrac{\Delta y}{\Delta x} = \dfrac{2x\Delta x + \Delta x^2}{\Delta x} = 2x + \Delta x$

（3）取极限：$y' = \lim\limits_{\Delta x \to 0} \dfrac{\Delta y}{\Delta x} = \lim\limits_{\Delta x \to 0} (2x + \Delta x) = 2x$，即 $(x^2)' = 2x$

类似地，可求得 $(x^3)' = 3x^2$.

一般来说，对于幂函数 $y = x^a$（a 是任意实数）有导数公式
$$(x^a)' = ax^{a-1} \tag{2.1.2}$$

此公式的证明将在以后给出.

例如，$(\sqrt{x})' = \left(x^{\frac{1}{2}}\right)' = \dfrac{1}{2} x^{\frac{1}{2}-1} = \dfrac{1}{2\sqrt{x}}$.

例4 利用导数公式，求下列函数的导数：

（1）$y = \dfrac{1}{x}$ （2）$y = \dfrac{1}{x\sqrt{x}}$

解 （1）$y' = \left(\dfrac{1}{x}\right)' = (x^{-1})' = -x^{-2} = -\dfrac{1}{x^2}$

（2）$y' = \left(\dfrac{1}{x\sqrt{x}}\right)' = \left(x^{-\frac{3}{2}}\right)' = -\dfrac{3}{2} x^{-\frac{5}{2}}$

课堂练习

1. 利用导数公式，求下列函数的导数：

（1） $y = x^3$ （2） $y = x^{1.6}$

（3） $y = \dfrac{1}{x^2}$ （4） $y = \sqrt{x}$

2. 求 $f(x) = \dfrac{1}{x}$ 在 $x = -1$ 和 $x = 2$ 处的导数.

四、导数的几何意义

由切线问题可知，函数 $y = f(x)$ 在点 x_0 处的导数值 $f'(x_0)$，就是曲线 $y = f(x)$ 在点 $M(x_0, y_0)$ 处的切线的斜率. 这就是导数的几何意义.

由导数的几何意义及直线的点斜式方程可知，若 $f'(x_0)$ 存在，则曲线 $y = f(x)$ 在点 $M(x_0, y_0)$ 处的切线方程为

$$y - y_0 = f'(x_0)(x - x_0)$$

若 $f'(x_0) = \infty$，则切线垂直于 x 轴，切线方程就是 x 轴的垂线 $x = x_0$.

过切点 $M(x_0, y_0)$ 且与切线垂直的直线叫做曲线 $y = f(x)$ 在点 $M(x_0, y_0)$ 处的**法线**.

若 $f'(x_0) \neq 0$，则过点 $M(x_0, y_0)$ 的法线方程为

$$y - y_0 = -\dfrac{1}{f'(x_0)}(x - x_0)$$

而当 $f'(x_0) = 0$ 时，法线为 x 轴的垂线 $x = x_0$.

例 5 求抛物线 $y = x^2$ 在点（1，1）处的切线方程和法线方程.

解 因为 $y' = (x^2)' = 2x$，由导数的几何意义又知，曲线 $y = x^2$ 在点（1，1）处的切线斜率为 $y'|_{x=1} = 2x|_{x=1} = 2$，所以，所求的切线方程为

$$y - 1 = 2(x - 1) \quad 即 \quad y = 2x - 1$$

法线方程为

$$y - 1 = -\dfrac{1}{2}(x - 1) \quad 即 \quad y = -\dfrac{1}{2}x + \dfrac{3}{2}$$

课堂练习

求曲线 $y = \sqrt{x}$ 在点（1，1）处的切线方程和法线方程.

五、可导与连续的关系

定理 1 如果函数 $y = f(x)$ 在点 x_0 处可导，则 $y = f(x)$ 在点 x_0 处一定连续.

证明 因为函数 $y = f(x)$ 在点 x_0 处可导，所以有

$$\lim_{\Delta x \to 0} \dfrac{\Delta y}{\Delta x} = f'(x_0)$$

由 $\Delta y = \dfrac{\Delta y}{\Delta x} \Delta x$

可得 $\lim\limits_{\Delta x \to 0} \Delta y = \lim\limits_{\Delta x \to 0} \left(\dfrac{\Delta y}{\Delta x} \Delta x \right) = \left(\lim\limits_{\Delta x \to 0} \dfrac{\Delta y}{\Delta x} \right) \left(\lim\limits_{\Delta x \to 0} \Delta x \right) = f'(x_0) \times 0 = 0$

即 $y = f(x)$ 在点 x_0 处一定连续.

这个定理的逆定理不成立,即函数 $y = f(x)$ 在点 x_0 处连续,但在点 x_0 处不一定可导.

例 6 讨论函数 $y = f(x) = |x| = \begin{cases} x & x \geq 0 \\ -x & x < 0 \end{cases}$ 在点 $x = 0$ 的连续性与可导性.

解 函数 $y = f(x) = |x| = \begin{cases} x & x \geq 0 \\ -x & x < 0 \end{cases}$,图像如图 2.5 所示.

$$\lim_{\Delta x \to 0} \Delta y = \lim_{\Delta x \to 0} [f(0 + \Delta x) - f(0)]$$
$$= \lim_{\Delta x \to 0} [|0 + \Delta x| - 0]$$
$$= \lim_{\Delta x \to 0} |\Delta x| = 0 = f(0)$$

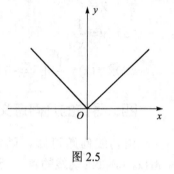

图 2.5

故 $y = f(x)$ 在点 $x = 0$ 处连续.

$$\lim_{\Delta x \to 0^-} \frac{\Delta y}{\Delta x} = \lim_{\Delta x \to 0^-} \frac{f(0 + \Delta x) - f(0)}{\Delta x} = \lim_{\Delta x \to 0^-} \frac{|\Delta x|}{\Delta x} = \lim_{\Delta x \to 0^-} \frac{-\Delta x}{\Delta x} = -1$$

$$\lim_{\Delta x \to 0^+} \frac{\Delta y}{\Delta x} = \lim_{\Delta x \to 0^+} \frac{f(0 + \Delta x) - f(0)}{\Delta x} = \lim_{\Delta x \to 0^+} \frac{|\Delta x|}{\Delta x} = \lim_{\Delta x \to 0^+} \frac{\Delta x}{\Delta x} = 1$$

即 $\lim_{\Delta x \to 0} \frac{\Delta y}{\Delta x}$ 不存在.

所以 $y = f(x)$ 在点 $x = 0$ 处不可导.

定理 1 说明连续是可导的必要条件,但不是充分条件. 即可导一定连续,但连续不一定可导.

习题 2-1

1. 已知物体做直线运动,其运动方程为 $s = 4t^2 + 3t + 1$,其中 s 以米(m),t 以秒(s)为单位,求:

(1) 物体从 $t = 1$ 到 $t = 1 + \Delta t$ 时间间隔内的平均速度;

(2) 物体在 $t = 1$ 时的瞬间速度.

2. 已知物体的运动规律为 $s = t^3$ (m),求这物体在 $t = 2$ (s)时的速度.

3. 下列各题中均假定 $f'(x_0)$ 存在,按照导数定义观察下列极限,指出 A 表示什么?

(1) $\lim_{\Delta x \to 0} \frac{f(x_0 - \Delta x) - f(x_0)}{\Delta x} = A$

(2) $\lim_{\Delta x \to 0} \frac{f(x)}{x} = A$,其中 $f(0) = 0$,且 $f'(0)$ 存在

(3) $\lim_{\Delta x \to 0} \frac{f(x_0 + h) - f(x_0 - h)}{h} = A$

4. 求下列函数的导数:

(1) $y = x^4$ (2) $y = \dfrac{1}{\sqrt{x}}$

(3) $y = \sqrt[3]{x^2}$ (4) $y = x^3 \sqrt[5]{x}$

5. 求 $f(x) = \dfrac{1}{x^2}$ 在 $x = 2$ 处的导数.

6. 求曲线 $y = \dfrac{1}{\sqrt{x}}$ 在点 $(1, 1)$ 处的切线方程和法线方程.

7. 如果函数 $y = f(x)$ 在点 x_0 处的导数分别有下列情况：

(1) $f'(x_0) = 0$ (2) $f'(x_0) = 1$
(3) $f'(x_0) = -1$ (4) $f'(x_0) = \infty$

求函数图像在对应点处的切线的倾斜角.

8. 讨论下列函数在 $x = 0$ 处的连续性与可导性：

(1) $y = \sqrt[3]{x}$ (2) $y = \begin{cases} x\sin\dfrac{1}{x} & x \neq 0 \\ 0 & x = 0 \end{cases}$

第二节　导数的基本公式

在上一节，我们用定义求了一些简单函数的导数，但对于比较复杂的函数用定义去求它们的导数往往很困难，有时甚至是不可能的. 因此我们希望找到一些基本的导数公式和求导法则，借助它们来简化导数的计算.

例1　求函数 $y = \sin x$ 的导数.

解　(1) 求增量：$\Delta y = f(x + \Delta x) - f(x)$
$$= \sin(x + \Delta x) - \sin x$$
$$= 2\cos\left(x + \dfrac{\Delta x}{2}\right)\sin\dfrac{\Delta x}{2}$$

(2) 算比值：$\dfrac{\Delta y}{\Delta x} = \dfrac{\cos\left(x + \dfrac{\Delta x}{2}\right)\sin\dfrac{\Delta x}{2}}{\dfrac{\Delta x}{2}}$

(3) 取极限：$y' = \lim\limits_{\Delta x \to 0}\dfrac{\Delta y}{\Delta x} = \lim\limits_{\Delta x \to 0}\dfrac{\cos\left(x + \dfrac{\Delta x}{2}\right)\sin\dfrac{\Delta x}{2}}{\dfrac{\Delta x}{2}}$

$$= \cos x \times 1 = \cos x$$

即
$$(\sin x)' = \cos x \tag{2.2.1}$$

这就是说，正弦函数的导数为余弦函数.

类似地，可求得

$$(\cos x)' = -\sin x \tag{2.2.2}$$

这就是说,余弦函数的导数为负的正弦函数.

例 2 求函数 $y = \log_a x$ ($a > 0$ 且 $a \neq 1$) 的导数.

解 (1) 求增量:$\Delta y = f(x + \Delta x) - f(x)$
$$= \log_a(x + \Delta x) - \log_a x = \log_a \frac{x + \Delta x}{x} = \log_a\left(1 + \frac{\Delta x}{x}\right)$$

(2) 算比值:$\dfrac{\Delta y}{\Delta x} = \dfrac{1}{\Delta x} \log_a\left(1 + \dfrac{\Delta x}{x}\right)$

(3) 取极限:$y' = \lim\limits_{\Delta x \to 0} \dfrac{\Delta y}{\Delta x} = \lim\limits_{\Delta x \to 0} \log_a\left(1 + \dfrac{\Delta x}{x}\right)^{\frac{1}{\Delta x}} = \lim\limits_{\Delta x \to 0} \log_a\left[\left(1 + \dfrac{\Delta x}{x}\right)^{\frac{x}{\Delta x}}\right]^{\frac{1}{x}}$

$$= \lim_{\Delta x \to 0} \frac{1}{x} \log_a\left(1 + \frac{\Delta x}{x}\right)^{\frac{x}{\Delta x}} = \frac{1}{x} \log_a \lim_{\Delta x \to 0}\left(1 + \frac{\Delta x}{x}\right)^{\frac{x}{\Delta x}} = \frac{1}{x} \log_a e = \frac{1}{x \ln a}$$

即
$$y' = (\log_a x)' = \frac{1}{x \ln a} \tag{2.2.3}$$

特别地,当 $a = e$ 时,有
$$(\ln x)' = \frac{1}{x} \tag{2.2.4}$$

为了方便,我们将一些基本初等函数的导数公式列表如下:

(1) 常数函数的导数公式:$(C)' = 0$

(2) 幂函数的导数公式:$(x^a)' = ax^{a-1}$

(3) 指数函数的导数公式:$(a^x)' = a^x \ln a$

特别地,$(e^x)' = e^x$.

(4) 对数函数的导数公式:$(\log_a x)' = \dfrac{1}{x \ln a}$ ($a > 0$ 且 $a \neq 1$)

特别地,$(\ln x)' = \dfrac{1}{x}$.

(5) 三角函数的导数公式:$(\sin x)' = \cos x$
$$(\cos x)' = -\sin x$$
$$(\tan x)' = \sec^2 x$$
$$(\cot x)' = -\csc^2 x$$
$$(\sec x)' = \sec x \tan x$$
$$(\csc x)' = -\csc x \cot x$$

(6) 反三角函数的导数公式:$(\arcsin x)' = \dfrac{1}{\sqrt{1 - x^2}}$
$$(\arccos x)' = -\frac{1}{\sqrt{1 - x^2}}$$
$$(\arctan x)' = \frac{1}{1 + x^2}$$
$$(\operatorname{arccot} x)' = -\frac{1}{1 + x^2}$$

例 3 利用导数公式，求下列函数的导数：

(1) $y = \pi$ (2) $y = x^{10}$

(3) $y = 10^x$ (4) $y = \lg x$

解 (1) 由常数函数导数公式得 $y' = 0$

    (2) 由幂函数导数公式得 $y' = 10x^9$

    (3) 由指数函数导数公式得 $y' = (10^x)' = 10^x \ln 10$

    (4) 由对数函数导数公式得 $y' = \dfrac{1}{x \ln 10}$

课堂练习

利用导数公式，求下列函数的导数：

(1) $y = \sqrt{2}$ (2) $y = x^3$

(3) $y = 3^x$ (4) $y = \log_3 x$

例 4 求 (1) $y = \ln 2$ 的导数；(2) $y = \ln x$ 在 $x = 2$ 的导数.

解 (1) $y' = (\ln 2)' = 0$；

    (2) $y' = (\ln x)' = \dfrac{1}{x}$，$y'|_{x=2} = \dfrac{1}{2}$.

例 5 求 (1) $y = \sin\dfrac{\pi}{6}$ 的导数；(2) 设 $f(x) = \sin x$，求 $f'\left(\dfrac{\pi}{6}\right)$.

解 (1) $y' = \left(\sin\dfrac{\pi}{6}\right)' = 0$

    (2) $f'(x) = (\sin x)' = \cos x$

        $f'\left(\dfrac{\pi}{6}\right) = \cos\dfrac{\pi}{6} = \dfrac{\sqrt{3}}{2}$

课堂练习

1. 已知 $f(x) = \lg x$，求 $f'(1)$.
2. 求：(1) $y = \cos\dfrac{\pi}{4}$ 的导数；(2) 设 $f(x) = \cos x$，求 $f'\left(\dfrac{\pi}{4}\right)$.

习题 2-2

1. 利用导数定义，证明 $(\cos x)' = -\sin x$.
2. 已知 $f(x) = e^x$，求 $f'(e)$.
3. 已知 $y = \arctan x$，求 $y'|_{x=1}$.
4. 求曲线 $y = \ln x$ 在点 $M(e, 1)$ 处的切线方程和法线方程.

第三节　函数的和、差、积、商的求导法则

我们知道，初等函数是由基本初等函数经过有限次的四则运算和有限次的复合而成的，

前面我们给出了基本初等函数的导数公式，这里我们再介绍导数的四则运算法则，利用这些法则可以较简单地求出一些初等函数的导数．

一、函数和、差的求导法则

法则 1 两个可导函数的和（或差）的导数等于这两个函数的导数的和（或差），即

$$(u \pm v)' = u' \pm v' \tag{2.3.1}$$

其中 $u = u(x)$、$v = v(x)$ 在点 x 处均可导．

证明 设 $y = u(x) + v(x)$，给自变量 x 以增量 Δx，函数 $u = u(x)$，$v = v(x)$ 及 $y = u(x) + v(x)$，相应地有增量 $\Delta u, \Delta v, \Delta y$．

因为
$$\Delta y = [u(x+\Delta x) + v(x+\Delta x)] - [u(x) + v(x)]$$
$$= [u(x+\Delta x) - u(x)] + [v(x+\Delta x) - v(x)]$$
$$= \Delta u + \Delta v$$

所以
$$\frac{\Delta y}{\Delta x} = \frac{\Delta u}{\Delta x} + \frac{\Delta v}{\Delta x}$$

于是
$$y' = \lim_{\Delta x \to 0} \frac{\Delta y}{\Delta x} = \lim_{\Delta x \to 0} \frac{\Delta u}{\Delta x} + \lim_{\Delta x \to 0} \frac{\Delta v}{\Delta x} = u' + v'$$

即
$$(u+v)' = u' + v'$$

类似地，也有
$$(u-v)' = u' - v'$$

这个法则可以推广到任意有限个函数，例如
$$(u+v-w)' = u' + v' - w'$$

例 1 求下列函数的导数：

（1）$y = x^3 + \ln x$ （2）$y = x\sqrt{x} - \dfrac{1}{x^2} + 2^x - \ln 5$

解 （1）$y' = (x^3)' + (\ln x)' = 3x^2 + \dfrac{1}{x}$

（2）$y' = \left(x^{\frac{3}{2}}\right)' - (x^{-2})' + (2^x)' - (\ln 5)' = \dfrac{3}{2} x^{\frac{1}{2}} + 2x^{-3} + 2^x \ln 2$

例 2 $f(x) = \dfrac{1}{x} + \sin x - \tan \dfrac{\pi}{4}$，求 $f'(x)$ 及 $f'\left(\dfrac{\pi}{2}\right)$．

解 $f'(x) = -\dfrac{1}{x^2} + \cos x$，$f'\left(\dfrac{\pi}{2}\right) = -\dfrac{4}{\pi^2}$

课堂练习

求下列函数的导数：

（1）$y = \dfrac{1}{x} + 5^x$ （2）$y = \sqrt{x} + \arcsin x + \sqrt{\pi}$

二、函数乘积的求导法则

法则 2 两个可导函数乘积的导数等于第一个函数的导数乘以第二个函数,再加上第一个函数乘以第二个函数的导数,即

$$(uv)' = u'v + uv' \qquad (2.3.2)$$

其中 $u = u(x)$、$v = v(x)$ 均在 x 处可导.

证明 设 $y = u(x)v(x)$,给自变量 x 以增量 Δx,函数 $u = u(x)$,$v = v(x)$ 及 $y = u(x)v(x)$,相应地有增量 $\Delta u, \Delta v, \Delta y$.

因为
$$\Delta y = [u(x + \Delta x)v(x + \Delta x)] - [u(x)v(x)]$$
$$= u(x + \Delta x)v(x + \Delta x) - u(x)v(x + \Delta x) + u(x)v(x + \Delta x) - u(x)v(x)$$
$$= [u(x + \Delta x) - u(x)]v(x + \Delta x) + u(x)[v(x + \Delta x) - v(x)]$$

所以
$$\frac{\Delta y}{\Delta x} = \frac{\Delta u}{\Delta x} v(x + \Delta x) + u(x) \frac{\Delta v}{\Delta x}$$

且由于在点 x 处可导的函数 $v(x)$ 在该点必连续,故

$$\lim_{\Delta x \to 0} v(x + \Delta x) = v(x)$$

于是
$$y' = \lim_{\Delta x \to 0} \frac{\Delta y}{\Delta x} = \lim_{\Delta x \to 0} \frac{\Delta u}{\Delta x} v(x + \Delta x) + \lim_{\Delta x \to 0} u(x) \frac{\Delta v}{\Delta x} = u'v + uv'$$

即
$$(uv)' = u'v + uv'$$

特别地,令 $v = C$(C 为常量)得法则 3.

法则 3 求导数时常数因子可以提到求导记号外面,即

$$(Cu)' = Cu' \qquad (2.3.3)$$

其中 $u = u(x)$ 在 x 处可导,C 为常量.

例 3 求下列函数的导数:

(1) $y = 3x^5$ \qquad (2) $y = \sqrt{x} \cos x$

解 (1) $y' = 3(x^5)' = 15x^4$

(2) $y' = (\sqrt{x})' \cos x + \sqrt{x}(\cos x)'$
$$= \frac{1}{2\sqrt{x}} \cos x - \sqrt{x} \sin x$$

例 4 $f(x) = 2^x \sin x$,求 $f'(x)$ 和 $f'\left(\frac{\pi}{4}\right)$.

解 $f'(x) = (2^x)' \sin x + 2^x (\sin x)' = 2^x \ln 2 \sin x + 2^x \cos x$

$$f'\left(\frac{\pi}{4}\right) = 2^{\frac{\pi}{4}} \times \ln 2 \times \frac{\sqrt{2}}{2} + 2^{\frac{\pi}{4}} \times \frac{\sqrt{2}}{2} = \frac{\sqrt{2}}{2} \times 2^{\frac{\pi}{4}} (1 + \ln 2)$$

课堂练习

求下列函数的导数:

(1) $y = 2\cos x - 7x + \sin \frac{\pi}{3}$ \qquad (2) $y = \frac{1}{5} \cot x + 5x^3 - 5$

(3) $y = e^x \ln x$ \qquad (4) $y = x^2 \arctan x$

三、函数商的求导法则

法则 4 两个可导函数商的导数等于分子的导数乘以分母，减去分母的导数乘以分子，再除以分母的平方，即

$$\left(\frac{u}{v}\right)' = \frac{u'v - uv'}{v^2} \tag{2.3.4}$$

其中 $u = u(x)$，$v = v(x)$ 在点 x 处均可导，且 $v(x) \neq 0$（证明从略）。

例 5 求函数 $y = \dfrac{5-x}{5+x}$ 的导数。

解 $y' = \dfrac{(5-x)'(5+x) - (5-x)(5+x)'}{(5+x)^2} = \dfrac{-(5+x) - (5-x)}{(5+x)^2} = -\dfrac{10}{(5+x)^2}$

例 6 设 $f(x) = \dfrac{\sin x}{x}$，求 $f'(x)$ 及 $f'\left(\dfrac{\pi}{2}\right)$。

解 $f'(x) = \dfrac{(\sin x)'x - \sin x(x)'}{x^2} = \dfrac{x\cos x - \sin x}{x^2}$

$f'\left(\dfrac{\pi}{2}\right) = \dfrac{\dfrac{\pi}{2}\cos\dfrac{\pi}{2} - \sin\dfrac{\pi}{2}}{\left(\dfrac{\pi}{2}\right)^2} = -\dfrac{4}{\pi^2}$

课堂练习

求下列函数的导数：

(1) $y = \dfrac{x}{4^x}$

(2) $y = \dfrac{1}{x+1} + \dfrac{x}{3}$

习题 2-3

1. 求下列函数的导数：

(1) $y = x^4 - 2\sqrt{x} + \lg 2$

(2) $y = \lg x + \dfrac{1}{\sqrt{x}} + \dfrac{1}{x^2}$

(3) $y = x\tan x - \cot x$

(4) $y = x\ln x$

(5) $y = x^n \sin x$

(6) $y = (x+2)\left(\dfrac{1}{\sqrt{x}} - 3\right)$

(7) $y = \dfrac{x}{\cos x}$

(8) $y = \dfrac{1 - \ln x}{1 + \ln x}$

2. 求下列函数在给定点的导数：

(1) $f(x) = \dfrac{1}{5-x} + \dfrac{x^2}{5}$，求 $f'(0)$ 和 $f'(2)$；

(2) $y(t) = t\sin t + \dfrac{1}{2}\cos t$，求 $y'\left(\dfrac{\pi}{4}\right)$；

（3） $\varphi(x) = x\cos x + 3x^2$，求 $\varphi'(\pi)$．

3. 求曲线 $y = \tan x$ 在点 $M\left(\dfrac{\pi}{4}, 1\right)$ 处的切线方程和法线方程．

第四节　复合函数的导数

我们先看一个例子，已知
$$y = (3x-2)^2$$
那么
$$y' = [(3x-2)^2]' = (9x^2 - 12x + 4)'$$
$$= 18x - 12$$

函数 $y = (3x-2)^2$ 又可以看成由
$$y = u^2, \quad u = 3x - 2$$
复合而成，其中 u 为中间变量．由于
$$\frac{dy}{du} = 2u, \quad \frac{du}{dx} = 3$$
因而
$$\frac{dy}{du}\frac{du}{dx} = 2u \times 3 = 2(3x-2) \times 3 = 18x - 12$$
也就是说，对于函数 $y = (3x-2)^2$，有
$$\frac{dy}{dx} = \frac{dy}{du}\frac{du}{dx}$$

定理 1　设 $y = f(u)$ 在点 u 可导，$u = \varphi(x)$ 在与点 u 对应的点 x 可导，则复合函数 $y = f[\varphi(x)]$ 在点 x 可导，且 $\dfrac{dy}{dx} = \dfrac{dy}{du}\dfrac{du}{dx}$，即
$$y'_x = y'_u u'_x$$
其中，y'_x 表示 y 对自变量 x 的导数，y'_u 表示 y 对中间变量 u 的导数，u'_x 表示中间变量 u 对自变量 x 的导数．

证明　设自变量 x 有改变量 Δx，则相应中间变量 $u = \varphi(x)$ 有改变量 Δu，从而 $y = f(u)$ 有改变量 Δy，于是当 $\Delta u \neq 0$ 时，$\dfrac{\Delta y}{\Delta x} = \dfrac{\Delta y}{\Delta u}\dfrac{\Delta u}{\Delta x}$，由于 $u = \varphi(x)$ 在点 x 可导，则必连续，因此当 $\Delta x \to 0$ 时，必有 $\Delta u \to 0$．

因此
$$\frac{dy}{dx} = \lim_{\Delta x \to 0} \frac{\Delta y}{\Delta x} = \lim_{\Delta x \to 0} \left(\frac{\Delta y}{\Delta u}\frac{\Delta u}{\Delta x}\right) = \lim_{\Delta u \to 0} \frac{\Delta y}{\Delta u} \lim_{\Delta x \to 0} \frac{\Delta u}{\Delta x} = \frac{dy}{du}\frac{du}{dx}$$

定理 1 告诉我们，对复合函数 $y = f[\varphi(x)]$，求 y 对 x 的导数，可先求 y 对中间变量 u 的导数 y'_u，再求 u 对自变量 x 的导数 u'_x，最后作乘积，即 $y'_x = y'_u u'_x$．

复合函数的求导法则可以推广到有限个中间变量的情形．

如果 $y = f(u), u = \varphi(v), v = \psi(x)$，且上式右端的各导数均存在，则复合函数 $y = f\{\varphi[\psi(x)]\}$ 的导数为
$$\frac{dy}{dx} = \frac{dy}{du}\frac{du}{dv}\frac{dv}{dx} \quad 或 \quad y'_x = y'_u u'_v v'_x$$

例1 求下列函数的导数：

（1） $y = \cos 2x$ （2） $y = \arctan \sqrt{x}$

解 （1）设 $y = \cos u$，$u = 2x$

$$y'_u = -\sin u, \quad u'_x = 2$$

由 $y'_x = y'_u u'_x$ 有

$$y'_x = -\sin u \times 2 = -2\sin u = -2\sin 2x$$

（2）设 $y = \arctan u$，$u = \sqrt{x}$

$$y'_u = \frac{1}{1+u^2}, \quad u'_x = \frac{1}{2\sqrt{x}}$$

由 $y'_x = y'_u u'_x$ 有

$$y' = \frac{1}{1+u^2} \cdot \frac{1}{2\sqrt{x}} = \frac{1}{1+(\sqrt{x})^2} \cdot \frac{1}{2\sqrt{x}} = \frac{1}{2\sqrt{x}(1+x)}$$

注意：最后结果不能含有中间变量，必须换回到原来的变量.

课堂练习

指出下列复合函数的复合过程，并求出它们的导数.

（1） $y = (x^2 + 4x - 7)^5$ （2） $y = \cos(2x + 5)$

对复合函数的复合过程掌握较好之后，就不必写出中间变量，只要弄清复合层次，由外层到内层，逐层求导，再作乘积，便得复合函数的导数.

例2 求下列函数的导数：

（1） $y = \cos^2 x$ （2） $y = \sin^2\left(2x + \dfrac{\pi}{3}\right)$

解 （1） $y' = (\cos^2 x)' = 2\cos x (\cos x)'$

$$= -2\cos x \sin x$$
$$= -\sin 2x$$

（2） $y' = \left[\sin^2\left(2x + \dfrac{\pi}{3}\right)\right]'$

$$= 2\sin\left(2x + \dfrac{\pi}{3}\right)\left[\sin\left(2x + \dfrac{\pi}{3}\right)\right]'$$

$$= 2\sin\left(2x + \dfrac{\pi}{3}\right)\cos\left(2x + \dfrac{\pi}{3}\right)\left(2x + \dfrac{\pi}{3}\right)'$$

$$= 2\sin\left(4x + \dfrac{2\pi}{3}\right)$$

课堂练习

求下列函数的导数：

(1) $y = \sqrt{1+x^2}$　　　　　　　　　　(2) $y = \tan^2 \dfrac{x^3}{3}$

例 3 求下列函数的导数：

(1) $y = 3^{\sin x}$　　　(2) $y = e^{\tan(1-2x)}$　　　(3) $y = \sin \ln x$

解 (1) $y' = 3^{\sin x} \ln 3 (\sin x)' = 3^{\sin x} \ln 3 \cos x$

(2) $y' = e^{\tan(1-2x)} [\tan(1-2x)]' = e^{\tan(1-2x)} \sec^2(1-2x)(1-2x)'$
$= -2 e^{\tan(1-2x)} \sec^2(1-2x)$

(3) $y' = \cos \ln x (\ln x)' = \dfrac{\cos \ln x}{x}$

课堂练习

求下列函数的导数：

(1) $y = 5^{\cos 2t} + \ln t$　　　　　　　(2) $y = e^{3x}$

(3) $y = \ln(\ln x)$

例 4 求下列函数的导数：

(1) $y = \ln(2x^3 + 5x - 4)$　　　　　　(2) $y = \ln \sqrt{1-x^2}$

解 (1) $y' = \dfrac{1}{2x^3 + 5x - 4}(2x^3 + 5x - 4)'$

$= \dfrac{6x^2 + 5}{2x^3 + 5x - 4}$

(2)

解法一　$y' = \dfrac{1}{\sqrt{1-x^2}}(\sqrt{1-x^2})' = \dfrac{1}{\sqrt{1-x^2}} \dfrac{-2x}{2\sqrt{1-x^2}}$

$= -\dfrac{x}{1-x^2} = \dfrac{x}{x^2-1}$

解法二　$y = \ln \sqrt{1-x^2} = \dfrac{1}{2} \ln(1-x^2)$

$y' = \dfrac{1}{2} \dfrac{(1-x^2)'}{1-x^2}$

$= \dfrac{1}{2} \dfrac{-2x}{1-x^2} = \dfrac{x}{x^2-1}$

课堂练习

求函数 $y = \ln \sqrt{\dfrac{1+x}{1-x}}$ 的导数.

习题 2-4

1. 求下列函数的导数：

(1) $y = \cos\left(\dfrac{\pi}{4} - x\right)$　　　　　　　(2) $y = \sin^3(4x+3)$

(3) $y = \dfrac{1}{\sqrt[5]{1+3x}}$ (4) $y = (3x^2+1)^{10}$

(5) $y = (2x+1)^n$ (6) $y = x\cos x^2$

(7) $y = \dfrac{5^x}{2^x}$ (8) $y = \sin 3x$

(9) $y = \ln\dfrac{1}{x}$ (10) $y = \lg\sin x$

(11) $y = \ln\left(\tan\dfrac{x}{2}\right)$ (12) $y = \ln\sqrt{1-x}$

(13) $y = (x^2-2x+3)\mathrm{e}^{-x^2}$ (14) $y = x\arccos x - \sqrt{1-x^2}$

2. 设 $y = \sqrt[3]{4x-3}$，求 $y'|_{x=1}$.

3. 已知 $f(x) = x\mathrm{e}^{-(x^2+1)}$，求 $f'(0)$，$f'(1)$.

4. 已知 $f(x) = \mathrm{e}^{\pi x}\sin\pi x$，求 $f'\left(\dfrac{1}{2}\right)$.

5. 求曲线 $y = \sin 2x$ 在点 $M(\pi,0)$ 处的切线方程和法线方程.

6. 求曲线 $y = x\ln x$ 在点 （1.0） 处的切线方程和法线方程.

7. 曲线 $y = x\mathrm{e}^{-x}$ 上哪一点的切线平行于 x 轴？求这切线方程.

第五节　高阶导数

一、高阶导数的概念

如果函数 $y = f(x)$ 的导数仍然可导，那么 $y' = f'(x)$ 的导数叫做函数 $y = f(x)$ 的**二阶导数**，记作 y''，$f''(x)$ 或 $\dfrac{\mathrm{d}^2 y}{\mathrm{d}x^2}$，即

$$y'' = (y')', \quad f''(x) = [f'(x)]', \quad \text{或} \quad \dfrac{\mathrm{d}^2 y}{\mathrm{d}x^2} = \dfrac{\mathrm{d}}{\mathrm{d}x}\left(\dfrac{\mathrm{d}y}{\mathrm{d}x}\right)$$

相应地，把 $y = f(x)$ 的导数叫做函数 $y = f(x)$ 的**一阶导数**.

类似地，函数 $y = f(x)$ 的二阶导数的导数叫做函数 $y = f(x)$ 的**三阶导数**，三阶导数的导数叫做函数 $y = f(x)$ 的**四阶导数**，… 一般地，$(n-1)$ 阶导数的导数叫做函数 $y = f(x)$ 的 n **阶导数**，分别记作

$$y''', y^{(4)}, \cdots, y^{(n)}$$

或

$$f'''(x), f^{(4)}(x), \cdots, f^{(n)}(x)$$

或

$$\dfrac{\mathrm{d}^3 y}{\mathrm{d}x^3}, \dfrac{\mathrm{d}^4 y}{\mathrm{d}x^4}, \cdots, \dfrac{\mathrm{d}^n y}{\mathrm{d}x^n}$$

二阶或二阶以上导数叫做函数 $y = f(x)$ 的**高阶导数**.

例 1　求下列函数的二阶导数：

(1) $y = 4x+1$ (2) $y = x\ln x$

(3) $y = \cos^2 3x$　　　　　　　　(4) $y = e^{-t}\sin t$

解 (1) $y' = 4$，$y'' = 0$

(2) $y' = \ln x + x\dfrac{1}{x} = 1 + \ln x$，$y'' = \dfrac{1}{x}$

(3) $y' = 2\cos 3x(\cos 3x)' = 2\cos 3x(-\sin 3x)(3x)'$
$\qquad = -3\sin 6x$
$y'' = -3\cos 6x(6x)' = -18\cos 6x$

(4) $y' = -e^{-t}\sin t + e^{-t}\cos t = e^{-t}(\cos t - \sin t)$
$y'' = -e^{-t}(\cos t - \sin t) + e^{-t}(-\sin t - \cos t)$
$\qquad = -2e^{-t}\cos t$

课堂练习

求下列函数的二阶导数：

(1) $y = 3x^2 + \ln x$　　　　　　　(2) $y = e^{2x-1}$

例 2 设 $f(x) = e^{-2x}$，求 $f''(1)$

解 $f'(x) = -2e^{-2x}$，$f''(x) = 4e^{-2x}$，$f''(1) = 4e^{-2} = \dfrac{4}{e^2}$

例 3 求 $y = x^n$ 的 n 阶导数.

解 $y' = nx^{n-1}$
$y'' = n(n-1)x^{n-2}$
$y''' = n(n-1)(n-2)x^{n-3}$
$y^{(4)} = n(n-1)(n-2)(n-3)x^{n-4}$
$\quad\vdots$
$y^{(n-1)} = n(n-1)(n-2)\cdots 3\times 2x$
$y^{(n)} = n(n-1)(n-2)\cdots 3\times 2\times 1 = n!$

二、二阶导数的力学意义

设物体做变速直线运动，其运动方程为
$$s = s(t)$$
则物体运动速度是路程 s 对时间 t 的导数，即
$$v = s'(t) = \dfrac{ds}{dt}$$
此时，若速度 v 仍是时间 t 的函数，我们可以求速度 v 对时间 t 的导数，用 a 表示，即
$$a = v'(t) = s''(t) = \dfrac{d^2 s}{dt^2}$$
a 是物体运动的加速度，它是路程 s 对时间 t 的二阶导数. 这就是**二阶导数的力学意义**.

例 4 已知 $s = t^3 - 1$（m），求 1 (s) 时的加速度.

解 $s' = 3t^2$
$s'' = 6t$
$a(1) = s''(1) = 6$（m/s^2）

习题 2-5

1. 求二阶导数：

   (1) $y = \dfrac{1}{x}$　　　　　　　　　　(2) $y = \ln \sin x$

   (3) $y = \ln(1 - x^2)$　　　　　　　(4) $y = x \cos x$

   (5) $y = e^{-t} \cos t$　　　　　　　　(6) $y = (1 + x^2) \arctan x$

   (7) $y = \dfrac{e^x}{x}$　　　　　　　　　　(8) $y = \dfrac{x}{1 - x}$

2. 已知函数 $f(x) = x^2 e^{-x}$，求 $f''(0)$.

3. 若 $f''(x)$ 存在，求二阶导数：

   (1) $y = f(x^2)$　　　　　　　　　(2) $y = \ln[f(x)]$

4. 求函数 $y = e^{2x}$ 的 n 阶导数.

5. 已知 $s = 5t^3 - t^2$（m），求 3 (s) 时的加速度.

第六节　隐函数及由参数方程所确定的函数的导数

一、隐函数

一般地，$y = f(x)$ 称为**显函数**. 如 $y = x^2 - 2$，$y = e^{\cos x}$ 等. 如果 y 与 x 的函数关系隐含在方程 $F(x, y) = 0$ 中，这种形式的函数称为**隐函数**. 如 $y = \sin(x + y)$，$x^2 - 2y + xy^2 = 1$ 等.

隐函数化为显函数，称为隐函数的显化. 如 $x^2 + y^2 = 1$，可显化为 $y = \pm\sqrt{1 - x^2}$，但有的隐函数显化比较困难，甚至是不可能的，如 $e^x - e^y + xy = 1$.

对于由方程 $F(x, y) = 0$ 所确定的隐函数求导，当然不能完全寄希望于把它显化. 关键是要能从方程 $F(x, y) = 0$ 中直接把 $\dfrac{dy}{dx}$ 求出来.

我们知道，把方程 $F(x, y) = 0$ 所确定的隐函数 $y = f(x)$ 代入原方程，结果是恒等式

$$F[x, f(x)] \equiv 0$$

把这个恒等式的两端对 x 求导，所得的结果也必然相等. 但应注意，左端 $F[x, f(x)]$ 是将 $y = f(x)$ 代入 $F(x, y)$ 后所得的结果. 所以，当方程 $F[x, f(x)] = 0$ 的两端对 x 求导时，要记住 y 是 x 的函数，然后用复合函数求导法则去求导，这样，便可得到欲求的导数，下面举例说明这种方法.

例 1　求下列函数的导数：

(1) $\sin y + \cos x = 1$　　　　　　　(2) $xy = e^{x+y}$

解　(1) 方程两边同时对自变量 x 求导

$$\cos y \cdot y' - \sin x = 0$$

$$y' = \dfrac{\sin x}{\cos y}$$

（2）方程两边同时对自变量 x 求导

$$y + xy' = e^{x+y}(1+y')$$

$$y' = \frac{e^{x+y} - y}{x - e^{x+y}} = \frac{xy - y}{x - xy} = \frac{(x-1)y}{x(1-y)}$$

例 2 求由方程 $x^3 + xy^2 + y^3 = 0$ 所确定的隐函数在 $x = 0$ 的导数 $y'|_{x=0}$.

解 方程两边同时对自变量 x 求导

$$3x^2 + y^2 + x2yy' + 3y^2y' = 0$$

$$y' = -\frac{3x^2 + y^2}{2xy + 3y^2}$$

$$y'|_{x=0} = -\frac{1}{3}$$

例 3 求由方程 $x - y + \frac{1}{2}\sin y = 0$ 所确定的隐函数 y 的二阶导数 $\frac{d^2y}{dx^2}$.

解 方程两边同时对自变量 x 求导

$$1 - \frac{dy}{dx} + \frac{1}{2}\cos y \frac{dy}{dx} = 0$$

$$\frac{dy}{dx} = \frac{2}{2 - \cos y}$$

上式两边再对 x 求导，得

$$\frac{d^2y}{dx^2} = \frac{-2\sin y \frac{dy}{dx}}{(2 - \cos y)^2} = \frac{-4\sin y}{(2 - \cos y)^3}$$

从上面的例子可以看出，求隐函数的导数时，在方程两边同时对自变量 x 求导，遇到 y 就看成 x 的函数，遇到 y 的函数就看成 x 的复合函数，它的导数用 y' 表示，然后从关系式中解出 y'_x 即可.

课堂练习

求下列隐函数的导数 $\frac{dy}{dx}$：

（1） $x^2 + y^2 = 1$ （2） $x\cos y = \sin(x+y)$

在求由某些因子的乘、除、乘方、开方构成的函数的导数以及幂指函数的导数时可采用先取对数再求导数的方法简化求导运算，称为**取对数求导法**.

例 4 求函数 $y = x^{\sin x}$ 的导数.

解 虽然给出的函数为显函数，但它既不是幂函数又不是指数函数，通常称为**幂指函数**. 对于幂指函数的求导较困难，一般可以通过两边取对数转化为隐函数，然后按照隐函数求导方法求出导数 y'.

对方程两边取对数，得

$$\ln y = \sin x \ln x$$

上式两边对 x 求导,注意 y 是 x 的函数,得

$$\frac{1}{y}y' = \cos x \ln x + \frac{1}{x}\sin x$$

解方程得

$$y' = y\left(\cos x \ln x + \frac{\sin x}{x}\right) = x^{\sin x}\left(\cos x \ln x + \frac{\sin x}{x}\right)$$

例 5 求 $y = \sqrt{\dfrac{(x+1)(x-2)}{(3-x)(3+2x)}}$ 的导数.

解 对方程两边取对数,得

$$\ln y = \frac{1}{2}[\ln(x+1) + \ln(x-2) - \ln(3-x) - \ln(3+2x)]$$

两边对 x 求导,即

$$\frac{1}{y}y' = \frac{1}{2}\left[\frac{1}{x+1} \times 1 + \frac{1}{x-2} \times 1 - \frac{1}{3-x} \times (-1) - \frac{1}{3+2x} \times 2\right]$$

$$= \frac{1}{2}\left(\frac{1}{x+1} + \frac{1}{x-2} + \frac{1}{3-x} - \frac{2}{3+2x}\right)$$

$$y' = \frac{1}{2}\left(\frac{1}{x+1} + \frac{1}{x-2} + \frac{1}{3-x} - \frac{2}{3+2x}\right)\sqrt{\frac{(x+1)(x-2)}{(3-x)(3+2x)}}$$

例 6 推导导数公式 $(a^x)' = a^x \ln a$.

证明 设 $y = a^x$,两边取对数,有

$$\ln y = x \ln a$$

两边对 x 求导,得

$$\frac{1}{y}y' = \ln a, \quad y' = y\ln a = a^x \ln a$$

即

$$(a^x)' = a^x \ln a$$

课堂练习

利用对数求导法,求函数 $y = x^x$ 的导数.

二、由参数方程所确定的函数的导数

前面我们讨论了由 $y = f(x)$ 或 $F(x,y) = 0$ 给出的函数关系的导数问题. 但在研究物体运动轨迹时,曲线常被看作质点运动的轨迹,动点 $M(x,y)$ 的位置随时间 t 变化,因此动点坐标 x,y 可分别利用时间的函数表示.

例如,研究抛射物体运动(空气阻力不计)时,抛射物体的运动轨迹可表示为

$$\begin{cases} x = v_1 t \\ y = v_2 t - \dfrac{1}{2}gt^2 \end{cases} \tag{2.6.1}$$

其中 v_1，v_2 分别是抛射物体初速度的水平和垂直分量；g 是重力加速度；t 是时间；x，y 是抛射物体在垂直面上位置的横坐标和纵坐标，如图 2.6 所示.

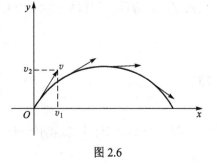

图 2.6

在式（2.6.1）中，x，y 都是 t 的函数，因此 x 与 y 之间通过 t 发生联系，这样 y 与 x 之间存在着确定的函数关系，消去式（2.6.1）中的 t，得

$$y = \frac{v_2}{v_1}x - \frac{g}{2v_1^2}x^2$$

这就是参数方程（2.6.1）确定的函数的显示表示.

一般地，如果参数方程

$$\begin{cases} x = \varphi(t) \\ y = \psi(t) \end{cases}$$

确定 y 与 x 之间的函数关系，则称此函数关系所表示的函数为由参数方程所确定的函数.

对于参数方程所确定的函数的求导，通常也并不需要首先由参数方程消去参数 t 化为 x 与 y 之间的直接函数关系后再求导.

函数可以看成参数方程确定的函数 $y = f(x)$ 与 $x = \varphi(t)$ 复合而成的函数，如果函数 $x = \varphi(t)$，$y = \psi(t)$ 都可导，且 $\varphi'(t) \neq 0$，根据复合函数的求导法则，有

$$\frac{dy}{dt} = \frac{dy}{dx}\frac{dx}{dt}$$

即

$$\frac{dy}{dx} = \frac{\dfrac{dy}{dt}}{\dfrac{dx}{dt}} = \frac{\psi'(t)}{\varphi'(t)}$$

例 7 已知椭圆的参数方程为

$$\begin{cases} x = a\cos t \\ y = b\sin t \end{cases}$$

求椭圆在 $t = \dfrac{\pi}{4}$ 相应的点处的切线方程.

解 当 $t = \dfrac{\pi}{4}$ 时，椭圆上的相应点 M_0 的坐标是

$$x_0 = a\cos\frac{\pi}{4} = \frac{\sqrt{2}}{2}a$$

$$y_0 = b\sin\frac{\pi}{4} = \frac{\sqrt{2}}{2}b$$

曲线在点 M_0 的切线斜率为

$$\left.\frac{dy}{dx}\right|_{t=\frac{\pi}{4}} = \left.\frac{(b\sin t)'}{(a\cos t)'}\right|_{t=\frac{\pi}{4}} = \left.\frac{b\cos t}{-a\sin t}\right|_{t=\frac{\pi}{4}} = -\frac{b}{a}$$

代入点斜式方程，即得椭圆在点 M_0 处的切线方程

$$y - \frac{\sqrt{2}}{2}b = -\frac{b}{a}\left(x - \frac{\sqrt{2}}{2}a\right)$$

即

$$bx + ay - \sqrt{2}ab = 0$$

例8 已知抛射体的运动轨迹的参数方程为

$$\begin{cases} x = v_1 t \\ y = v_2 t - \frac{1}{2}gt^2 \end{cases}$$

求抛射体在时刻 t 的运动速度的大小和方向.

解 先求速度的大小.

由于速度的水平分量为

$$\frac{dx}{dt} = v_1$$

垂直分量为

$$\frac{dy}{dt} = v_2 - gt$$

所以抛射体运动速度的大小为

$$v = \sqrt{\left(\frac{dx}{dt}\right)^2 + \left(\frac{dy}{dt}\right)^2} = \sqrt{v_1^2 + (v_2 - gt)^2}$$

再求速度的方向，也就是轨道的切线方向.

设 α 是切线的倾斜角，则根据导数的几何意义，得

$$\tan\alpha = \frac{dy}{dx} = \frac{\dfrac{dy}{dt}}{\dfrac{dx}{dt}} = \frac{v_2 - gt}{v_1}$$

所以，在抛射体刚射出（即 $t=0$）时

$$\tan\alpha\Big|_{t=0} = \frac{dy}{dx}\Big|_{t=0} = \frac{v_2}{v_1}$$

当 $t = \dfrac{v_2}{g}$ 时

$$\tan\alpha\Big|_{t=\frac{v_2}{g}} = \frac{dy}{dx}\Big|_{t=\frac{v_2}{g}} = 0$$

这时，运动方向是水平的，即抛射体达到最高点（见图 2.7）.

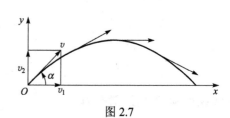

图 2.7

课堂练习

求由参数方程 $\begin{cases} x = 1 - t^2 \\ y = t^3 - t \end{cases}$ 所表示的函数的导数 $\dfrac{dy}{dx}$.

习题 2-6

1. 求下列隐函数的导数 $\dfrac{dy}{dx}$：

（1） $y = x + \dfrac{1}{2}\ln y$ （2） $y = x^2 + xe^y$

2. 求下列隐函数在定点处的导数：

（1） $y = \cos x + \dfrac{1}{2}\sin y$ $(\dfrac{\pi}{2}, 0)$

（2） $ye^x + \ln y = 1$ $(0, 1)$

3. 求下列由参数方程所表示的函数的导数 $\dfrac{dy}{dx}$：

（1） $\begin{cases} x = \cos t \\ y = \cos 2t \end{cases}$ （2） $\begin{cases} x = \ln t \\ y = \dfrac{1}{1-t} \end{cases}$

4. 已知 $\begin{cases} x = e^t \sin t \\ y = e^t \cos t \end{cases}$，求当 $t = \dfrac{\pi}{3}$ 时的 $\dfrac{dy}{dx}$ 值.

5. 求曲线 $x^2 + y^2 = 4$ 在 $(1, \sqrt{3})$ 处的切线方程和法线方程.

6. 利用对数求导法，求函数 $y = (\sin x)^{\cos x}$ 的导数.

第七节　函数的微分

函数 $y = f(x)$ 的导数 $f'(x)$ 是函数值 y 相对于自变量 x 的变化率，它描述了 y 随 x 变化而变化的快慢程度．实际问题中有时需要考虑在自变量有微小变化时函数值的改变量的计算问题，通常函数值的改变量的计算比较复杂．因此需要建立函数值改变量近似值的计算方法，使其既便于计算又有一定的精确度，这就是本节要讨论的概念——微分．

一、微分的概念

1. 微分的定义

引例　一正方形金属薄片（图 2.8）受热影响，它的边长由 x_0 变到 $x_0 + \Delta x$，问此薄片的面积改变多少？

设此薄片边长为 x，面积为 S，则 $S = x^2$．薄片面积的改变量可以看成自变量 x 在 x_0 处取得改变量 Δx 时，函数 S 相应

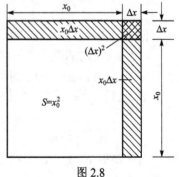

图 2.8

的改变量 ΔS，即 $\Delta S = (x_0 + \Delta x)^2 - x_0^2 = 2x_0 \Delta x + (\Delta x)^2$，可以看出，$\Delta S$ 分成两部分. 第一部分 $2x_0 \Delta x$ 是 Δx 的线性函数(图中画有斜线的两个矩形面积之和)，这一部分是 ΔS 的主要部分，且常数 $2x_0$ 不依赖于 Δx. 第二部分 $(\Delta x)^2$ (图中画有交叉斜线的小正方形的面积) 是当 $\Delta x \to 0$ 时 Δx 的高阶无穷小. 因此，当边长改变很微小，即 Δx 很小时，面积改变量 ΔS 可近似地用第一部分 $2x_0 \Delta x$ 来代替，它恰好是 $S'(x_0) \Delta x$.

定义 1 设函数 $y = f(x)$ 在 x_0 点的某个邻域内有定义，当自变量 x 在点 x_0 有改变量 Δx 时，函数 y 相应的改变量 $\Delta y = A \Delta x + o(\Delta x)$，其中 A 是不依赖于 Δx 的常数，$o(\Delta x)$ 是比 Δx 高阶的无穷小，则称函数 $y = f(x)$ 在 x_0 点是**可微的**，且 $A \Delta x$ 称为函数 $y = f(x)$ 在点 x_0 处的**微分**，记为 dy，即 $dy = A \Delta x$.

由于 $\Delta y = dy + o(\Delta x)$，当 $A \neq 0$ 时，dy 是关于 Δx 的线性主要部分，因此又称微分 dy 为函数改变量 Δy 的线性主部.

定理 1 函数 $y = f(x)$ 在点 x_0 可微的充分必要条件是函数 $y = f(x)$ 在点 x_0 可导.

证明 （必要性）设函数 $y = f(x)$ 在点 x_0 可微，则按定义 $\Delta y = A \Delta x + o(\Delta x)$ 成立，两边除以 Δx，得

$$\frac{\Delta y}{\Delta x} = A + \frac{o(\Delta x)}{\Delta x}$$

于是，当 $\Delta x \to 0$ 时，得到

$$\lim_{\Delta x \to 0} \frac{\Delta y}{\Delta x} = f'(x_0) = A$$

因此 $f(x)$ 在点 x_0 可导，且 $A = f'(x_0)$

（充分性）如果 $y = f(x)$ 在点 x_0 可导，即

$$\lim_{\Delta x \to 0} \frac{\Delta y}{\Delta x} = f'(x_0)$$

存在，根据极限与无穷小的关系，得

$$\frac{\Delta y}{\Delta x} = f'(x_0) + \alpha$$

其中 α 是当 $\Delta x \to 0$ 时的无穷小量，且 $f'(x_0)$ 不依赖于 Δx，故 $\Delta y = A \Delta x + o(\Delta x)$，所以 $y = f(x)$ 在点 x_0 也是可微的.

由定理 1 知，当 $f(x)$ 在点 x_0 可微时，其微分为

$$dy = f'(x_0) \Delta x$$

例 1 设函数 $y = x^3$，求：
（1） $x = 2$ 时的微分；
（2） $x = 2$，$\Delta x = 0.02$ 时的微分.

解 （1） $y' = 3x^2$，$y'|_{x=2} = 12$，$dy|_{x=2} = 12 \Delta x$

（2） $dy \Big|_{\substack{x=2 \\ \Delta x = 0.02}} = 12 \times 0.02 = 0.24$

对于函数 $y = x$，$dy = dx = (x)' \Delta x = \Delta x$，因此自变量的微分 dx 等于自变量的改变量 Δx，即 $dx = \Delta x$.

一般地，函数 $y=f(x)$ 在任意点 x 的微分，称为函数的微分，记作 dy 或 $df(x)$，即
$$dy = f'(x)dx$$
例如，$y=\cos x$，$y'=-\sin x$，$dy=-\sin x dx$.

由 $dy=f'(x)dx$ 有
$$\frac{dy}{dx}=f'(x)$$

这就是说，函数的微分 dy 与自变量的微分 dx 之商等于该函数的导数，因此导数也叫做微商.

课堂练习

1. 求下列函数在给定条件下的增量和微分：

$y=3x-1$，x 由 0 变到 0.02.

2. 求下列函数在指定点处的微分：

$y=\dfrac{x}{1+x}$，$x=0$ 和 $x=1$.

2. 微分的几何意义

由图 2.9 可知，当自变量 x 由 x_0 变到 $x_0+\Delta x$ 时，曲线 $y=f(x)$ 上对应点由 $M(x_0,y_0)$ 变到 $N(x_0+\Delta x, y_0+\Delta y)$，且 $MQ=\Delta x$，$QN=\Delta y$.

过点 M 作曲线的切线 MT，它的倾斜角为 α，即
$$QP = MQ\tan\alpha = f'(x_0)\Delta x = f'(x_0)dx$$

由此得到微分的几何意义：函数 $y=f(x)$ 在点 x_0 的微分 dy 就是曲线在点 $M(x_0,y_0)$ 的切线 MT 当横坐标由 x_0 变到 $x_0+\Delta x$ 时，其对应纵坐标的改变量. 当 $|\Delta x|$ 很小时，$\Delta y \approx dy$，所以点 M 邻近可以用切线段 MP 的长近似代替曲线弧 MN 的长.

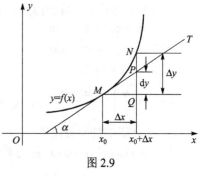

图 2.9

二、微分的基本公式与微分的运算法则

从函数的微分的表达式
$$dy=f'(x)dx$$
可以看出，要计算函数的微分，只要计算函数的导数，再乘以自变量的微分. 因此，可得微分的基本公式和微分运算法则.

1. 微分基本公式

（1）$d(C)=0$

（2）$d(x^\alpha) = \alpha x^{\alpha-1}dx$

（3）$d(a^x) = a^x \ln a\, dx$

（4）$d(e^x) = e^x dx$

（5）$d(\log_a x) = \dfrac{1}{x\ln a}dx \qquad (a>0 \text{且} a\neq 1)$

（6）$d(\ln x) = \dfrac{1}{x}dx$

（7） $d(\sin x) = \cos x\, dx$

（8） $d(\cos x) = -\sin x\, dx$

（9） $d(\tan x) = \sec^2 x\, dx$

（10） $d(\cot x) = -\csc^2 x\, dx$

（11） $d(\sec x) = \sec x \tan x\, dx$

（12） $d(\csc x) = -\csc x \cot x\, dx$

（13） $d(\arcsin x) = \dfrac{1}{\sqrt{1-x^2}} dx$

（14） $d(\arccos x) = -\dfrac{1}{\sqrt{1-x^2}} dx$

（15） $d(\arctan x) = \dfrac{1}{1+x^2} dx$

（16） $d(\operatorname{arccot} x) = -\dfrac{1}{1+x^2} dx$

2. 函数和、差、积、商的微分法则

设 u 和 v 都是 x 的可微函数，C 为常数，则有

（1） $d(u \pm v) = du \pm dv$

（2） $d(uv) = u\, dv + v\, du$

（3） $d(Cu) = C\, du$

（4） $d\left(\dfrac{u}{v}\right) = \dfrac{v\, du - u\, dv}{v^2}$ $\quad (v \neq 0)$

3. 复合函数的微分法则

设 $y = f(u)$ 及 $u = \varphi(x)$ 都可导，则复合函数 $y = f[\varphi(x)]$ 的微分为

$$dy = y'_x dx = f'(u)\, \varphi'(x)\, dx$$

由于 $\varphi'(x)\, dx = du$，所以，复合函数 $y = f[\varphi(x)]$ 的微分公式也可写成

$$dy = f'(u)\, du \quad \text{或} \quad dy = y'_u\, du$$

由此可见，无论 u 是自变量还是另一个变量的可微函数，微分形式 $dy = f'(u)\, du$ 保持不变，这一性质称为**一阶微分形式的不变性**.

例 2 求下列函数的微分：

（1） $y = \dfrac{1}{x^2}$ （2） $y = \lg^2 \sin x$

（3） $xy + \ln y - \ln x = 0$

解 （1） $y' = -2x^{-3}$，$dy = -2x^{-3} dx$

（2） $y' = 2\lg \sin x \dfrac{1}{\sin x \ln 10} \cos x = 2\lg \sin x \dfrac{\cot x}{\ln 10}$，$dy = 2\lg \sin x \dfrac{\cot x}{\ln 10} dx$

（3） $y + xy' + \dfrac{1}{y} y' - \dfrac{1}{x} = 0$，$y' = \dfrac{\dfrac{1}{x} - y}{x + \dfrac{1}{y}} = \dfrac{y(1-xy)}{x(xy+1)}$，$dy = \dfrac{y(1-xy)}{x(xy+1)} dx$

课堂练习

求下列函数的微分：

(1) $y = x^4 + 5x + 6$ 　　　　　　　　(2) $y = \dfrac{1}{x} + 2\sqrt{x}$

三、微分在近似计算中的应用

如果 $y = f(x)$ 在点 x_0 处的导数 $f'(x_0) \neq 0$，且 $|\Delta x|$ 很小时，有

$$\Delta y = f(x_0 + \Delta x) - f(x_0) \approx f'(x_0)\Delta x$$

或

$$f(x_0 + \Delta x) \approx f(x_0) + f'(x_0)\Delta x$$

此即微分近似公式.

如果 $f(x_0)$ 与 $f'(x_0)$ 都容易计算，那么可利用公式来近似计算. $|\Delta x|$ 越小，用此公式求近似值就越精确.

例 3 求 $\sin 31°$ 的近似值（精确到 0.000 1）.

解 $\sin 31° = \sin(30° + 1°) = \sin\left(\dfrac{\pi}{6} + \dfrac{\pi}{180}\right) \approx \sin\dfrac{\pi}{6} + (\sin x)'\Big|_{x=\frac{\pi}{6}} \times \dfrac{\pi}{180}$

$= \dfrac{1}{2} + \cos\dfrac{\pi}{6} \times \dfrac{\pi}{180} = \dfrac{1}{2} + \dfrac{\sqrt{3}}{2} \times \dfrac{\pi}{180}$

$\approx 0.5 + \dfrac{3.142}{180} \approx 0.515\,1$

用计算器得 $\sin 31° = 0.515\,0$，它们之间的误差很小.

例 4 一个半径为 r 的圆形金属薄片受冷时，半径缩小 0.02，求面积的改变量.

解 $A = \pi r^2$

$A' = 2\pi r$

$\mathrm{d}A = 2\pi r \Delta r$

$\mathrm{d}A\big|_{\Delta r = -0.02} = -0.04\pi r$

负号表示面积缩小.

在微分近似公式中，记 $x = x_0 + \Delta x$，令 $x_0 = 0$，得

$$f(x) \approx f(0) + f'(0)x$$

由此可得几个常用的近似公式（假定 $|x|$ 是较小的数值）

$$\sqrt[n]{1+x} \approx 1 + \dfrac{1}{n}x$$

$$\sin x \approx x \quad (x \text{ 为弧度数})$$

$$\tan x \approx x \quad (x \text{ 为弧度数})$$

$$\mathrm{e}^x \approx 1 + x$$

$$\ln(1+x) \approx x$$

例 5 证明 $\sqrt[n]{1+x} \approx 1 + \dfrac{1}{n}x$

证 设 $f(x) = \sqrt[n]{1+x}$

则 $f(0) = 1$，$f'(x) = \dfrac{1}{n}(1+x)^{\frac{1}{n}-1}\Big|_{x=0} = \dfrac{1}{n}$

代入微分近似公式便得

$$\sqrt[n]{1+x} \approx 1 + \dfrac{1}{n}x$$

其他几个近似公式可用类似方法证明.

例 6 利用微分求下列各近似值

(1) $\sqrt[4]{1.024}$　　　　(2) $\sqrt[3]{7.928}$　　　　(3) $\sin 0.003$

解 (1) $\sqrt[4]{1.024} \approx 1 + \dfrac{0.024}{4} = 1.006$

(2) $\sqrt[3]{7.928} = \sqrt[3]{8 - 0.072} = \sqrt[3]{8(1-0.009)} = 2 \times \sqrt[3]{1-0.009}$

$\approx 2\left(1 - \dfrac{0.009}{3}\right) = 2 \times (1-0.003) = 2 - 0.006 = 1.994$

(3) $\sin 0.003 \approx 0.003$

课堂练习

计算下列各函数的近似值：

(1) $\sqrt[6]{65}$　　　　　　　　　　　　(2) $e^{2.001}$

习题 2-7

1. 求下列函数在给定条件下的增量和微分：

$y = x^2 + 2x + 3$，x 由 2 变到 1.99.

2. 求下列函数在指定点处的微分：

$y = e^{\sin x}$，$x = 0$ 和 $x = \dfrac{\pi}{4}$.

3. 求下列函数和微分：

(1) $y = e^{\sin 3x}$　　　　　　　　　　(2) $y = \dfrac{e^{2x}}{x}$

(3) $y = (e^x + e^{-x})^2$　　　　　　　(4) $y = \tan^2(1+2x^2)$

(5) $y = \dfrac{\ln x}{x^n}$　　　　　　　　　　(6) $y = \ln\sqrt{1-x^2}$

(7) $y = \dfrac{x}{\sqrt{1+x^2}}$　　　　　　　　(8) $y = \dfrac{1}{x + \arcsin x}$

4. 在下面括号中填入适当的函数，使等式成立.

(1) $d(\quad) = 2dx$　　　　　　　　　(2) $d(\quad) = \dfrac{dx}{\sqrt{x}}$

(3) $d(\quad) = \dfrac{1}{1+x}dx$ (4) $d(\quad) = e^{-x}dx$

(5) $d(\quad) = \sin\omega x\,dx$ (6) $d(\sin^2 x) = (\quad)d(\sin x)$

(7) $d(\quad) = \dfrac{dx}{2^2 + x^2}$ (8) $d(\quad) = \dfrac{dx}{\sqrt{1-9x^2}}$

5. 一金属圆管，它的内半径为 10 cm，当管壁厚为 0.05 cm 时，利用微分来计算这个圆管截面面积的近似值.

6. 一金属球直径为 10 cm，受热后直径增加了 $\dfrac{1}{8}$ cm，则此金属球体积大约增加了多少 cm^3？

7. 计算下列各函数的近似值：

(1) $\sqrt[3]{1\,010}$ (2) $\lg 11$

(3) $\tan 29°$ (4) $\arctan 1.01$

第三章 导数的应用

上一章建立了导数的概念,并研究了导数的计算方法. 本章将利用导数知识来研究函数的各种性态,这些知识在日常生活、科学实践、经济往来中有着广泛的应用.

第一节 拉格朗日中值定理、函数单调性及极值

一、拉格朗日中值定理

为了能利用导数知识来研究函数在区间上的某些特性,首先引进拉格朗日中值定理.

定理 1 如果函数 $f(x)$ 在闭区间 $[a,b]$ 上连续,在开区间 (a,b) 内可导,那么在 (a,b) 内至少存在一点 ξ,使

$$f'(\xi) = \frac{f(b)-f(a)}{b-a} \qquad (a < \xi < b)$$

现借助几何图形直观说明如下:函数 $y = f(x)$ 的图形如图 3.1 所示. 从图中可以看出 $\dfrac{DB}{AD} = \tan\alpha$,$DB = BB' - DB' = BB' - AA' = f(b) - f(a)$,$AD = A'B' = OB' - OA' = b - a$,于是有

$$\tan\alpha = \frac{f(b)-f(a)}{b-a}$$

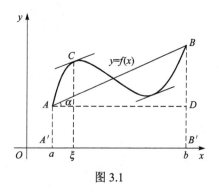

图 3.1

在曲线上,至少能找到一点 $C(\xi, f(\xi))$,使过点 C 的切线与线段 AB 平行,就是说,过点 C 的切线斜率也是 $\tan\alpha$. 由导数的几何意义可知:$f'(\xi) = \tan\alpha$,因此有

$$f'(\xi) = \frac{f(b)-f(a)}{b-a} \quad \text{或} \quad f(b) - f(a) = f'(\xi)(b-a) \qquad (a < \xi < b)$$

通常把这个定理叫做**拉格朗日中值定理**,它是微分学中的一个重要定理.

例 1 函数 $f(x) = \ln x$ 在闭区间 $[1, e]$ 上是否满足拉格朗日中值定理的条件?如果满足,试找出使定理结论成立的 ξ 值.

解 因为初等函数 $f(x) = \ln x$ 在闭区间 $[1, e]$ 上连续,在开区间 $(1, e)$ 内可导,所以满足拉格朗日中值定理的条件.

令 $f'(x) = \dfrac{f(e)-f(1)}{e-1}$,又 $f'(x) = \dfrac{1}{x}$ 且 $\dfrac{f(e)-f(1)}{e-1} = \dfrac{1}{e-1}$

可得 $\dfrac{1}{x} = \dfrac{1}{e-1}$,解得 $x = e - 1$ 且 $1 < e - 1 < e$.

所以取 $\xi = e - 1$,使 $f'(\xi) = \dfrac{f(e)-f(1)}{e-1}$

其中 $\xi = e - 1$ 在开区间 $(1,e)$ 内，即当 $\xi = e - 1$ 时定理结论成立.

课堂练习

设 $f(x) = 3x^2 + 2x + 5$，判断 $f(x)$ 在 $[a,b]$ 上是否满足拉格朗日中值定理的条件？如果满足，试找出使定理结论成立的 ξ 值.

推论 设函数 $f(x)$ 在开区间 (a,b) 内恒有 $f'(x) = 0$，那么在此区间内函数 $f(x) = C$（常数）.

证明 在 (a,b) 内任取两点 x_1，x_2 $(x_1 < x_2)$，在闭区间 $[x_1, x_2]$ 上运用拉格朗日中值定理，有 $f(x_2) - f(x_1) = f'(\xi)(x_2 - x_1)$ $(x_1 < \xi < x_2)$，由于 $f'(\xi) = 0$，故等式右端为零，即 $f(x_1) = f(x_2)$，这表明在开区间 (a,b) 内任意两点处的函数值都相等，也就是说，函数 $f(x)$ 在开区间 (a,b) 内是一个常数.

二、函数单调性的判定

单调性是函数的重要特性，以前我们已经介绍过函数在区间上的单调性的概念，并掌握了用定义判断函数在区间上的单调性的方法，这一节将讨论怎样用导数这一工具来判数函数的单调性.

由图 3.2 可以看出，如果函数 $y = f(x)$ 在闭区间 $[a,b]$ 上单调增加，那么它的图像是一条沿 x 轴正向上升的曲线，这时曲线上各点的切线的倾斜角都是锐角，因此它们的斜率 $f'(x)$ 都是正的，即 $f'(x) > 0$. 同样，如果函数 $y = f(x)$ 在 $[a,b]$ 上单调减少，那么它的图像是一条沿 x 轴正向下降的曲线，如图 3.3 所示. 这时曲线上各点的切线的倾斜角都是钝角，因此它们的斜率 $f'(x)$ 都是负的，即 $f'(x) < 0$.

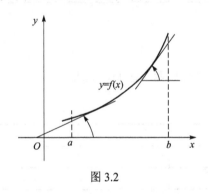

图 3.2

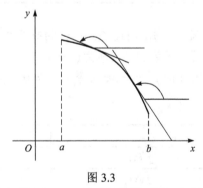

图 3.3

由此可见，函数的单调性与其导数的符号有关. 直观上不难理解下面的函数单调性的判定定理.

定理 2 设函数 $y = f(x)$ 在开区间 (a,b) 内可导.

（1）如果在 (a,b) 内，$f'(x) > 0$，那么函数 $y = f(x)$ 在 (a,b) 内是单调增加的；

（2）如果在 (a,b) 内，$f'(x) < 0$，那么函数 $y = f(x)$ 在 (a,b) 内是单调减少的.

证明 设 x_1，x_2 是 (a,b) 内任意两点，且 $x_1 < x_2$，由拉格朗日中值定理有

$$f(x_2) - f(x_1) = f'(\xi)(x_2 - x_1) \quad (x_1 < \xi < x_2)$$

若 $f'(x) > 0$，必有 $f'(\xi) > 0$，又 $x_2 - x_1 > 0$，则 $f(x_2) - f(x_1) = f'(\xi)(x_2 - x_1) > 0$，故 $f(x_2) > f(x_1)$，这就表明函数 $y = f(x)$ 在 (a,b) 内是单调增加的.

同理可证，如果 $f'(x) < 0$，那么函数 $y = f(x)$ 在 (a,b) 内是单调减少的.

上述定理中的开区间 (a,b) 若改为闭区间 $[a,b]$ 或无穷区间，其定理结论同样成立.

综上所述，我们可以按如下步骤求函数的单调性：

(1) 确定函数的定义区间；

(2) 求导数 $f'(x)$，令 $f'(x)=0$，求出其在定义区间内的所有实根，并将根按从小到大的顺序排列；

(3) 列表分段：用根将定义区间分成若干个开区间；

(4) 判定 $f'(x)$ 在每个开区间内的符号，在某区间内如果 $f'(x)>0$，则函数在该区间内是单调增加的；如果 $f'(x)<0$，则函数在该区间内是单调减少的.

例 2 判定函数 $f(x)=x^3-\dfrac{1}{x}$ 的单调性.

解 函数的定义域为 $(-\infty,0)\cup(0,+\infty)$

求导得 $f'(x)=3x^2+\dfrac{1}{x^2}$，当 $x\neq 0$ 时，恒有 $f'(x)>0$.

因此，$f(x)=x^3-\dfrac{1}{x}$ 在 $(-\infty,0)$ 和 $(0,+\infty)$ 内都是单调增加的，见表 3.1.

表 3.1

x	$(-\infty,0)$	$(0,+\infty)$
$f'(x)$	+	+
$f(x)$	↗	↗

例 3 判定函数 $f(x)=x^2$ 的单调性.

解 函数的定义域为 $(-\infty,+\infty)$

求导得 $f'(x)=2x$，令 $f'(x)=0$，得 $x=0$，将定义域分成两个区间，见表 3.2.

表 3.2

x	$(-\infty,0)$	$(0,+\infty)$
$f'(x)$	−	+
$f(x)$	↘	↗

答 函数 $f(x)=x^2$ 在区间 $(-\infty,0)$ 内是单调减少的，在区间 $(0,+\infty)$ 内是单调增加的.

例 4 确定函数 $f(x)=2x^3-9x^2+12x-3$ 的单调区间.

解 函数的定义域为 $(-\infty,+\infty)$

求导得 $f'(x)=6x^2-18x+12$，令 $f'(x)=0$，得 $x_1=1$，$x_2=2$，将定义域分成三个区间，见表 3.3.

表 3.3

x	$(-\infty,1)$	1	$(1,2)$	2	$(2,+\infty)$
$f'(x)$	+	0	−	0	+
$f(x)$	↗		↘		↗

答 函数 $f(x)=2x^3-9x^2+12x-3$ 在区间 $(-\infty,1)$ 和 $(2,+\infty)$ 内是单调增加的，在区间 $(1,2)$ 内是单调减少的.

课堂练习

1. 判定函数 $y=3x-x^2$ 的单调区间；
2. 判定函数 $y=7x^2+14x+1$ 的单调区间.

三、函数的极值

定义 如果函数 $f(x)$ 在点 x_0 的某邻域内有定义，且对于该邻域内的任何一点 x $(x\neq x_0)$，均有 $f(x)<f(x_0)$，那么就说 $f(x_0)$ 是函数 $f(x)$ 的一个**极大值**，点 x_0 叫做函数 $f(x)$ 的**极大点**；如果对于 x_0 近旁的任何一点 x $(x\neq x_0)$，均有 $f(x)>f(x_0)$，那么就说 $f(x_0)$ 是函数 $f(x)$ 的一个**极小值**，点 x_0 叫做函数 $f(x)$ 的**极小点**.

函数的极大值与极小值统称为**极值**；函数的极大点与极小点统称为**极值点**.

在图 3.4 中，$f(c_1)$，$f(c_4)$ 是函数的极大值，c_1，c_4 是函数的极大点；$f(c_2)$，$f(c_5)$ 是函数的极小值，c_2，c_5 是函数的极小点；而 c_3 不是极值点.

注意：

（1）极值是指函数值，而极值点是指自变量的值，两者不能混淆.

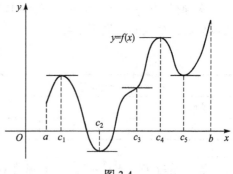

图 3.4

（2）函数极值的概念是局部性的，函数的极大值和极小值之间并无确定的大小关系.

（3）函数的极值只能在开区间内部取得，不能取在区间端点上.

四、函数极值的判定和求法

由图 3.4 可以看出，在可导函数取得极值处，曲线的切线是水平的，即在极值点处函数的导数为零. 反过来，曲线上有水平切线的地方，即在函数的导数为零的点处，函数却不一定取得极值. 例如，在点 c_3 处，曲线虽有水平切线，即 $f'(x_3)=0$，但 $f(x_3)$ 并不是极值. 下面给出函数取得极值的必要条件.

定理 3 设函数 $f(x)$ 在点 x_0 处可导，且在点 x_0 处取得极值，则必有 $f'(x)=0$.

证明 略

通常把使导数 $f'(x)=0$ 的点叫做函数 $f(x)$ 的**驻点**. 所以说，可导函数的极值点必定是驻点，但是可导函数的驻点却不一定是极值点. 例如，$x=0$ 是函数 $f(x)=x^3$ 的驻点，却不是它的极值点. 那么驻点具备什么样的条件才是函数的极值点呢？

从几何图形直观上进行理解，如果曲线通过某点时先增后减，则对应于该点取得极大值；反之，如果先减后增，则对应于该点取得极小值. 下面给出可导函数取得极值的充分条件：

定理 4 设函数 $f(x)$ 在点 x_0 的某邻域内可导，且 $f'(x)=0$，那么：

（1）当 $x<x_0$ 时，$f'(x_0)>0$；当 $x>x_0$ 时，$f'(x_0)<0$，那么 $f(x)$ 在点 x_0 处取得极大值；

（2）当 $x<x_0$ 时，$f'(x_0)<0$；当 $x>x_0$ 时，$f'(x_0)>0$，那么 $f(x)$ 在点 x_0 处取得极小值；

（3）当 $f'(x)$ 在点 x_0 的左右近旁符号不变时，$f(x)$ 在点 x_0 处不取得极值.

以上的讨论仅限于可导函数，对于含有不可导点的函数来说，不可导点也可能成为函数的极值点，例如，函数 $y=|x|$ 在 $x=0$ 处取得极小值，但却不可导．我们有时称导数不存在的点为可能极值点．

综合以上讨论，我们可按如下步骤求函数的极值：

（1）确定函数的定义区间；

（2）求导数 $f'(x)$，令 $f'(x)=0$，求出所有驻点和不可导点，并由小到大排列；

（3）列表分段：用驻点把函数的定义域分成若干个区间，考察 $f'(x)$ 在驻点左右区间的符号变化，以确定该驻点是否为极值点．

（4）求出各极值点处的函数值，即得函数的全部极值．

例 5 求函数 $f(x)=x^3-3x^2-9x+3$ 的极值．

解 函数的定义域为 **R**

求导得 $f'(x)=3x^2-6x-9=3(x+1)(x-3)$，令 $f'(x)=0$，得驻点 $x_1=-1$，$x_2=3$，将定义域分成三个区间，见表 3.4．

表 3.4

x	$(-\infty,-1)$	-1	$(-1,3)$	3	$(3,+\infty)$
$f'(x)$	+	0	−	0	+
$f(x)$	↗	极大值 10	↘	极小值 −22	↗

答 函数 $f(x)=x^3-3x^2-9x+3$ 在点 $x=-1$ 处取得极大值为 10，在点 $x=3$ 处取得极小值为 −22．

例 6 求函数 $f(x)=(x^2-1)^3+1$ 的极值．

解 函数的定义域为 $(-\infty,+\infty)$

求导数 $f'(x)=6x(x^2-1)^2=6x(x+1)^2(x-1)^2$

令 $f'(x)=0$，得驻点 $x_1=-1$，$x_2=0$，$x_3=1$，将定义区间分成四段，见表 3.5．

表 3.5

x	$(-\infty,-1)$	-1	$(-1,0)$	0	$(0,1)$	1	$(1,+\infty)$
$f'(x)$	−	0	−	0	+	0	+
$f(x)$	↘		↘	极小值 0	↗		↗

答 函数 $f(x)=(x^2-1)^3+1$ 只有一个极值点为 0，取得极小值为 0．

例 7 确定函数 $f(x)=(x-1)x^{\frac{2}{3}}$ 的单调区间并求极值．

解 函数的定义域为 $(-\infty,+\infty)$

求导数 $f'(x)=\dfrac{2}{3}x^{-\frac{1}{3}}(x-1)+x^{\frac{2}{3}}=\dfrac{5x-2}{3x^{\frac{1}{3}}}$

令 $f'(x)=0$，得驻点 $x=\dfrac{2}{5}$．此处，$x=0$ 为不可导点．见表 3.6．

表 3.6

x	$(-\infty,0)$	0	$\left(0,\dfrac{2}{5}\right)$	$\dfrac{2}{5}$	$\left(\dfrac{2}{5},+\infty\right)$
$f'(x)$	$+$	不存在	$-$	0	$+$
$f(x)$	↗	极大值 0	↘	极小值 $-\dfrac{3}{25}\sqrt[3]{20}$	↗

答 函数 $f(x)=(x-1)x^{\frac{2}{3}}$ 在 $x=0$ 处取得极大值为 0,在 $x=\dfrac{2}{5}$ 处取得极小值为 $-\dfrac{3}{25}\sqrt[3]{20}$.

综上所述,连续函数的极值只可能在驻点或不可导点处取得.

课堂练习

1. 求函数 $y=\dfrac{1}{3}x^3-4x+4$ 的极值;

2. 求函数 $y=2x^3-6x^2-18x+7$ 的极值;

3. 求函数 $y=\sin x-2x$ 的极值.

除了利用一阶导数来判别函数的极值以外,当函数 $f(x)$ 在驻点处的二阶导数存在且不为零时,用下面定理判别函数的极值较为方便.

定理 5 设函数 $f(x)$ 在 x_0 处存在二阶导数,且 $f'(x_0)=0$,$f''(x_0)\neq 0$:

(1) 若 $f''(x_0)<0$,则 $f(x)$ 在点 x_0 处取得极大值;

(2) 若 $f''(x_0)>0$,则 $f(x)$ 在点 x_0 处取得极小值.

例 8 求函数 $f(x)=\dfrac{1}{3}x^3-x$ 的极值.

解 函数的定义域为 $(-\infty,+\infty)$

求导数 $f'(x)=x^2-1$,令 $f'(x)=0$,得驻点 $x=\pm 1$,$f''(x)=2x$

由于 $f'(-1)=0$,且 $f''(-1)=-2<0$,因此,$f(x)$ 在 $x=-1$ 处取得极大值,极大值为 $f(-1)=\dfrac{2}{3}$;由于 $f'(1)=0$,且 $f''(1)=2>0$,因此 $f(x)$ 在 $x=1$ 处取得极小值,极小值为 $f(1)=-\dfrac{2}{3}$.

课堂练习

求函数 $f(x)=\sin x+\cos x$ 在 $[0,2\pi]$ 上的极值.

习题 3-1

1. 对函数 $f(x)=4x^3-5x^2+x-2$ 在闭区间 $[0,1]$ 上验证拉格朗日中值定理的正确性.

2. 试证明对函数 $y=ax^2+bx+c$ 应用拉格朗日中值定理所求得的点 ξ 总是位于区间的正中间.

3. 求出下列函数的单调区间:

(1) $y = 2x^2 - \ln x$ (2) $y = (x^2 - 4)^2$

(3) $y = e^{-x^2}$ (4) $y = (x+1)^2(x-1)^2$

4. 质点做直线运动，其运动规律为 $s = \dfrac{1}{4}t^4 - 4t^3 + 10t^2$ $(t > 0)$，求：

(1) 何时速度为零？

(2) 何时做前进（s 增加）运动？

(3) 何时做后退（s 减少）运动？

5. 求下列函数的极值点和极值：

(1) $y = x^2 - \dfrac{1}{2}x^4$ (2) $y = x + \tan x$

(3) $y = 4x^3 - 3x^2 - 6x + 2$ (4) $y = 2e^x + e^{-x}$

(5) $y = x + \sqrt{1-x}$ (6) $y = \arctan x - \dfrac{1}{2}\ln(1+x^2)$

6. 求函数 $y = \dfrac{1}{2} - \cos x$ 在闭区间 $[0, 2\pi]$ 上的极值.

第二节　函数的最值

在工农业生产、工程技术和各种经济活动中，往往会遇到在一定条件下，怎样使"产品最多"、"用料最省"、"成本最低"、"利润最大"等问题，要解决这类问题，在数学上有时要归结为求某一函数的最大值或最小值问题. 本节我们就来讨论函数的最值问题.

设函数 $f(x)$ 在闭区间 $[a,b]$ 上连续，在 (a,b) 内可导，且至多有有限个极值点. 根据闭区间上连续函数的性质，$f(x)$ 在 $[a,b]$ 上一定存在最值. 显然，函数的最值只能在区间内的极值点或端点处取得. 因此，我们可以用如下方法求出连续函数 $f(x)$ 在 $[a,b]$ 上的最值：

(1) 求出函数的所有驻点和不可导点（可能极值点）；

(2) 求出函数在所有驻点、不可导点和区间端点处的函数值；

(3) 比较这些点对应函数值的大小，最大者即为函数在该区间的最大值，最小者即为最小值.

例1 求函数 $f(x) = x^4 - 2x^2 + 5$ 在闭区间 $[-2, 2]$ 上的最值.

解 (1) 求导数 $f'(x) = 4x^3 - 4x = 4x(x^2 - 1)$

令 $f'(x) = 0$，得驻点 $x = 0$，± 1

(2) 计算驻点处的函数值 $f(0) = 5$，$f(\pm 1) = 4$

两端点处的函数值 $f(-2) = 13$，$f(2) = 13$

(3) 比较计算结果的大小，得最大值为 $f(\pm 2) = 13$，最小值为 $f(\pm 1) = 4$.

课堂练习

1. 求函数 $f(x) = x^5 - 5x^4 + 5x^3 + 1$ 在闭区间 $[-1, 2]$ 上的最大值和最小值；

2. 求函数 $y = 2x^3 - 3x^2$ 在闭区间 $[-1, 4]$ 上的最大值和最小值.

例2 有一块宽为 $2a$ 的长方形铁皮，将宽的两个边缘向上折起，做成一个开口水槽，其横截面为矩形，问高取何值时水槽的流量最大（流量与横截面成正比）？

解 设高为 x，该水槽的横截面积为 y，根据题意可得
$$y = 2x(a-x) \quad (0 < x < a)$$

求导数 $y' = 2a - 4x$，令 $y' = 0$，得唯一驻点 $x = \dfrac{a}{2}$.

因为铁皮的两边折得过大或过小，都会使横截面积变小，这说明该问题一定存在着最大值. 所以，当 $x = \dfrac{a}{2}$ 时，水槽流量最大.

例 3 用边长为 48 cm 的正方形铁皮做一个无盖的铁盒时，在铁皮的四角各截去一个面积相等的小正方形，然后把四边折起，就能焊成一个铁盒. 问在四角截去的正方形的边长为多大时，方能使所做的铁盒容积最大？

解 设截去的小正方形边长为 x (cm)，则铁盒的底边长为 $(48-2x)$ cm，铁盒的容积（单位为 m³）为
$$V = x(48-2x)^2 \quad (0 < x < 24)$$

求导数
$$V' = (48-2x)^2 + 2x(48-2x)(-2) = 12(24-x)(8-x)$$

令 $y' = 0$，得驻点 $x_1 = 24$（舍去），$x_2 = 8$.

由于铁盒必然存在最大容积，因此，当 $x_2 = 8$ 时，函数有最大值，即当截去的小正方形边长为 8 cm 时，铁盒的容积最大.

课堂练习

某车间靠墙壁要盖长方形小屋，现在存砖只够砌 20 m 长的墙壁，问应围成怎样的长方形才能使这间小屋的面积最大？

例 3 要制作一个有盖铁桶，其容积为 V_0. 问其底面半径与高的比例应为多少，才能使所用铁皮最省？

解 设圆柱形铁桶底面半径为 r，高为 h，则圆柱形铁桶的表面积为
$$S = 2\pi r^2 + 2\pi rh$$

这里半径 r、高 h 与容积 V_0 之间的关系为 $V_0 = \pi r^2 h$. 取 r 为自变量，由此解出 h 并代入 S 的表达式中，得到
$$S = 2\pi r^2 + \dfrac{2V_0}{r} \quad (0 < r < +\infty)$$

求导数 $S' = 4\pi r - \dfrac{2V_0}{r^2} = \dfrac{4\pi r^3 - 2V_0}{r^2}$，令 $S' = 0$，得唯一驻点 $r = \sqrt[3]{\dfrac{V_0}{2\pi}}$.

由实际情况可知，在铁桶容积一定的时候，应有最小表面积，所以当 $r = \sqrt[3]{\dfrac{V_0}{2\pi}}$ 时，S 有最小值. 这时相应的高为
$$h = \dfrac{V_0}{\pi r^2} = \dfrac{V_0 r}{\pi r^3} = 2r$$

也就是说，当铁桶的底面半径与高的比为 1:2 时，其表面积为最小，即所用铁皮最省.

习题 3-2

1. 求下列函数在给定区间上的最大值和最小值：

   (1) $y = 2x^3 - 6x^2 - 18x - 7$ $x \in [1, 4]$ (2) $y = \sin 2x - x$ $x \in \left[-\dfrac{\pi}{2}, \dfrac{\pi}{2}\right]$

   (3) $y = \sqrt{100 - x^2}$ $x \in [-6, 8]$ (4) $y = x + \sqrt{1-x}$ $x \in [-5, 1]$

2. 证明面积一定的所有矩形中，正方形的周长最短.

3. 证明周长一定的矩形中，正方形的面积最大.

4. 已知防空洞的截面是矩形加半圆，周长为 15 cm，问底宽 x 取多少时，截面面积最大？

5. 从长为 12 cm、宽为 8 cm 的矩形纸板的四个角上，各剪去相同的小正方形，折成一个无盖的盒子，要使盒子的容积最大，剪去的小正方形边长应为多少？

第三节　曲线的凹凸和拐点

在前面两节，讨论学习了函数单调性和极值的判定方法，这些对于我们研究函数形态、作出函数图形有很大的帮助，在本节中就函数的单调性做更细致的研究.

一、曲线的凹凸定义和判定法

首先还是来观察下面的两条曲线，如图 3.5 所示. 看一看它们单调增加的方式有什么不同.

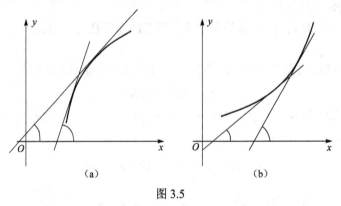

图 3.5

一个很明显的区别是：虽然它们都是单调递增的，但是一个是向上"鼓鼓"地增；另一个是向下"鼓鼓"地增，它们递增的方式是不同的. 那么如何判定函数的单调变化方式呢？我们先引入如下定义.

定义 1 在区间 (a, b) 内，如果曲线弧位于其每一点切线的上方，那么就称曲线在区间 (a, b) 内是**凹的**；如果曲线弧位于其每一点切线的下方，那么就称曲线在区间 (a, b) 内是**凸的**.

下面讨论函数凹凸性的判定.

直观上看，凹曲线的斜率越变越大；而凸曲线的斜率越变越小. 这种特征我们可以用函数的二阶导数来判定.

定理 设 $f(x)$ 在 (a,b) 内具有二阶导数 $f''(x)$
（1）如果在 (a,b) 内 $f''(x) > 0$，那么曲线在 (a,b) 内是凹的；
（2）如果在 (a,b) 内 $f''(x) < 0$，那么曲线在 (a,b) 内是凸的．

例 1 讨论曲线 $y = \ln x$ 在 $(0,+\infty)$ 内的凹凸性．

解 $y' = \dfrac{1}{x}$，$y'' = -\dfrac{1}{x^2} < 0$，所以曲线 $y = \ln x$ 在 $(0,+\infty)$ 内是凸的．

例 2 讨论曲线 $y = x^3$ 的凹凸性．

解 $y = x^3$ 的定义域为 $(-\infty,+\infty)$
$y' = 3x^2$，$y'' = 6x$

令 $y'' = 0$，得 $x = 0$，它把定义域分成 $(-\infty,0)$ 和 $(0,+\infty)$ 两个区间．
当 $x \in (0,+\infty)$ 时，$y'' > 0$，曲线是凹的；
当 $x \in (-\infty,0)$ 时，$y'' < 0$，曲线是凸的．
这里点 $(0,0)$ 是曲线凹凸的分界点．

课堂练习

1. 判定曲线 $y = \dfrac{1}{x}$ 的凹凸性；
2. 判定曲线 $y = x^3 - 5x^2 + 3x + 5$ 的凹凸性．

二、拐点的定义和求法

定义 2 连续曲线上凹的曲线弧与凸的曲线弧的分界点叫做曲线的**拐点**．

下面来讨论拐点的求法．

由于拐点是曲线凹凸的分界点，所以拐点左右两侧近旁 $f''(x)$ 必然异号．因此，曲线拐点的横坐标 x_0，只可能是使 $f''(x) = 0$ 的点或 $f''(x)$ 不存在的点，从而可得拐点的求法：

设 $y = f(x)$ 在 (a,b) 内连续．
（1）先求出函数的定义域；
（2）求二阶导数 $f''(x)$，令 $f''(x) = 0$，解方程，并求出 $f''(x)$ 不存在的点；
（3）分段讨论二阶导数的符号；
（4）判断每个区间的凹凸性，以此判定拐点．

例 3 求曲线 $y = x^4 - 2x^3 + 1$ 的凹凸区间和拐点．

解 （1）函数的定义域为 $(-\infty,+\infty)$
（2）$y' = 4x^3 - 6x^2$，$y'' = 12x^2 - 12x = 12x(x-1)$
令 $y'' = 0$，得 $x_1 = 0$，$x_2 = 1$
（3）列表分段（表 3.7）：

表 3.7

x	$(-\infty,0)$	0	$(0,1)$	1	$(1,+\infty)$
y''	+	0	−	0	+
y	⌣	拐点 $(0,1)$	⌢	拐点 $(1,0)$	⌣

（4）曲线的拐点是 $(0,1)$ 和 $(1,0)$.

例 4　判定曲线 $y=(2x-1)^4+1$ 是否有拐点.

解（1）函数的定义域为 $(-\infty,+\infty)$.

（2）$y'=8(2x-1)^3$，$y''=48(2x-1)^2$. 令 $y''=0$，得 $x=\dfrac{1}{2}$.

（3）当 $x\neq\dfrac{1}{2}$ 时，$y''>0$，因此点 $\left(\dfrac{1}{2},1\right)$ 不是曲线 $y=(2x-1)^4+1$ 的拐点. 事实上，曲线在 $(-\infty,+\infty)$ 内始终是凹的，它没有拐点.

课堂练习

判定曲线 $y=\ln(x^2+1)$ 是否有拐点.

习题 3-3

1. 判定下列曲线的凹凸性：

（1）$y=4x-x^2$ （2）$y=x+\dfrac{1}{x}$

（3）$y=2x^3-3x^2-36x+25$ （4）$y=ax^2+bx+c$　$(a\neq 0)$

2. 求下列函数的凹凸区间和拐点：

（1）$y=2x^3+3x^2+x+2$ （2）$y=\dfrac{e^x-e^{-x}}{2}$

（3）$y=e^{-x^2}$ （4）$y=\dfrac{1}{1+x^2}$

3. 曲线 $y=\dfrac{1}{12}x^4+\dfrac{1}{3}x^3+\dfrac{1}{2}x^2+x+1$ 是否有拐点？

4. 已知曲线 $y=x^3-ax^2-9x+4$ 在 $x=1$ 处有拐点，试确定系数 a，并求曲线的凹凸区间和拐点.

5. a，b 为何值时，点 $(1,3)$ 为曲线 $y=ax^3-bx^2$ 的拐点？

6. 试确定 a，b，c 的值，使曲线 $y=ax^3+bx^2+cx$ 有拐点 $(1,2)$，且使该点处切线的斜率为 -1.

第四节　函数图像的描绘

前面研究了函数的各种形态，这为描绘函数的图形打下了基础. 为使描绘的函数的图形更准确，首先介绍曲线的渐近线的概念.

一、渐近线

在无穷区间上函数的变化可能会呈现某种趋势，有时我们可以通过一条直线来确定这种趋势，该直线就是渐近线.

定义 1 若曲线 $y=f(x)$ 上的动点 $M(x,y)$ 沿曲线无限远离原点时，该曲线与某直线 L 的距离趋于零，则称直线 L 是该曲线的渐近线.

渐近线分水平渐近线、垂直渐近线和斜渐近线三种，在这里我们只介绍水平渐近线和垂直渐近线两种.

定义 2 若函数 $f(x)$ 定义于无穷区间，且 $\lim\limits_{x \to \infty} f(x) = C$（也可以是 $x \to \infty$ 或 $x \to -\infty$），则称直线 $y=C$ 为曲线 $f(x)$ 的水平渐近线；若存在 x_0 使得 $\lim\limits_{x \to x_0} f(x) = \infty$（也可以是 $x \to x_0^+$ 或 $x \to x_0^-$），则称曲线 $y=f(x)$ 有一条垂直渐近线 $x=x_0$.

例 1 求曲线 $y=\dfrac{1}{x}$ 的水平渐近线和垂直渐近线.

解 因为 $\lim\limits_{x \to \infty} \dfrac{1}{x} = 0$，根据渐近线的定义知，它有水平渐近线 $y=0$；

又因为 $\lim\limits_{x \to 0} \dfrac{1}{x} = \infty$，所以它有垂直渐近线 $x=0$.

课堂练习

求曲线 $y = \arctan x$ 的水平渐近线.

二、图像的描绘

在工程实践中经常用图像表示函数. 画出函数的图像，使我们能直接地看到某些变化规律，无论是对于定性分析还是定量计算，都大有益处.

中学里学过的描点作图法，对于简单的平面曲线（如直线，抛物线）比较适用，但对于一般的平面曲线就不适用了. 因为我们既不能保证所取的点是曲线上的关键点（最高点或最低点），又不能通过取点来判定曲线的增减与凹凸性. 为了更准确、更全面地描绘平面曲线，我们必须确定出反映曲线主要特征的点与线.

综上所述，描绘函数图像的一般步骤如下：

（1）确定函数的定义域；

（2）判定函数的奇偶性与周期性；

（3）确定函数的单调区间与极值；

（4）确定曲线的凹凸区间与拐点；

（5）确定曲线的水平渐近线和垂直渐近线；

（6）取辅助点，比如图像与坐标轴的交点；

（7）连点成线，即得 $y=f(x)$ 的图像.

例 2 作出函数 $y=\dfrac{1}{3}x^3 - x$ 的图像.

解 （1）函数的定义域为 $(-\infty, +\infty)$；

（2）该函数是奇函数，图像关于原点对称；

（3）$y' = x^2 - 1$，令 $y' = 0$，得 $x = \pm 1$；

（4）$y'' = 2x$，令 $y'' = 0$，得 $x = 0$；

（5）列表（表 3.8）；

表 3.8

x	$(-\infty,-1)$	-1	$(-1,0)$	0	$(0,1)$	1	$(1,+\infty)$
y'	$+$	0	$-$	$-$	$-$	0	$+$
y''	$-$	$-$	$-$	0	$+$	$+$	$+$
y	↗	极大值 $\dfrac{2}{3}$	↘	拐点 $(0,0)$	↘	极小值 $-\dfrac{2}{3}$	↗

（6）取辅助点 $\left(-2,-\dfrac{2}{3}\right)$，$(-\sqrt{3},0)$，$(\sqrt{3},0)$，$\left(2,\dfrac{2}{3}\right)$；

（7）参照表 3.8，连接点 $\left(-2,-\dfrac{2}{3}\right)$，$(-\sqrt{3},0)$，$\left(-1,\dfrac{2}{3}\right)$，$(0,0)$，$\left(1,-\dfrac{2}{3}\right)$，$(\sqrt{3},0)$，$\left(2,\dfrac{2}{3}\right)$ 等，得函数 $y=\dfrac{1}{3}x^3-x$ 的图像（图 3.6）.

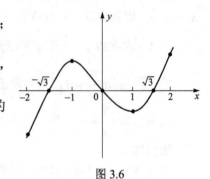

图 3.6

例 3 作函数 $y=\dfrac{x}{x^2-1}$ 的图像.

解 （1）函数的定义域为 $(-\infty,-1)\cup(-1,1)\cup(1,+\infty)$；

（2）该函数是奇函数，图像关于原点对称；

（3）$y'=\dfrac{x^2-1-2x^2}{(x^2-1)^2}=-\dfrac{1+x^2}{(x^2-1)^2}$，因为 $y'<0$，所以函数在定义域各区间内是单调减少的；

（4）$y''=\dfrac{2x(x^2-1)^2-(1+x^2)\times 2(x^2-1)\times 2x}{-(x^2-1)^4}=\dfrac{2x(x^2+3)}{(x^2-1)^3}$，令 $y''=0$，得 $x=0$；

（5）列表（表 3.9）：

表 3.9

x	$(-\infty,-1)$	$(-1,0)$	0	$(0,1)$	$(1,+\infty)$
y'	$-$	$-$	$-$	$-$	$-$
y''	$-$	$+$	0	$-$	$+$
y	↘	↘	拐点 $(0,0)$	↘	↘

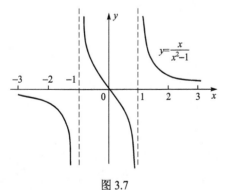

图 3.7

（6）由于 $\lim\limits_{x\to\infty}\dfrac{x}{x^2-1}=0$，$\lim\limits_{x\to\pm 1}\dfrac{x}{x^2-1}=\infty$，因此，函数有水平渐近线 $y=0$，垂直渐近线 $x=-1$，$x=1$；

（7）取辅助点 $M_1\left(3,\dfrac{3}{8}\right)$，$M_2\left(2,\dfrac{2}{3}\right)$，$M_3\left(\dfrac{3}{2},\dfrac{6}{5}\right)$，$M_4\left(-\dfrac{1}{2},\dfrac{2}{3}\right)$；

（8）综上，作出函数的图像（图 3.7）.

课堂练习

描绘函数 $y = 1 + \dfrac{1-2x}{x^2}$ 的图像.

习题 3-4

作出下列函数的图像：

(1) $y = e^x - x - 1$

(2) $y = 2 - x - x^3$

(3) $y = \dfrac{1}{4}x^4 - \dfrac{3}{2}x^2$

(4) $y = \ln(x^2 + 1)$

(5) $y = \dfrac{x}{x+1}$

(6) $y = x^2 + \dfrac{1}{x}$

第五节 边际分析与弹性分析

某企业内部的经营决策效益取决于该企业的成本支出、收入以及二者关于产量的变化率等因素. 本节重点研究导数在成本函数、收入函数、利润函数、需求函数等方面的应用.

一、函数变化率——边际函数

设函数 $y = f(x)$ 可导，导函数 $f'(x)$ 叫做**边际函数**.

$\dfrac{\Delta y}{\Delta x} = \dfrac{f(x_0 + \Delta x) - f(x_0)}{\Delta x}$ 称为 $f(x)$ 在 $(x_0, x_0 + \Delta x)$ 内的平均变化率，它表示在 $(x_0, x_0 + \Delta x)$ 内 $f(x)$ 的平均变化速度.

$f(x)$ 在点 $x = x_0$ 处的导数 $f'(x_0)$ 称为 $f(x)$ 在点 $x = x_0$ 处的变化率，也称为 $f(x)$ 在点 $x = x_0$ 处的边际函数值. 它表示 $f(x)$ 在点 $x = x_0$ 处的变化速度.

例 1 函数 $y = x^2$，$y' = 2x$，在点 $x = 10$ 处的边际函数值 $y'(10) = 20$，它表示当 $x = 10$ 时，x 改变一个单位，y（近似）改变 20 个单位.

例 2 设某产品成本函数 $C = C(Q)$（C 为总成本，Q 为产量），其变化率 $C' = C'(Q)$ 称为边际成本. $C'(Q_0)$ 称为当产量为 Q_0 时的边际成本. 西方经济学家对它的解释是：当产量达到 Q_0 时，生产 Q_0 前最后一个单位产品所增添的成本.

二、成本

某产品的**总成本**是指生产一定数量的产品所需的全部经济资源投入（劳力、原料、设备等）的价格或费用总额. 它由固定成本与可变成本组成.

平均成本是生产一定量产品，平均每单位产品的成本.

边际成本是总成本的变化率.

在生产技术水平和生产要素的价格固定不变的条件下，产品的总成本、平均成本、边际成本都是产量的函数.

设 C 为总成本，C_1 为固定成本，C_2 为可变成本，$\overline{C}$ 为平均成本，C' 为边际成本，Q 为

产量. 则有

总成本函数 $\quad C = C(Q) = C_1 + C_2(Q)$

平均成本函数 $\quad \overline{C} = \overline{C}(Q) = \dfrac{C(Q)}{Q} = \dfrac{C_1}{Q} + \dfrac{C_2(Q)}{Q}$

边际成本函数 $\quad C' = C'(Q)$

如已知总成本 $C(Q)$，通过除法可求出平均成本 $\overline{C}(Q) = \dfrac{C(Q)}{Q}$；

如已知平均成本 $\overline{C}(Q)$，通过乘法可求出总成本 $C(Q) = \overline{C}(Q)Q$；

如已知总成本 $C(Q)$，通过微分法可求出边际成本 $C'(Q)$；

如已知边际成本 $C'(Q)$，通过积分法可求出总成本 $C(Q) = \int_0^Q C'(t)\,\mathrm{d}t + C_1$.

例 3 已知某商品的成本函数为 $C = C(Q) = 100 + \dfrac{Q^2}{4}$，求当 $Q = 10$ 时的总成本、平均成本及边际成本.

解 由 $C = 100 + \dfrac{Q^2}{4}$，有

$$\overline{C} = \dfrac{100}{Q} + \dfrac{Q}{4}, \quad C' = \dfrac{Q}{2}$$

当 $Q = 10$ 时，总成本为 $C(10) = 125$，平均成本为 $\overline{C}(10) = 12.5$；边际成本为 $C'(10) = 5$.

例 4 例 1 中的商品，当产量 Q 为多少时，平均成本最小？

解 $\overline{C}' = -\dfrac{100}{Q^2} + \dfrac{1}{4}$，$\overline{C}'' = \dfrac{200}{Q^3}$

令 $\overline{C}' = 0$，得 $Q^2 = 400$，$Q = 20$（只取正值），$\overline{C}''(20) > 0$，所以当 $Q = 20$ 时，平均成本最小.

三、收益

总收益是生产者出售一定量产品所得到的全部收入.

平均收益是生产者出售一定量的产品，平均每出售单位产品所得到的收入，即单位商品的售价.

边际收益为总收益的变化率.

总收益，平均收益，边际收益均为产量的函数.

设 p 为商品价格，Q 为商品量，R 为总收益，$\overline{R}$ 为平均收益，R' 为边际收益. 则有

需求函数 $\quad\quad\quad\quad\quad\quad p = p(Q)$

总收益函数 $\quad\quad\quad\quad\quad R = R(Q)$

平均收益函数 $\quad\quad\quad\quad \overline{R} = \overline{R}(Q)$

边际收益函数 $\quad\quad\quad\quad R' = R'(Q)$

需求与收益的关系有 $\quad\quad R = R(Q) = Qp(Q)$

$$\overline{R} = \overline{R}(Q) = \frac{R(Q)}{Q} = \frac{Qp(Q)}{Q} = p(Q)$$

$$R' = R'(Q) = Qp'(Q) + p(Q)$$

总收益与平均收益的关系为

$$\overline{R}(Q) = \frac{R(Q)}{Q}, \quad R(Q) = \overline{R}(Q)Q$$

总收益与边际收益的关系为

$$R'(Q) = \frac{\mathrm{d}}{\mathrm{d}Q}R(Q), \quad R(Q) = \int_0^Q R'(t)\,\mathrm{d}t$$

例 5 设某产品的价格与销售量的关系为 $p = 10 - \dfrac{Q}{5}$，求销售量为 30 时的总收益、平均收益与边际收益.

解 $R(Q) = Qp(Q) = 10Q - \dfrac{Q^2}{5}$, $\qquad R(30) = 120$

$\overline{R}(Q) = p(Q) = 10 - \dfrac{Q}{5}$, $\qquad \overline{R}(30) = 4$

$R'(Q) = 10 - \dfrac{2}{5}Q$, $\qquad R'(30) = -2$

下面讨论最大利润原则：

设总利润为 L，则

$$L = L(Q) = R(Q) - C(Q)$$
$$L'(Q) = R'(Q) - C'(Q)$$

$L(Q)$ 取得最大值的必要条件为

$$L'(Q) = 0, \quad 即 \quad R'(Q) = C'(Q)$$

于是取得最大利润的必要条件是：边际收益等于边际成本.

$L(Q)$ 取得最大值的充分条件为

$$L''(Q) < 0, \quad 即 \quad R''(Q) < C''(Q)$$

于是取得最大利润的充分条件是：边际收益的变化率小于边际成本的变化率.

例 6 已知某产品的需求函数为 $p = 10 - \dfrac{Q}{5}$，成本函数为 $C = 50 + 2Q$，求产量为多少时总利润 L 最大？并验证是否符合最大利润原则.

解 已知 $p(Q) = 10 - \dfrac{Q}{5}$, $C(Q) = 50 + 2Q$

则有 $R(Q) = 10Q - \dfrac{Q^2}{5}$

$L(Q) = R(Q) - C(Q) = 8Q - \dfrac{Q^2}{5} - 50$

$L'(Q) = 8 - \dfrac{2}{5}Q$

令 $L'(Q)=0$，得 $Q=20$，$L''(20)<0$，所以当 $Q=20$ 时，总利润最大.

此时 $R'(20)=2$，$C'(20)=2$，有 $R'(20)=C'(20)$

$$R''(20)=-\frac{2}{5}, \quad C''(20)=0, \quad 有 R''(20)<C''(20)$$

所以符合最大利润原则.

例7 某工厂生产某种产品，固定成本 20 000 元，每生产出一单位产品，成本增加 100 元.

已知总收益 R 是年产量 Q 的函数

$$R=R(Q)=\begin{cases} 400Q-\frac{1}{2}Q^2 & (0\leqslant Q\leqslant 400) \\ 80\ 000 & (Q>400) \end{cases}$$

问每年生产多少产品时，总利润最大？此时总利润是多少？

解 根据题意总成本函数为

$$C=C(Q)=20\ 000+100Q$$

从而可得总利润函数为

$$L=L(Q)=R(Q)-C(Q)=\begin{cases} 300Q-\dfrac{Q^2}{2}-20\ 000 & (0\leqslant Q\leqslant 400) \\ 60\ 000-100Q & (Q>400) \end{cases}$$

$$L'(Q)=\begin{cases} 300-Q & (0<Q\leqslant 400) \\ -100 & (Q>400) \end{cases}$$

令 $L'(Q)=0$，得 $Q=300$，$L''(300)<0$，所以 $Q=300$ 时 L 最大. 此时

$$L(300)=25\ 000$$

即当年产量为 300 个单位时，总利润最大，此时总利润为 25 000 元.

四、函数的相对变化率——函数的弹性

前面所谈的函数改变量与函数变化率是绝对改变量与绝对变化率. 我们从实践中体会到，仅仅研究函数的绝对改变量与绝对变化率还是不够的. 例如，商品甲每单位价格 10 元，涨价 1 元；商品乙每单位价格 1 000 元，也涨价 1 元. 两种商品价格的绝对改变量都是 1 元，但各与其原价相比，两者涨价的百分比却有很大的不同，商品甲涨了 10%，而商品乙涨了 0.1%. 因此，我们很有必要研究函数的相对改变量与相对变化率.

例如 $y=x^2$，当 x 由 10 改变到 12 时，y 由 100 改变到 144，此时自变量与因变量的绝对改变量分别为 $\Delta x=2$，$\Delta y=44$，而

$$\frac{\Delta x}{x}=20\%, \quad \frac{\Delta y}{y}=44\%$$

这表示当 $x=10$ 改变到 $x=12$，x 产生了 20% 的改变，y 产生了 44% 的改变. 这就是相对改变量.

$$\frac{\frac{\Delta y}{y}}{\frac{\Delta x}{x}} = \frac{44\%}{20\%} = 2.2$$

这表示在 $(10,12)$ 内,从 $x=10$, x 改变 1% 时,y 平均改变 2.2%,我们称它为从 $x=10$ 到 $x=12$,函数 $y=x^2$ 的平均相对变化率.

定义 设函数 $y=f(x)$ 在点 $x=x_0$ 处可导,函数的相对改变量

$$\frac{\Delta y}{y_0} = \frac{f(x_0+\Delta x)-f(x_0)}{f(x_0)}$$

与自变量的相对改变量 $\frac{\Delta x}{x_0}$ 之比 $\frac{\frac{\Delta y}{y_0}}{\frac{\Delta x}{x_0}}$,称为函数 $f(x)$ 从 $x=x_0$ 到 $x=x_0+\Delta x$ 两点间的相对变化率,或称两点间的弹性. 当 $\Delta x \to 0$ 时,$\frac{\frac{\Delta y}{y_0}}{\frac{\Delta x}{x_0}}$ 的极限称为 $f(x)$ 在 $x=x_0$ 处的相对变化率,也就是相对导数或称弹性. 记作

$$\left.\frac{Ey}{Ex}\right|_{x=x_0}, \quad \text{或} \quad \frac{E}{Ex}f(x_0)$$

即

$$\left.\frac{Ey}{Ex}\right|_{x=x_0} = \lim_{\Delta x \to 0} \frac{\frac{\Delta y}{y_0}}{\frac{\Delta x}{x_0}} = \lim_{\Delta x \to 0} \frac{\Delta y}{\Delta x} \cdot \frac{x_0}{y_0} = f'(x_0)\frac{x_0}{f(x_0)}$$

当 x_0 为定值时,$\left.\frac{Ey}{Ex}\right|_{x=x_0}$ 为定值.

对一般的 x,若 $f(x)$ 可导,则有

$$\frac{Ey}{Ex} = \lim_{\Delta x \to 0} \frac{\frac{\Delta y}{y}}{\frac{\Delta x}{x}} = \lim_{\Delta x \to 0} \frac{\Delta y}{\Delta x} \frac{x}{y} = y'\frac{x}{y}$$

是 x 的函数,称为 $f(x)$ 的弹性函数.

1. 需求弹性

定义 如果需求函数 $Q=Q(p)$ 可导,则当 $\Delta p \to 0$ 时,极限为

$$\lim_{\Delta p \to 0} \frac{\frac{\Delta Q}{Q}}{\frac{\Delta p}{p}} = \lim_{\Delta p \to 0} \left[p\frac{\frac{\Delta Q}{\Delta p}}{Q} \right] = p \frac{\lim_{\Delta p \to 0} \frac{\Delta Q}{\Delta p}}{Q} = p\frac{Q'(p)}{Q(p)}$$

我们称此极限为价格在 p 时**需求量对价格的弹性**,简称为**需求弹性**,记作 ε_p. 即

$$\varepsilon_p = p\frac{Q'(p)}{Q(p)}$$

需求弹性表示某商品需求量 Q 对价格 p 的变动的灵敏程度. 由于需求函数为价格的减函数, 故需求弹性为负值. 这表明, 当商品的价格上涨 (或下跌) 1% 时, 其需求量将减少 (或增加) 约 $|\varepsilon_p|$%. 因此, 在经济学中, 比较商品需求弹性大小时, 采用弹性的绝对值 $|\varepsilon_p|$. 当我们说商品的需求价格弹性大时, 是指其绝对值大.

例 8 设某商品的需求函数为 $Q = 600 - 50p$, 求 $p = 1, 6, 8$ 时的需求弹性, 并给以适当的经济解释.

解 因为, $Q = 600 - 50p$, 所以

$$\frac{\mathrm{d}Q}{\mathrm{d}p} = -50$$

所以

$$\varepsilon_p = \frac{p}{Q}\frac{\mathrm{d}Q}{\mathrm{d}p} = \frac{-50p}{600 - 50p}$$

当 $p = 1$ 时 $|\varepsilon_p| = \frac{1}{11}$; 当 $p = 6$ 时, $|\varepsilon_p| = 1$; 当 $p = 8$ 时, $|\varepsilon_p| = 2$.

这说明, 当商品的价格分别在 $p_1 = 1$ 元, $p_2 = 6$ 元, $p_3 = 8$ 元时, 价格每增加 (或减少) 1%, 需求量将分别下降 (或增加) 0.091%, 1%, 2%.

需求弹性刻画了当商品价格变化时需求量变化的强弱.

当 $\varepsilon_p = -1$ (即 $|\varepsilon_p| = 1$) 时, 叫做单位弹性, 此时商品需求量变动的百分比与价格变动的百分比相等.

当 $\varepsilon_p < -1$ (即 $|\varepsilon_p| > 1$) 时, 叫做高弹性, 此时商品需求量变动的百分比高于价格变动的百分比, 价格的变动对需求量的影响较大.

当 $-1 < \varepsilon_p < 0$ (即 $|\varepsilon_p| < 1$) 时, 叫做低弹性, 此时商品需求量变动的百分比低于价格变动的百分比, 价格的变动对需求量的影响不大.

在商品经济中, 商品经营者关心的是提价 $(\Delta p > 0)$ 或降价 $(\Delta p < 0)$ 对总收益的影响. 设销售收益 $R = Qp$ (Q 为销售量, p 为价格), 则当价格 p 有微小改变量 Δp 时, 有

$$\Delta R \approx \mathrm{d}R = \mathrm{d}(Qp) = Q\mathrm{d}p + p\mathrm{d}Q = \left(1 + \frac{p\mathrm{d}Q}{Q\mathrm{d}p}\right)Q\mathrm{d}p$$

即

$$\Delta R \approx (1 + \varepsilon_p)Q\mathrm{d}p$$

由此可知, 当 $|\varepsilon_p| > 1$ (高弹性) 时, 降价 $(\mathrm{d}p < 0)$ 可使总收益增加 $(\Delta R > 0)$, 薄利多销多收益; 提价 $(\mathrm{d}p > 0)$ 将使总收益减少 $(\Delta R < 0)$. 当 $|\varepsilon_p| < 1$ (低弹性) 时, 降价使总收益减少 $(\Delta R < 0)$. 提价使总收益增加. 当 $\varepsilon_p = -1$ (单位弹性) 时, 总收益近似为 0 $(\Delta R \approx 0)$, 即提价或降价对总收益没有明显的影响.

例 9 已知某商品的需求函数是

$$p = 20 - 10Q$$

其中, Q 是需求量, p 是价格.

(1) 求需求弹性;

(2) 讨论需求弹性的变化.

解 (1) 由 $p = 20 - 10Q$, 得

$$Q = 2 - 0.1p$$

所以需求弹性

$$\varepsilon_p = p\frac{Q'(p)}{Q(p)} = -\frac{0.1p}{2-0.1p}$$

（2）令 $\varepsilon_p = -1$，即

$$-\frac{0.1p}{2-0.1p} = -1$$

得
$$p = 10$$

（1）当 $10 < p < 20$ 时，$\varepsilon_p < -1$（高弹性）.

这时若采用提高价格的手段反而会使企业销售收入减少；反之，采用降低价格的手段会使销售收入增加.

（2）当 $0 < p < 10$ 时，$-1 < \varepsilon_p < 0$（低弹性）.

这时，应采用提高价格的手段会使销售收入增加.

习题 3–5

1. 设某产品生产 x 单位时的总收益是
$$R(x) = 200x - 0.01x^2$$
求生产 50 单位产品时的平均单位产品的收益和边际收益.

2. 设某产品需求量 Q 与价格 p 的函数关系为
$$Q(p) = 1600\left(\frac{1}{4}\right)^p$$

求需求量对价格的弹性函数.

3. 设某商品的需求函数为 $Q = e^{-\frac{p}{4}}$，求 $p = 3,4,5$ 时的需求弹性.

4. 某商品的需求函数为 $Q(p) = 75 - p^2$，求：

（1）$p = 4$ 时的边际需求；

（2）$p = 4$ 时的需求弹性，并说明其经济意义.

5. 设 p 为某产品的价格，x 为产品的需求量，且有 $p + 0.1x = 80$. 问 p 为何值时，需求是高弹性或低弹性.

6. 某工厂生产的某种产品，固定成本为 400 万元，多生产一个单位产品成本增加 10 万元. 设产品产销平衡，且需求函数为 $x = 1000 - 50p$（x 为产量，p 为价格），问该厂生产多少单位产品时，所获利润最大？最大利润是多少？

第六节 罗必达法则

在前面的内容中，讲述无穷小量阶的比较时，已经看到两个无穷小（大）量之比的极限可能存在，也可能不存在. 如果存在，其极限值也不尽相同. 因此，我们称两个无穷小量或两

个无穷大量之比的极限为 $\dfrac{0}{0}$ 型或 $\dfrac{\infty}{\infty}$ 型未定式. 实际上, 导数本身就是讨论 $\dfrac{0}{0}$ 型未定式极限. 这一节我们将以导数为工具研究一般未定式极限. 这个方法通常称为罗必达法则.

一、$\dfrac{0}{0}$ 型未定式

定理（罗必达法则 1）

若（1）$\lim\limits_{x \to x_0} f(x) = 0$, $\lim\limits_{x \to x_0} g(x) = 0$;

（2）$f(x)$ 和 $g(x)$ 在点 x_0 的某邻域内（点 x_0 可除外）可导, 且 $g'(x) \neq 0$;

（3）$\lim\limits_{x \to x_0} \dfrac{f'(x)}{g'(x)}$ 存在（或无穷大），则 $\lim\limits_{x \to x_0} \dfrac{f(x)}{g(x)} = \lim\limits_{x \to x_0} \dfrac{f'(x)}{g'(x)}$.

例 1 求 $\lim\limits_{x \to 0} \dfrac{e^x - 1}{x}$.

解 由罗必达法则得

$$\lim_{x \to 0} \dfrac{e^x - 1}{x} \overset{\frac{0}{0}}{=} \lim_{x \to 0} \dfrac{(e^x - 1)'}{x'} = \lim_{x \to 0} \dfrac{e^x}{1} = 1$$

例 2 求 $\lim\limits_{x \to 0} \dfrac{\ln(1+x)}{x^2}$.

解 由罗必达法则得

$$\lim_{x \to 0} \dfrac{\ln(1+x)}{x^2} \overset{\frac{0}{0}}{=} \lim_{x \to 0} \dfrac{[\ln(1+x)]'}{(x^2)'} = \lim_{x \to 0} \dfrac{1}{2x(1+x)} = \infty$$

例 3 求 $\lim\limits_{x \to \frac{\pi}{2}} \dfrac{\cos x}{x - \dfrac{\pi}{2}}$.

解 由罗必达法则得

$$\lim_{x \to \frac{\pi}{2}} \dfrac{\cos x}{x - \dfrac{\pi}{2}} \overset{\frac{0}{0}}{=} \lim_{x \to \frac{\pi}{2}} \dfrac{(\cos x)'}{\left(x - \dfrac{\pi}{2}\right)'} = \lim_{x \to \frac{\pi}{2}} \dfrac{-\sin x}{1} = -1$$

例 4 求 $\lim\limits_{x \to 1} \dfrac{x^3 - 3x + 2}{x^3 - x^2 - x + 1}$.

解 $\lim\limits_{x \to 1} \dfrac{x^3 - 3x + 2}{x^3 - x^2 - x + 1} \overset{\frac{0}{0}}{=} \lim\limits_{x \to 1} \dfrac{(x^3 - 3x + 2)'}{(x^3 - x^2 - x + 1)'} = \lim\limits_{x \to 1} \dfrac{3x^2 - 3}{3x^2 - 2x - 1}$

$\overset{\frac{0}{0}}{=} \lim\limits_{x \to 1} \dfrac{(3x^2 - 3)'}{(3x^2 - 2x - 1)'} = \lim\limits_{x \to 1} \dfrac{6x}{6x - 3} = \dfrac{3}{2}$

例 5 求 $\lim\limits_{x \to 0} \dfrac{e^x - e^{-x} - 2x}{x - \sin x}$.

解 $\lim\limits_{x\to 0}\dfrac{e^x-e^{-x}-2x}{x-\sin x}\overset{\frac{0}{0}}{=}\lim\limits_{x\to 0}\dfrac{e^x+e^{-x}-2}{1-\cos x}\overset{\frac{0}{0}}{=}\lim\limits_{x\to 0}\dfrac{e^x-e^{-x}}{\sin x}\overset{\frac{0}{0}}{=}\lim\limits_{x\to 0}\dfrac{e^x+e^{-x}}{\cos x}=2$

罗必达法则 1 对 $x\to\infty$ 时的未定式 $\dfrac{0}{0}$ 型同样适用.

例 6 求 $\lim\limits_{x\to+\infty}\dfrac{\dfrac{\pi}{2}-\arctan x}{\dfrac{1}{x}}$.

解 $\lim\limits_{x\to+\infty}\dfrac{\dfrac{\pi}{2}-\arctan x}{\dfrac{1}{x}}\overset{\frac{0}{0}}{=}\lim\limits_{x\to+\infty}\dfrac{-\dfrac{1}{1+x^2}}{-\dfrac{1}{x^2}}=\lim\limits_{x\to+\infty}\dfrac{x^2}{1+x^2}=1$

课堂练习

1. 求 $\lim\limits_{x\to 0}\dfrac{\sin ax}{\sin bx}$；

2. 求 $\lim\limits_{x\to 2}\dfrac{x^3-12x+16}{x^3-2x^2-4x+8}$.

二、$\dfrac{\infty}{\infty}$ 型未定式

定理（罗必达法则 2）

若（1） $\lim\limits_{x\to x_0}f(x)=\infty$，$\lim\limits_{x\to x_0}g(x)=\infty$；

（2） $f(x)$ 和 $g(x)$ 在点 x_0 的某邻域内（点 x_0 可除外）可导，且 $g'(x)\neq 0$；

（3） $\lim\limits_{x\to x_0}\dfrac{f'(x)}{g'(x)}$ 存在（或无穷大），则 $\lim\limits_{x\to x_0}\dfrac{f(x)}{g(x)}=\lim\limits_{x\to x_0}\dfrac{f'(x)}{g'(x)}$.

另外，对于 $x\to\infty$ 时的未定式 $\dfrac{\infty}{\infty}$ 型，罗必达法则 2 同样成立.

例 7 求 $\lim\limits_{x\to 0^+}\dfrac{\ln\sin 3x}{\ln\sin 2x}$.

解 $\lim\limits_{x\to 0^+}\dfrac{\ln\sin 3x}{\ln\sin 2x}\overset{\frac{\infty}{\infty}}{=}\lim\limits_{x\to 0^+}\dfrac{\dfrac{3}{\sin 3x}\cos 3x}{\dfrac{2}{\sin 2x}\cos 2x}=\lim\limits_{x\to 0^+}\dfrac{3\cos 3x\sin 2x}{2\cos 2x\sin 3x}$

$=\lim\limits_{x\to 0^+}\dfrac{3\cos 3x}{2\cos 2x}\lim\limits_{x\to 0^+}\dfrac{\sin 2x}{\sin 3x}=\dfrac{3}{2}\lim\limits_{x\to 0^+}\dfrac{\sin 2x}{\sin 3x}$

$\overset{\frac{0}{0}}{=}\dfrac{3}{2}\lim\limits_{x\to 0^+}\dfrac{2\cos 2x}{3\cos 3x}=\dfrac{3}{2}\times\dfrac{2}{3}=1$

例 8 求 $\lim\limits_{x\to+\infty}\dfrac{\ln x}{x^3}$

解 $\lim\limits_{x\to+\infty}\dfrac{\ln x}{x^3}\xlongequal{\frac{\infty}{\infty}}\lim\limits_{x\to+\infty}\dfrac{(\ln x)'}{(x^3)'}=\lim\limits_{x\to+\infty}\dfrac{\frac{1}{x}}{3x^2}=\lim\limits_{x\to+\infty}\dfrac{1}{3x^3}=0$

课堂练习

求 $\lim\limits_{x\to+\infty}\dfrac{x^n}{e^x}$.

三、其他类型的未定式

除了 $\dfrac{0}{0}$ 与 $\dfrac{\infty}{\infty}$ 型外，还有其他一些类型的未定式，如 $0\cdot\infty$，$\infty-\infty$，0^0，1^∞，∞^0，它们也可通过转化形成 $\dfrac{0}{0}$ 型或 $\dfrac{\infty}{\infty}$ 型，再进行计算.

1. $0\cdot\infty$ 型——可转化成 $\dfrac{0}{0}$ 型或 $\dfrac{\infty}{\infty}$ 型

例 9 求 $\lim\limits_{x\to 0^+}x^2\ln x$.

解 $\lim\limits_{x\to 0^+}x^2\ln x=\lim\limits_{x\to 0^+}\dfrac{\ln x}{\frac{1}{x^2}}=\lim\limits_{x\to 0^+}\dfrac{\frac{1}{x}}{-\frac{2}{x^3}}=-\dfrac{1}{2}\lim\limits_{x\to 0^+}x^2=0$

2. $\infty-\infty$ 型——通分转化成 $\dfrac{0}{0}$ 型

例 10 求 $\lim\limits_{x\to\frac{\pi}{2}}(\sec x-\tan x)$.

解 $\lim\limits_{x\to\frac{\pi}{2}}(\sec x-\tan x)=\lim\limits_{x\to\frac{\pi}{2}}\left(\dfrac{1}{\cos x}-\dfrac{\sin x}{\cos x}\right)=\lim\limits_{x\to\frac{\pi}{2}}\dfrac{1-\sin x}{\cos x}=\lim\limits_{x\to\frac{\pi}{2}}\dfrac{-\cos x}{-\sin x}=0$

3. 0^0，1^∞，∞^0 型

它们可以通过如下转化

$$\lim\limits_{x\to a}[f(x)]^{g(x)}=\lim\limits_{x\to a}e^{g(x)\ln f(x)}=e^{\lim\limits_{x\to a}g(x)\ln f(x)}$$

例 11 求 $\lim\limits_{x\to 0^+}x^x$.

解 $\lim\limits_{x\to 0^+}x^x=e^{\lim\limits_{x\to 0^+}x\ln x}$

而 $\lim\limits_{x\to 0^+}x\ln x=\lim\limits_{x\to 0^+}\dfrac{\ln x}{\frac{1}{x}}=\lim\limits_{x\to 0^+}(-x)=0$

所以 $\lim\limits_{x\to 0^+}x^x=e^0=1$

例 12 求 $\lim\limits_{x\to+\infty}\left(\dfrac{2}{\pi}\arctan x\right)^x$.

解 $\lim\limits_{x\to+\infty}\left(\dfrac{2}{\pi}\arctan x\right)^x = e^{\lim\limits_{x\to+\infty} x\ln\left(\dfrac{2}{\pi}\arctan x\right)}$

而 $\lim\limits_{x\to+\infty} x\ln\left(\dfrac{2}{\pi}\arctan x\right) = \lim\limits_{x\to+\infty} \dfrac{\ln\dfrac{2}{\pi} + \ln\arctan x}{\dfrac{1}{x}}$

$$= \lim_{x\to+\infty} \dfrac{\dfrac{1}{\arctan x}\dfrac{1}{1+x^2}}{-\dfrac{1}{x^2}}$$

$$= \lim_{x\to+\infty} \dfrac{1}{\arctan x}\dfrac{-x^2}{1+x^2}$$

$$= -\dfrac{2}{\pi}$$

所以 $\lim\limits_{x\to+\infty}\left(\dfrac{2}{\pi}\arctan x\right)^x = e^{-\frac{2}{\pi}}$

例 13 求 $\lim\limits_{x\to+\infty} \dfrac{\sqrt{1+x^2}}{x}$.

解 $\lim\limits_{x\to+\infty} \dfrac{\sqrt{1+x^2}}{x} = \lim\limits_{x\to+\infty} \dfrac{\sqrt{\dfrac{1}{x^2}+1}}{1} = 1$

课堂练习

1. 求 $\lim\limits_{x\to 1}\left(\dfrac{x}{x-1} - \dfrac{1}{\ln x}\right)$;

2. 求 $\lim\limits_{x\to 0^+} x^3 \ln x$;

3. 求 $\lim\limits_{x\to 0^+}\left(\ln\dfrac{1}{x}\right)^x$.

使用罗必达法则必须注意以下几点：

（1）罗必达法则只能适用于 $\dfrac{0}{0}$ 型和 $\dfrac{\infty}{\infty}$ 型的未定式，其他类型的未定式须先化简变形成 $\dfrac{0}{0}$ 型或 $\dfrac{\infty}{\infty}$ 型才能运用该法则；

（2）只要条件具备，可以连续应用罗必达法则；

（3）罗必达法则的条件是充分的，但不是必要的．因此，在该法则失效时并不能断定原函数极限不存在．

习题 3-6

用罗必达法则求下列极限：

（1）$\lim\limits_{x\to 1} \dfrac{x^3 - 3x + 2}{x^3 - 1}$

（2）$\lim\limits_{x\to 0} \dfrac{e^x - e^{-x}}{\sin x}$

(3) $\lim\limits_{x \to +\infty} \dfrac{e^x + e^{-x}}{e^x - e^{-x}}$

(4) $\lim\limits_{x \to 0^+} \dfrac{\ln \tan 7x}{\ln \tan 2x}$

(5) $\lim\limits_{x \to +\infty} \dfrac{\ln x}{x^2}$

(6) $\lim\limits_{x \to a} \dfrac{\sin x - \sin a}{x - a}$

(7) $\lim\limits_{x \to +\infty} \dfrac{x^2 + 1}{x \ln x}$

(8) $\lim\limits_{x \to 0}(1 + \sin x)^{\frac{1}{x}}$

(9) $\lim\limits_{x \to 0} x \cot 2x$

(10) $\lim\limits_{x \to 1}\left(\dfrac{2}{x^2 - 1} - \dfrac{1}{x - 1}\right)$

第四章　不定积分

前面我们讨论了已知函数的导数与微分，本章要研究相反的问题，即已知一个函数的导数或微分，如何求原来的函数，由此引出不定积分的概念，然后介绍几个基本积分法.

第一节　原函数与不定积分

一、原函数的概念

我们已经学过，做直线运动的物体的路程函数 $s=s(t)$ 对时间 t 的导数，就是这一物体的速度函数 $v=v(t)$，即

$$s'(t)=v(t)$$

在实际问题中，还需要解决相反的问题：已知物体的速度函数 $v(t)$，求路程函数 $s=s(t)$. 例如，对于自由落体运动来说，如果已知速度 $v=gt$（g 是重力加速度），如何从等式

$$s'(t)=gt$$

求物体下落的路程呢？

不难想到，函数 $s(t)=\dfrac{1}{2}gt^2$ 就是我们所要求的路程函数，因为

$$\left(\frac{1}{2}gt^2\right)'=gt$$

以上提出了已知某函数的导数，求原来的函数的问题，解决这样的问题，必须先明确原函数的概念.

定义 1　设 $f(x)$ 是定义在某一区间的已知函数，如果存在函数 $F(x)$，使得在该区间内的任一点 x 都有

$$F'(x)=f(x) \quad \text{或} \quad \mathrm{d}F(x)=f(x)\mathrm{d}x$$

则函数 $F(x)$ 叫做函数 $f(x)$ 在该区间上的一个原函数.

例如，在 $(-\infty,+\infty)$ 内，由于 $(\sin x)'=\cos x$，因此，函数 $\sin x$ 是函数 $\cos x$ 的一个原函数，同理 $(\sin x+1)'=\cos x$，$(\sin x-2)'=\cos x$，$(\sin x\pm c)'=\cos x$，所以 $\sin x+1$，$\sin x-2$，$\sin x\pm c$ 都是 $\cos x$ 的原函数. 由此可以看出 $\cos x$ 的原函数有无限多个，并且其中任意两个原函数之间只差一个常数，那么这样的情况是不是存在于任何函数的原函数中呢？下面的定理解决了这个问题.

定理 1（原函数族定理）　如果函数 $f(x)$ 有一个原函数，则它就有无限多个原函数，并且其中任意两个原函数的差是常数.

注：从定理1知，如果函数 $f(x)$ 的一个原函数为 $F(x)$，则 $f(x)$ 的所有原函数（称为原函数族）可表示为 $F(x)+C$，C 为任意常数.

定理 2（原函数族存在定理） 如果函数 $f(x)$ 在闭区间 $[a,b]$ 上连续，则函数 $f(x)$ 在该区间上必存在原函数.

二、不定积分的概念

1. 不定积分的定义

定义 2 如果 $F(x)$ 是 $f(x)$ 的一个原函数，那么 $f(x)$ 的全部原函数 $F(x)+C$ 叫做 $f(x)$ 的不定积分，记作 $\int f(x)\,dx$，即

$$\int f(x)\,dx = F(x)+C$$

其中"$\int$"叫做积分号，$f(x)$ 叫做被积函数，$f(x)\,dx$ 叫做被积表达式，x 叫做积分变量，任意常数 C 叫做积分常数.

注：由不定积分的定义可知，积分法和微分法互为逆运算，即有

$$\left[\int f(x)\,dx\right]' = f(x) \quad \text{或} \quad d\left[\int f(x)\,dx\right] = f(x)dx$$

反之，则有

$$\int F'(x)\,dx = F(x)+C \quad \text{或} \quad \int dF(x) = F(x)+C$$

2. 不定积分的几何意义

不定积分 $\int f(x)\,dx = F(x)+C$ 的结果中含有任意常数 C，所以不定积分表示的不是一个原函数，而是原函数族，反映在几何上则是一族曲线，它是曲线 $y=F(x)$ 沿 y 轴上下平移得到的. 这族曲线称为 $f(x)$ 的积分曲线族，其中的每一条称为 $f(x)$ 的积分曲线. 由于在相同的横坐标 x 处，所有的积分曲线的斜率均为 $f(x)$，因此，在每一条积分曲线上，以 x 为横坐标的点处的切线彼此平行，这就是不定积分的几何意义.

三、基本积分公式和法则

1. 基本积分公式

如果 $F'(x)=f(x)$，则由不定积分定义 $\int f(x)\,dx = F(x)+C$，这样，由基本初等函数的求导公式，得到相应的求不定积分的基本公式如下：

（1）$\int 0\,dx = C$ （2）$\int x^a\,dx = \dfrac{x^{a+1}}{a+1}+C \quad (a \neq -1)$

（3）$\int dx = x+C$ （4）$\int a^x\,dx = \dfrac{a^x}{\ln a}+C$

（5）$\int e^x\,dx = e^x+C$ （6）$\int \dfrac{1}{x}\,dx = \ln|x|+C \quad (x \neq 0)$

（7）$\int \cos x\,dx = \sin x+C$ （8）$\int \sin x\,dx = -\cos x+C$

（9）$\int \sec^2 x\,dx = \tan x+C$ （10）$\int \csc^2 x\,dx = -\cot x+C$

（11）$\int \sec x \tan x\,dx = \sec x+C$ （12）$\int \csc x \cot x\,dx = -\csc x+C$

(13) $\int \dfrac{dx}{\sqrt{1-x^2}} = \arcsin x + C$ (14) $\int \dfrac{dx}{1+x^2} = \arctan x + C$

这些积分的基本公式，应该牢牢记住，求函数的不定积分时，可直接使用．

2. 积分基本运算法则

法则 1　两个函数的代数和的不定积分等于这两个函数的不定积分的代数和，即
$$\int [f(x) \pm g(x)] dx = \int f(x) dx \pm \int g(x) dx$$

法则 2　被积函数中不为零的常数因子可以提到积分号前面，即
$$\int k f(x) dx = k \int f(x) dx \quad (k\text{是常数且} k \neq 0)$$

例 1　求下列不定积分：

(1) $\int \left(\dfrac{1}{x} + 2x^3 - \cos x \right) dx$ (2) $\int \left(2 - \sec^2 x + \dfrac{1}{x^2+1} \right) dx$

(3) $\int (3x^2 + \cos x + 2^x) dx$

解　(1) $\int \left(\dfrac{1}{x} + 2x^3 - \cos x \right) dx = \int \dfrac{1}{x} dx + 2 \int x^3 dx - \int \cos x\, dx$

$$= \ln |x| + \dfrac{1}{2} x^4 - \sin x + C$$

(2) $\int \left(2 - \sec^2 x + \dfrac{1}{x^2+1} \right) dx = \int 2 dx - \int \sec^2 x\, dx + \int \dfrac{1}{x^2+1} dx$

$$= 2x - \tan x + \arctan x + C$$

(3) $\int (3x^2 + \cos x + 2^x) dx = 3 \int x^2 dx + \int \cos x\, dx + \int 2^x dx$

$$= x^3 + \sin x + \dfrac{2^x}{\ln 2} + C$$

四、直接积分法

在求积分时，有时可直接利用积分基本公式和两个运算法则计算；有时则需将被积函数经过适当的恒等变形，再利用积分的两个基本法则和公式求出结果，这样的积分方法，叫做直接积分法．

例 2　求 $\int \dfrac{1+x+x^2}{x(1+x^2)} dx$．

解　$\int \dfrac{1+x+x^2}{x(1+x^2)} dx = \int \dfrac{x+(1+x^2)}{x(1+x^2)} dx = \int \left(\dfrac{1}{1+x^2} + \dfrac{1}{x} \right) dx$

$$= \int \dfrac{1}{1+x^2} dx + \int \dfrac{1}{x} dx = \arctan x + \ln |x| + C$$

例 3　求 $\int 2^x e^x dx$．

解 $\int 2^x e^x dx = \int (2e)^x dx = \dfrac{(2e)^x}{\ln(2e)} + C = \dfrac{2^x e^x}{1+\ln 2} + C$

课堂练习

求下列不定积分：

(1) $\int (\dfrac{1}{x} - 2\cos x) dx$ (2) $\int \dfrac{x^3 - 27}{x - 3} dx$ (3) $\int \dfrac{x^4}{x^2 + 1} dx$

习题 4-1

1. 判断下列各式是否正确：

(1) $\int x^3 dx = x^4 + C$ (2) $\int 2x dx = x^2$ (3) $\int \dfrac{1}{x^2} dx = \dfrac{1}{x} + C$

2. 求下列不定积分：

(1) $\int \dfrac{x^2 + x\sqrt{x} - 3}{\sqrt{x}} dx$ (2) $\int \dfrac{(3-x)^2}{\sqrt{x}} dx$

(3) $\int (\dfrac{5}{x} + 2e^x - \dfrac{1}{x\sqrt{x}}) dx$ (4) $\int (2^x + \sec^2 x) dx$

(5) $\int (x - 2\sqrt{x})^2 dx$ (6) $\int \dfrac{x^3 + x + 2}{x^2 + 1} dx$

(7) $\int \dfrac{\sin 2x}{\cos x} dx$ (8) $\int \dfrac{\cos 2x}{\cos^2 x} dx$

第二节　换元积分法

前面介绍了直接积分法，但直接积分法是利用法则和公式直接计算不定积分，有些函数如 $\sin x$，$\cos x$，$\ln x$ 等不能用直接积分法求得，因此，有必要寻求更有效的积分法，本节将介绍一种重要的积分法——换元积分法.

一、第一类换元积分法

一般地，如果积分 $\int g(x) dx$ 可以凑成

$$\int f[\varphi(x)] \varphi'(x) dx \quad \text{或} \quad \int f[\varphi(x)] d\varphi(x)$$

的形式，则令 $\varphi(x) = u$，当积分 $\int f(u) du = F(u) + C$ 容易求得时，可按下述方法计算不定积分

$$\int g(x) dx = \int f[\varphi(x)] \varphi'(x) dx = \int f[\varphi(x)] d\varphi(x)$$

设 $\varphi(x) = u$，则

$$\text{原式} = \int f(u) du = F(u) + C = F[\varphi(x)] + C$$

这种先凑成微分式，再作换元的方法，叫做第一类换元积分法.

1. 复合函数求积分

例1 求 $\int \cos 5x \,dx$.

解 $\int \cos 5x \,dx = \int \cos 5x \cdot \frac{1}{5} d(5x) = \frac{1}{5}\int \cos 5x \,d(5x)$

设 $u = 5x$，则

$$原式 = \frac{1}{5}\int \cos u \,du = \frac{1}{5}\sin u + C = \frac{1}{5}\sin 5x + C$$

例2 求 $\int (2x+1)^8 dx$.

解 $\int (2x+1)^8 dx = \int (2x+1)^8 \cdot \frac{1}{2} d(2x+1) = \frac{1}{2}\int (2x+1)^8 d(2x+1)$

设 $u = 2x+1$，则

$$原式 = \frac{1}{2}\int u^8 du = \frac{1}{18}u^9 + C = \frac{1}{18}(2x+1)^9 + C$$

例3 求 $\int e^{2x} dx$.

解 $\int e^{2x} dx = \frac{1}{2}\int e^{2x} d(2x) = \frac{1}{2}e^{2x} + C$

2. 某些函数相乘求不定积分

例4 求 $\int \sin x \cos x \,dx$.

解 $\int \sin x \cos x \,dx = \int \sin x \,d(\sin x)$

设 $u = \sin x$，则

$$原式 = \int u \,du = \frac{1}{2}u^2 + C = \frac{1}{2}\sin^2 x + C$$

例5 求 $\int \frac{\ln x}{x} dx \quad (x>0)$.

解 $\int \frac{\ln x}{x} dx = \int \ln x \,d(\ln x)$

设 $u = \ln x$，则

$$原式 = \int u \,du = \frac{1}{2}u^2 + C = \frac{1}{2}\ln^2 x + C$$

例6 求 $\int \frac{e^x}{1+e^x} dx$.

解 $\int \frac{e^x}{1+e^x} dx = \int \frac{1}{1+e^x} d(1+e^x)$

设 $u = 1+e^x$，则

$$原式 = \int \frac{1}{u} du = \ln u + C = \ln(1+e^x) + C$$

注：（1）求积分时经常要用到下面两个微分性质：

① $d[a\varphi(x)] = ad[\varphi(x)]$，即常数可以从微分号内移出移进. 如
$$d(-2x) = -2dx, \quad 3d(x^2) = d(3x^2)$$

② $d[\varphi(x)] = d[\varphi(x) \pm b]$，即微分号内的函数可加（或减）一个常数，如
$$dx = d(x+1)$$

（2）凑微分时，常用下列微分式，熟悉这些微分式有助于求积分：

$dx = \dfrac{1}{a} d(ax \pm b) \quad (a \neq 0)$ $\qquad xdx = \dfrac{1}{2} dx^2 \qquad$ $\dfrac{1}{x} dx = d\ln|x|$

$\dfrac{1}{\sqrt{x}} dx = 2d\sqrt{x}$ $\qquad \dfrac{1}{x^2} dx = -d\dfrac{1}{x} \qquad$ $\dfrac{1}{1+x^2} dx = d\arctan x$

$\dfrac{1}{\sqrt{1-x^2}} dx = d\arcsin x \qquad e^x dx = de^x \qquad \sin x dx = -d\cos x$

$\cos x dx = d\sin x \qquad\qquad \sec^2 x dx = d\tan x \qquad \csc^2 x dx = -d\cot x$

$\sec x \tan x dx = d\sec x \qquad \csc x \cot x dx = -d\csc x$

二、第二类换元积分法

例7 求 $\displaystyle\int \dfrac{\sqrt{x}}{1+\sqrt[3]{x}} dx$.

解 为了去掉根号，令 $\sqrt[6]{x} = t$，则 $x = t^6 (t > 0)$, $dx = 6t^5 dt$，于是

$$\int \dfrac{\sqrt{x}}{1+\sqrt[3]{x}} dx = \int \dfrac{t^3}{1+t^2} 6t^5 dt = 6\int \dfrac{t^8}{1+t^2} dt$$

$$= 6\int \left(t^6 - t^4 + t^2 - 1 + \dfrac{1}{1+t^2}\right) dt$$

$$= \dfrac{6}{7} t^7 - \dfrac{6}{5} t^5 + 2t^3 - 6t + 6\arctan t + C$$

$$= \dfrac{6}{7} x\sqrt[6]{x} - \dfrac{6}{5} \sqrt[6]{x^5} + 2\sqrt{x} - 6\sqrt[6]{x} + 6\arctan \sqrt[6]{x} + C$$

从例 7 中可以看出，如果计算积分时，被积函数带有根号，并且难计算，则可以利用换元把根号去掉，具体方法为：令 $x = \varphi(t)$，当 $x = \varphi(t)$ 是单调、可导的函数，且 $\varphi'(t) \neq 0$ 时，则有 $dx = \varphi'(t) dt$，从而将 $\int f(x) dx$ 化为积分 $\int f[\varphi(t)] \varphi'(t) dt$，若这个积分容易求出，就可按下述方法计算

$$\int f(x) dx = \int f[\varphi(t)] \varphi'(t) dt = F(t) + C = F[\varphi^{-1}(x)] + C$$

其中 $t = \varphi^{-1}(t)$ 是 $x = \varphi(t)$ 的反函数，这种求不定积分的方法称为第二类换元积分法.

例8 求 $\displaystyle\int \dfrac{1}{1+\sqrt{x}} dx$.

解 令 $t = \sqrt{x}$，则 $x = t^2$ $(t > 0)$，$\mathrm{d}x = 2t\mathrm{d}t$，所以

$$\int \frac{1}{1+\sqrt{x}}\mathrm{d}x = \int \frac{2t}{1+t}\mathrm{d}t = 2\int \frac{1+t-t}{1+t}\mathrm{d}t$$

$$= 2\int \left(1 - \frac{1}{1+t}\right)\mathrm{d}t = 2t - 2\ln|1+t| + C$$

$$= 2\sqrt{x} - 2\ln(1+\sqrt{x}) + C$$

$$= 2[\sqrt{x} - \ln(1+\sqrt{x})] + C$$

三、三角代换

一般地，如果被积函数含有根式 $\sqrt{a^2 - x^2}$ 或 $\sqrt{x^2 \pm a^2}$ $(a > 0)$ 时，可将被积式作如下变换：

(1) 当含有 $\sqrt{a^2 - x^2}$ 时，可令 $x = a\sin t$；
(2) 当含有 $\sqrt{x^2 + a^2}$ 时，可令 $x = a\tan t$；
(3) 当含有 $\sqrt{x^2 - a^2}$ 时，可令 $x = a\sec t$.

以上三种变换叫做三角代换.

课堂练习

求下列不定积分：

(1) $\int \cot x \mathrm{d}x$ \quad\quad (2) $\int x\mathrm{e}^{x^2+1}\mathrm{d}x$

(3) $\int \frac{1}{3x+2}\mathrm{d}x$ \quad\quad (4) $\int \frac{1}{1+\sqrt{x-1}}\mathrm{d}x$

习题 4-2

求下列不定积分：

(1) $\int \cos(4x-1)\mathrm{d}x$ \quad (2) $\int (5x-3)^5 \mathrm{d}x$ \quad (3) $\int \mathrm{e}^{-x}\mathrm{d}x$

(4) $\int x\mathrm{e}^{x^2}\mathrm{d}x$ \quad (5) $\int 3^{2x}\mathrm{d}x$ \quad (6) $\int x\sqrt{1+x^2}\mathrm{d}x$

(7) $\int \frac{x}{(1+x^2)^{100}}\mathrm{d}x$ \quad (8) $\int \mathrm{e}^{\sin x}\cos x\mathrm{d}x$ \quad (9) $\int \frac{1}{x}\ln^3 x\mathrm{d}x$

(10) $\int \frac{1}{1+\sqrt{x+1}}\mathrm{d}x$ \quad (11) $\int \frac{1}{x\sqrt{x+1}}\mathrm{d}x$ \quad (12) $\int \frac{1}{\sqrt{x}+\sqrt[3]{x}}\mathrm{d}x$

第三节　分部积分法

前面解决了许多函数的不定积分问题，但仍然有一部分函数，如 $\int x\mathrm{e}^x\mathrm{d}x, \int \mathrm{e}^x \cos x\mathrm{d}x, \int \ln x\mathrm{d}x$ 等不定积分，不能用学过的方法解决，为此，本节介绍另一种求不定积分的方法——分部积分法.

一、分部积分公式

设 u,v 是 x 的函数且具有连续导数，有微分公式
$$d(uv) = udv + vdu$$
移项得
$$udv = d(uv) - vdu$$
两边积分得
$$\int u dv = uv - \int v du$$

这个公式叫做**分部积分公式**，它的作用在于：把比较难求的 $\int u dv$ 化为比较容易求的 $\int v du$ 来计算，可化难为易.

注：使用分部积分公式的关键是能够正确地选取 u, dv，如果 u, dv 选取不当，就求不出结果，选取 u, dv 一般要考虑下面两点：

（1） v 要容易求得；

（2） $\int v du$ 要比 $\int u dv$ 容易积出.

下面给出选取 u 的某些规律："指三幂对反，谁在后面谁为 u"．即按照指数函数、三角函数、幂函数、对数函数、反三角函数的顺序，排在后面的设为 u．如 $\int e^x \sin x dx$，其中 e^x 是指数函数，$\sin x$ 是三角函数，所以应设 $u = \sin x$，余下的 $e^x dx = dv$，从而原式变为 $\int u dv$ 的形式，再用分部积分法求得.

二、分部积分举例

例1 求 $\int x \cos x dx$．

解 设 $u = x$，$dv = \cos x dx$，则 $du = dx$，$v = \sin x$

所以
$$原式 = uv - \int v du = x \sin x - \int \sin x dx$$
$$= x \sin x + \cos x + C$$

例2 求 $\int x e^x dx$．

解 设 $u = x$，$dv = e^x dx$，则 $du = dx$，$v = e^x$
$$原式 = uv - \int v du = x e^x - \int e^x dx$$
$$= x e^x - e^x + C$$

例3 求 $\int x \ln x dx$．

解 设 $u = \ln x$，$dv = x dx$，则 $du = \frac{1}{x} dx$，$v = \frac{1}{2} x^2$
$$原式 = uv - \int v du = \frac{1}{2} x^2 \ln x - \int \frac{1}{2} x^2 \frac{1}{x} dx$$
$$= \frac{1}{2} x^2 \ln x - \frac{1}{2} \int x dx = \frac{1}{2} x^2 \ln x - \frac{1}{4} x^2 + C$$

例 4 求 $\int x \arctan x \, dx$.

解 设 $u = \arctan x$, $dv = x\,dx$,则 $du = \dfrac{1}{1+x^2}dx$, $v = \dfrac{1}{2}x^2$

$$\begin{aligned}
\text{原式} &= uv - \int v\,du = \dfrac{x^2}{2}\arctan x - \int \dfrac{1}{2}x^2 \dfrac{1}{1+x^2}dx \\
&= \dfrac{x^2}{2}\arctan x - \dfrac{1}{2}\int \dfrac{x^2+1-1}{1+x^2}dx \\
&= \dfrac{x^2}{2}\arctan x - \dfrac{1}{2}\left(\int dx - \int \dfrac{1}{1+x^2}dx\right) \\
&= \dfrac{x^2}{2}\arctan x - \dfrac{1}{2}(x - \arctan x) + C
\end{aligned}$$

习题 4–3

求下列各不定积分：

(1) $\int x\sin x\,dx$ (2) $\int x^2\cos x\,dx$ (3) $\int x^2 e^x\,dx$

(4) $\int \ln x\,dx$ (5) $\int x\sin 2x\,dx$ (6) $\int \arccos x\,dx$

第五章 定积分及其应用

定积分是积分学的又一重要概念,它在自然科学和实际问题中有着广泛的应用,本章由典型实例引入定积分的概念,然后讨论定积分的性质和计算方法,最后讨论定积分在几何、物理上的应用.

第一节 定积分的概念

一、引例

1. 曲边梯形的面积

设 $y=f(x)$ 在区间 $[a,b]$ 上非负且连续,由曲线 $y=f(x)$ 及直线 $x=a$,$x=b$ 和 $y=0$ 所围成的图形(如图 5.1)称为曲边梯形,其中曲线弧称为曲边,x 轴上对应区间 $[a,b]$ 的线段称为底边. 我们知道,矩形的高是不变的,它的面积可按公式:矩形的面积=底×高来定义和计算,而曲边梯形在底边上各点的高 $f(x)$ 在 $[a,b]$ 上是变化的,故不能用上述公式计算. 那么曲边梯形的面积怎么计算呢?我们设想:把曲边梯形沿 y 轴方向切割成小曲边梯形,每个小曲边梯形用相应的小矩形近似代替用"底×高"求得小矩形的面积. 加起来就是曲边梯形面积的近似值. 分割越细误差越小,于是当所有的小曲边梯形的宽度趋于零时,这个阶梯形面积的极限就称为曲边梯形面积的精确值了(图 5.1).

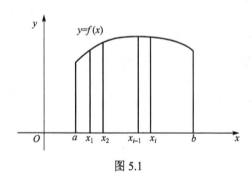

图 5.1

上述思路具体实施分为下述四步:

(1)分割。在区间 $[a,b]$ 内任意插入 $n-1$ 个分点:$a=x_0<x_1<x_2<\cdots<x_i<\cdots<x_n=b$.

把区间 $[a,b]$ 分割成 n 个小区间 $[x_{i-1},x_i]$($i=1,2,\cdots,n$),并分别记小区间的长度 $\Delta x_i = x_i - x_{i-1}$,相应的把曲边梯形分割成 n 个小曲边梯形,它们的面积分别记作 ΔA_i($i=1,2,\cdots,n$).

(2)近似代替。用小矩形的面积近似代替小曲边梯形的面积,在小区间 $[x_{i-1},x_i]$ 上任取一点 ξ_i,以 $f(\xi_i)$ 为高,以 Δx_i 为底的小矩形面积 $f(\xi_i)\Delta x_i$,代替小曲边梯形 $\Delta A_i \approx f(\xi_i)\Delta x_i$($i=1,2,3,\cdots,n$).

(3)求和。把 n 个小矩形面积相加,得曲边梯形面积的近似值,即

$$A \approx \sum_{i=1}^{n} f(\xi_i)\Delta x_i$$

(4)取极限。为了保证全部 Δx_i 都无限缩小,我们要求小区间长度中最大值 $\lambda = \max\{\Delta x_i\}$

趋向于零，这时和式 $\sum_{i=1}^{n} f(\xi_i)\Delta x_i$ 的极限就是曲边梯形面积的准确值，即

$$A = \lim_{\lambda \to 0} \sum_{i=1}^{n} f(\xi_i)\Delta x_i$$

2. 变力沿直线做功

设质点 m 在一个与 x 轴平行，大小为 F 的力作用下，沿 x 轴从点 $x=a$ 移动到点 $x=b$，求该力所做的功.

如果 F 是常量，由物理学知，所做的功为 $W=$ 力 $\times$ 距离 $= F(b-a)$.

如果 F 不是常量，而是与质点所处的位置 x 有关的函数 $F=f(x)$，则是变力做功问题，上述公式就不能使用，解决这问题的思路和步骤与 1 类似.

（1）分割. 在区间 $[a,b]$ 内任意插入 $n-1$ 个分点：$a=x_0<x_1<x_2<\cdots<x_i<\cdots<x_n=b$，把区间 $[a,b]$ 分割成 n 个小区间，小区间的长度分别记作 Δx_i（$i=1, 2, 3, \cdots, n$）.

（2）取近似，即以不变代变. 在小区间 $[x_{i-1}, x_i]$ 上任取一点 ξ_i，以该点处的力 $f(\xi_i)$ 代替小区间 $[x_{i-1}, x_i]$ 上的变力 $f(x)$，则区间 $[x_{i-1}, x_i]$ 上所做的功 ΔW_i 有近似值

$$\Delta W_i \approx f(\xi_i)\Delta x_i \quad (i=1, 2, 3, \cdots, n)$$

（3）求和. 在区间 $[a,b]$ 上所做的功 W 的近似值是所有小区间上所做功的近似值之和 $W \approx \sum_{i=1}^{n} f(\xi_i)\Delta x_i$.

（4）取极限. 当 $\lambda = \max\{\Delta x_i\} \to 0$ 时，上述和式的极限就是 W 的精确值，即

$$W = \lim_{\lambda \to 0} \sum_{i=1}^{n} f(\xi_i)\Delta x_i$$

二、定积分的定义

上面两个实际问题，一个是面积问题，一个是做功问题，虽然实际意义不同，但解决问题的方法和步骤是完全相同的，即分割，近似代替，求和，最后都归结为求一个连续函数在某一闭区间上的和式的极限.

类似的问题很多，都可以归结为这种和式的极限. 我们舍弃问题的具体意义，抽象出解决这些问题的一般思想，给出下面的定义.

定义 设函数 $f(x)$ 在 $[a,b]$ 上有界，任取分点 $a=x_0<x_1<x_2<\cdots<x_i<\cdots<x_n=b$，将区间 $[a,b]$ 分成 n 个小区间 $[x_{i-1}, x_i]$（$i=1, 2, \cdots, n$），小区间的长度分别记为 $\Delta x_i = x_i - x_{i-1}$（$i=1$，$2, \cdots, n$），在小区间 $[x_{i-1}, x_i]$ 上任取一点 ξ_i，作和式 $\sum_{i=1}^{n} f(\xi_i)\Delta x_i$，若当 $\lambda = \max\{\Delta x_i\} \to 0$ 时，上述和式的极限存在，且与区间 $[a,b]$ 的分法及 ξ_i 的取法无关，则称此极限为 $f(x)$ 在区间 $[a,b]$ 上的定积分，记作 $\int_a^b f(x)\mathrm{d}x$，即

$$\int_a^b f(x)\mathrm{d}x = \lim_{\lambda \to 0} \sum_{i=1}^{n} f(\xi_i)\Delta x_i$$

其中，x 称为积分变量，$f(x)$ 称为被积分函数，$f(x)\mathrm{d}x$ 称为被积表达式，$[a,b]$ 称为积分区

间，a 为积分下限，b 为积分上限.

根据定积分的定义就可以说：

（1）曲边梯形的面积 A 等于曲边所对应的函数 $f(x)$，（$f(x) \geqslant 0$）在其所在区间 $[a,b]$ 上的定积分

$$A = \int_a^b f(x) \mathrm{d}x$$

（2）质点在变力 $F = f(x)$ 作用下，沿 x 轴由点 $x = a$ 到 $x = b$，变力沿直线所作的功 W 等于函数 $f(x)$ 在区间 $[a,b]$ 上的定积分

$$W = \int_a^b f(x) \mathrm{d}x$$

关于定积分的说明：

（1）定积分表示一个数，它只取决于被积函数与积分上下限，而与积分变量采用什么字母无关.

如

$$\int_0^1 x^2 \mathrm{d}x = \int_0^1 t^2 \mathrm{d}t$$

一般地

$$\int_a^b f(x) \mathrm{d}x = \int_a^b f(t) \mathrm{d}t$$

（2）定义中要求积分限 $a < b$，我们补充如下规定：

当 $a = b$ 时

$$\int_a^b f(x) \mathrm{d}x = 0$$

当 $a > b$ 时

$$\int_a^b f(x) \mathrm{d}x = -\int_b^a f(x) \mathrm{d}x$$

（3）定积分的存在性：当 $f(x)$ 在 $[a,b]$ 上连续或只有有限个第一类间断点时，$f(x)$ 在 $[a,b]$ 上的定积分存在（也称可积）.

三、定积分的几何意义

若在 $[a,b]$ 上 $f(x) \geqslant 0$，则 $\int_a^b f(x) \mathrm{d}x$ 的值表示以 $f(x)$ 为曲边与直线 $x = a$，$x = b$，$y = 0$ 所围成的曲边梯形的面积，如图 5.2 所示.

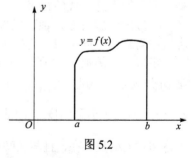

图 5.2

若在 $[a,b]$ 上 $f(x) \leqslant 0$，则 $\int_a^b f(x) \mathrm{d}x$ 是负值如图 5.3 所示，其绝对值是以 $y = f(x)$ 为曲边直线 $x = a$，$x = b$，$y = 0$ 所围成的曲边梯形的面积.

如果 $f(x)$ 在 $[a,b]$ 上连续，且有时为正，有时为负. 如图 5.4 所示，则连续曲线 $y = f(x)$ 和直线 $x = a$，$x = b$，$y = 0$ 所围成的图形由三个曲边梯形组成. 由定义可得 $\int_a^b f(x) \mathrm{d}x = A_1 - A_2 + A_3$.

总之定积分 $\int_a^b f(x) \mathrm{d}x$ 在各种实际问题中所代表的实际意义尽管不同，但它们的数值在几

何上都可用曲边梯形面积的代数和来表示. 这就是定积分的几何意义.

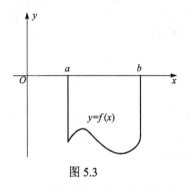
图 5.3

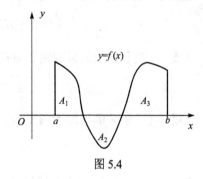
图 5.4

例1 利用定积分表示图 5.5 中阴影部分的面积.

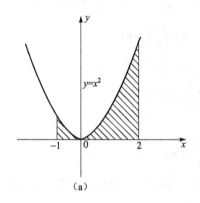
（a）

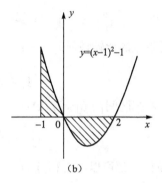
（b）

图 5.5

解 图 5.5（a）中阴影部分的面积为

$$A=\int_{-1}^{2} x^2 \mathrm{d}x$$

图 5.5（b）中阴影部分的面积为

$$A=\int_{-1}^{0}[(x-1)^2-1]\mathrm{d}x - \int_{0}^{2}[(x-1)^2-1]\mathrm{d}x$$

例2 由定积分的几何意义，求 $\int_{1}^{2}(x-3)\mathrm{d}x$.

解 由于在区间 $[1,2]$ 上 $f(x)=x-3$，因此按定积分的几何意义，该定积分表示由曲边 $y=x-3$ 和直线 $x=1$，$x=2$，$y=0$ 所围图形面积的负值，该图形是底为 1 和 2，高为 1 的梯形. 其面积为

$$\frac{1}{2}(1+2)\times 1=\frac{3}{2} \quad 故 \quad \int_{1}^{2}(x-3)\mathrm{d}x = -\frac{3}{2}$$

四、定积分的性质

为了理论与计算的需要，我们介绍定积分的基本性质，下面论述中，假定有关函数都是

可积的.

性质 1 函数的代数和可逐项积分，即
$$\int_a^b [f(x) \pm g(x)] \mathrm{d}x = \int_a^b f(x) \mathrm{d}x \pm \int_a^b g(x) \mathrm{d}x$$

性质 2 被积函数的常数因子可提到积分号外面，即
$$\int_a^b kf(x) \mathrm{d}x = k\int_a^b f(x) \mathrm{d}x$$

性质 3（定积分的可加性质） 若 $a<c<b$，则
$$\int_a^b f(x)\mathrm{d}x = \int_a^c f(x)\mathrm{d}x + \int_c^b f(x) \mathrm{d}x$$

注：对于 a, b, c 三点的任何其他相对位置，上述性质仍然成立，如 $a<b<c$ 则
$$\int_a^c f(x)\mathrm{d}x = \int_a^b f(x)\mathrm{d}x + \int_b^c f(x)\mathrm{d}x = \int_a^b f(x)\mathrm{d}x - \int_c^b f(x)\mathrm{d}x$$

所以
$$\int_a^b f(x)\mathrm{d}x = \int_a^c f(x) \mathrm{d}x + \int_c^b f(x)\mathrm{d}x$$

性质 4（积分的比较性质） 在 $[a,b]$ 上若 $f(x) \geqslant g(x)$，则
$$\int_a^b f(x) \mathrm{d}x \geqslant \int_a^b g(x) \mathrm{d}x$$

性质 5 若在区间 $[a,b]$ 上 $f(x)=1$，则
$$\int_a^b f(x) \mathrm{d}x = \int_a^b \mathrm{d}x = b - a$$

以上五条性质都可以由定积分的定义加以证明，性质 3，性质 4，性质 5，也可用定积分的几何意义证明.

性质 6（估值定理） 设 $y=f(x)$ 在闭区间 $[a,b]$ 上的最大值与最小值分别为 M 和 m 且 $a<b$，则
$$m(b-a) \leqslant \int_a^b f(x)\mathrm{d}x \leqslant M(b-a)$$

证 因为 $m \leqslant f(x) \leqslant M$（题设）由性质 4 得
$$\int_a^b m\mathrm{d}x \leqslant \int_a^b f(x) \mathrm{d}x \leqslant \int_a^b M\mathrm{d}x$$

再将常数因子提出，并利用 $\int_a^b f(x)\mathrm{d}x = b-a$ 即可得证.

性质 7（积分中值定理） 设函数 $f(x)$ 在区间 $[a,b]$ 上连续，则在该区间上，至少有一点 ξ，使得
$$\int_a^b f(x)\mathrm{d}x = f(\xi)(b-a) \qquad (a \leqslant \xi \leqslant b)$$

证 由性质 6 得 $m(b-a) \leqslant \int_a^b f(x)\mathrm{d}x \leqslant M(b-a)$，其中 M, m 分别是连续函数 $f(x)$ 在区间 $[a,b]$ 上的最大值和最小值，于是

$$m \leqslant \frac{1}{b-a}\int_a^b f(x)\mathrm{d}x \leqslant M$$

由于 $\frac{1}{b-a}\int_a^b f(x)\mathrm{d}x$ 介于 m 和 M 之间，且 $f(x)$ 在 $[a,b]$ 上连续，由连续函数的介值定理知，在 $[a,b]$ 上至少有一点 ξ，使得

$$f(\xi) = \frac{1}{b-a}\int_a^b f(x)\mathrm{d}x$$

即

$$\int_a^b f(x)\mathrm{d}x = f(\xi)(b-a) \qquad (a \leqslant \xi \leqslant b)$$

注：积分中值定理的几何意义是对于以 $[a,b]$ 为底，曲线 $y=f(x)$（设 $f(x) \geqslant 0$）为曲边的曲边梯形，总有一个以 $[a,b]$ 为底 $f(\xi)$（$a \leqslant \xi \leqslant b$）为高的矩形，使它们的面积相等. $f(x)$ 称为连续函数在 $[a,b]$ 上的平均值.

例 3 估计定积分 $\int_{-1}^1 \mathrm{e}^{-x^2}\mathrm{d}x$ 的值.

解 先求 $f(x) = \mathrm{e}^{-x^2}$ 在 $[-1,1]$ 上的最大值和最小值，因为 $f'(x) = -2x\mathrm{e}^{-x^2}$，令 $f'(x) = 0$，得驻点 $x = 0$，比较驻点及区间端点的函数值

$$f(0) = \mathrm{e}^0 = 1$$

$$f(-1) = f(1) = \mathrm{e}^{-1} = \frac{1}{\mathrm{e}}$$

故最大值 $M=1$，最小值 $m = \frac{1}{\mathrm{e}}$.

由估值定理得

$$\frac{2}{\mathrm{e}} \leqslant \int_{-1}^1 \mathrm{e}^{-x^2}\mathrm{d}x \leqslant 2$$

课堂练习

1. 说明下列定积分的几何意义，并指出它的值：

(1) $\int_0^1 (2x+1)\mathrm{d}x$ \qquad (2) $\int_{-r}^r \sqrt{r^2-x^2}\,\mathrm{d}x$ \qquad (3) $\int_{-\frac{\pi}{2}}^{\frac{\pi}{2}} \sin x\,\mathrm{d}x$

2. 试用定积分表示如图 5.6 所示的平面图形面积.

3. 不经计算比较下列积分的大小：

(1) $\int_0^1 x^2\mathrm{d}x$ 与 $\int_0^1 x^3\mathrm{d}x$ \qquad (2) $\int_1^{\mathrm{e}} \ln^2 x\,\mathrm{d}x$ 与 $\int_1^{\mathrm{e}} \ln x\,\mathrm{d}x$

(3) $\int_{-1}^0 \mathrm{e}^x\mathrm{d}x$ 与 $\int_{-1}^0 \mathrm{e}^{-x}\mathrm{d}x$ \qquad (4) $\int_0^\pi \sin x\,\mathrm{d}x$ 与 $\int_0^\pi \cos x\,\mathrm{d}x$

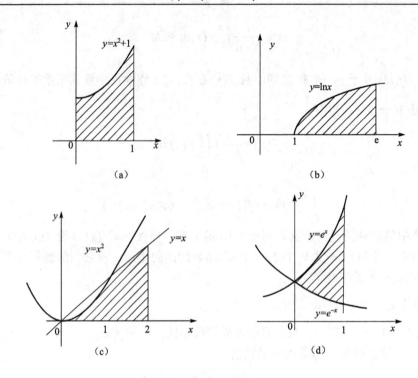

图 5.6

习题 5-1

1. 用定积分表示下列各组曲线围成图形的面积：

(1) $y=x^2$，$x=1$，$x=2$，$y=0$

(2) $y=\sin x$，$x=\dfrac{\pi}{3}$，$x=\pi$，$y=0$

(3) $y=\ln x$，$x=t$，$y=0$

2. 如何表述定积分的几何意义，根据定积分的几何意义推证下列积分值：

(1) $\int_{-1}^{1} x\,\mathrm{d}x$　　　　　　　　(2) $\int_{0}^{2\pi} \cos x\,\mathrm{d}x$

(3) $\int_{-1}^{1} |x|\,\mathrm{d}x$　　　　　　　　(4) $\int_{0}^{2} (x-1)\,\mathrm{d}x$

3. 用定积分表示图 5.7 中阴影部分的面积：

4. 估计下列定积分值的范围：

(1) $\int_{0}^{1} \dfrac{1}{1+x^2}\,\mathrm{d}x$　　　　　　　(2) $\int_{-1}^{1} (4x^4-2x^3+5)\,\mathrm{d}x$

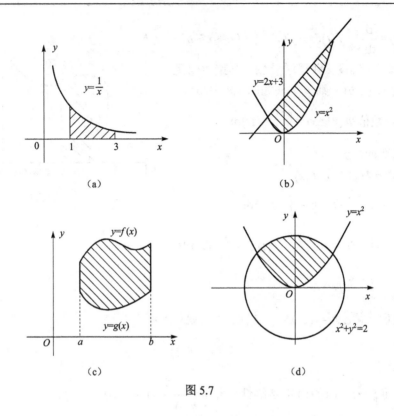

图 5.7

第二节 微积分基本公式

定积分与不定积分是完全不同的两个概念,本节将通过对定积分与原函数关系的讨论,导出一种计算定积分的简便有效的方法.

一、变上限的定积分

设函数 $f(x)$ 在区间 $[a,b]$ 上连续,并且设 x 为 $[a,b]$ 上的一点,则 $f(x)$ 在 $[a,x]$ 的积分 $\int_a^x f(x)\mathrm{d}x$ 存在. 这时 x 既表示定积分的上限,又表示积分变量,因为定积分与积分变量的记法无关,所以为明确起见,可以把积分变量改用其他符号,例如用 t 表示即改写为 $\int_a^x f(t)\mathrm{d}t$. 如果上限 x 在区间 $[a,b]$ 内任意变动,则对于每一个取定的 x 值,定积分有一个对应值. 所以它在 $[a,b]$ 上定义了一个 x 的函数,记作 $\Phi(x)$. 即

$$\Phi(x)=\int_a^x f(t)\mathrm{d}t \qquad (a\leqslant x\leqslant b)$$

通常称为变上限积分函数或变上限积分.

关于变上限积分,有如下定理:

定理 1 如果函数 $f(x)$ 在区间 $[a,b]$ 上连续,则变上限积分 $\Phi(x)=\int_a^x f(t)\mathrm{d}t$ 在 $[a,b]$ 上可导,其导数是

$$\Phi'(x) = \frac{d}{dx}\int_a^x f(t)dt = f(x) \quad (a \leqslant x \leqslant b)$$

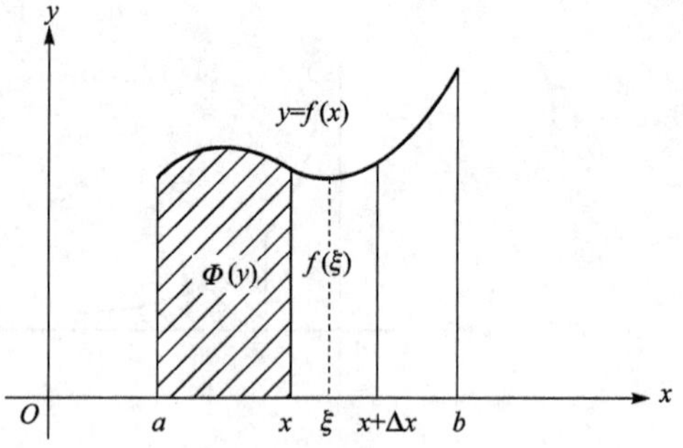

证 若 $x \in (a,b)$ 设 x 获得增量 Δx，其绝对值足够小使得 $x+\Delta x \in (a,b)$，则 $\Phi(x)$（如图 5.8 中 $\Delta x > 0$）在 $x+\Delta x$ 处的函数值 $\Phi(x+\Delta x) = \int_a^{x+\Delta x} f(t)dt$.

由此得函数的增量

$$\begin{aligned}\Delta \Phi &= \Phi(x+\Delta x) - \Phi(x) \\ &= \int_a^{x+\Delta x} f(t)dt - \int_a^x f(t)dt \\ &= \int_a^x f(t)dt + \int_x^{x+\Delta x} f(t)dt - \int_a^x f(t)dt \\ &= \int_x^{x+\Delta x} f(t)dt\end{aligned}$$

图 5.8

由积分中值定理，得 $\Delta \Phi = f(\xi)\Delta x$（$\xi$ 在 x 与 $x+\Delta x$ 之间）

由此得
$$\frac{\Delta \Phi}{\Delta x} = f(\xi)$$

再令 $\Delta x \to 0$ 从而 $\xi \to x$. 由 $f(x)$ 的连续性，即 $\lim\limits_{\Delta x \to 0} \frac{\Delta \Phi}{\Delta x} = \lim\limits_{\xi \to x} f(\xi) = f(x)$.

即
$$\Phi'(x) = f(x)$$

由 $\Phi'(x) = f(x)$ 知 $\Phi(x)$ 是 $f(x)$ 的一个原函数.

从而有如下推论：

推论 连续函数的原函数一定存在.

这样就解决了上一章留下的原函数存在问题.

例 1 计算 $\Phi(x) = \int_0^x \sin t^2 dt$ 在 $x = 0$，$\frac{\sqrt{\pi}}{2}$ 处的导数.

解 因为 $\frac{d}{dx}\int_0^x \sin t^2 dt = \sin x^2$，故

$$\Phi'(0) = \sin 0^2 = 0, \quad \Phi'\left(\frac{\sqrt{\pi}}{2}\right) = \sin \frac{\pi}{4} = \frac{\sqrt{2}}{2}$$

例 2 求下列函数的导数.

（1）$p(x) = \int_0^{e^x} \frac{\ln t}{t} dt$ （2）$p(x) = \int_{x^2}^1 \frac{\sin\sqrt{\theta}}{\theta} d\theta \quad (x > 0)$ （3）$p(x) = \int_x^{x^2} e^{-t} dt$

解（1）这里 $p(x)$ 是 x 的复合函数，中间变量 $u = e^x$，所以按复合函数求导法则有

$$\frac{dp}{dx} = \frac{d}{du}\left(\int_a^u \frac{\ln t}{t} dt\right)\frac{du}{dx} = \frac{\ln e^x}{e^x} e^x = x$$

（2）$\frac{dp}{dx} = -\frac{d}{dx}\int_1^{x^2} \frac{\sin\sqrt{\theta}}{\theta} d\theta = -\left(\int_1^u \frac{\sin\sqrt{\theta}}{\theta} d\theta\right)'(x^2)' = -\frac{\sin x}{x^2} 2x = -\frac{2\sin x}{x}$

（3）由定积分的性质 3，对任一常数有

$$\int_x^{x^2} e^{-t} dt = \int_x^a e^{-t} dt + \int_a^{x^2} e^{-t} dt = \int_a^{x^2} e^{-t} dt - \int_a^x e^{-t} dt$$

于是 $\dfrac{dp}{dx} = \dfrac{d}{dx}\int_x^{x^2} e^{-t} dt = \dfrac{d}{dx}\int_a^{x^2} e^{-t} dt - \dfrac{d}{dx}\int_a^x e^{-t} dt = 2x e^{-x^2} - e^{-x}$

例 3 计算 $\lim\limits_{x\to 0}\dfrac{\int_1^{\cos x} e^{-t^2} dt}{x^2}$.

解 当 $x \to 0$ 时 $\cos x \to 1$，故本题属 $\dfrac{0}{0}$ 型未定式，可以用罗必达法则来求.

这里 $\int_1^{\cos x} e^{-t^2} dt$ 是 x 的复合函数，其中 $u = \cos x$，所以

$$\frac{d\int_1^{\cos x} e^{-t^2} dt}{dx} = e^{-\cos^2 x}(\cos x)' = -\sin x\, e^{-\cos^2 x}$$

于是 $\lim\limits_{x\to 0}\dfrac{\int_1^{\cos x} e^{-t^2} dt}{x^2} = \lim\limits_{x\to 0}\dfrac{-\sin x\, e^{-\cos^2 x}}{2x} = -\dfrac{1}{2} e^{-1} = -\dfrac{1}{2e}$

二、牛顿—莱布尼兹（Newton-Leibniz）公式

定理 2 设函数 $f(x)$ 在闭区间 $[a,b]$ 上连续又 $F(x)$ 是 $f(x)$ 的任一个原函数，则有

$$\int_a^b f(x) dx = F(b) - F(a)$$

证 由定理 1 知变上限积分 $\varPhi(x) = \int_a^x f(t) dt$ 也是 $f(x)$ 的一个原函数，于是知

$$\varPhi(x) - F(x) = C \quad (C \text{ 为常数})$$

即 $\int_a^x f(t) dt = F(x) + C$

用 $x = a$ 来代入上式得

$$C = \int_a^a f(t) dt - F(a) = -F(a)$$

再用 $x = b$ 代入前式两边得

$$\int_a^b f(t) dt = F(b) + C = F(b) - F(a)$$

因为积分值与积分变量的记号无关，仍用 x 表示积分变量，即得

$$\int_a^b f(t) dt = F(b) - F(a)$$

其中 $F'(x) = f(x)$

上式叫做**牛顿—莱布尼兹公式**，也叫做微积分基本公式. 该上式可叙述为：定积分的值等于其原函数在上，下限处的差. 该公式将定积分与原函数这两个本来似乎不相干的概念建

立起彼此定量关系，从此为定积分的计算找到了简捷的途径．它是整个积分学最重要的公式．

为计算方便，上述公式常采用下面的格式

$$\int_a^b f(x)\mathrm{d}x = F(x)\Big|_a^b = [F(x)]_b^a$$

例 4 计算 $\int_{-1}^{\sqrt{3}} \dfrac{\mathrm{d}x}{1+x^2}$.

解 由于 $\arctan x$ 是 $\dfrac{1}{1+x^2}$ 的原函数，所以

$$\int_{-1}^{\sqrt{3}} \dfrac{\mathrm{d}x}{1+x^2} = [\arctan x]_{-1}^{\sqrt{3}} = \arctan\sqrt{3} - \arctan(-1) = \dfrac{\pi}{3} - \left(-\dfrac{\pi}{4}\right) = \dfrac{7\pi}{12}$$

例 5 求 $\int_1^2 \left(3x^2 + \dfrac{1}{x}\right)\mathrm{d}x$.

解 $\int_1^2 \left(3x^2 + \dfrac{1}{x}\right)\mathrm{d}x = \int_1^2 3x^2 \mathrm{d}x + \int_1^2 \dfrac{1}{x}\mathrm{d}x = x^3\Big|_1^2 + \ln|x|\Big|_1^2 = 7 + \ln 2$.

例 6 求 $\int_0^\pi \dfrac{\sin x}{1+\cos^2 x}\mathrm{d}x$.

解 $\int_0^\pi \dfrac{\sin x}{1+\cos^2 x}\mathrm{d}x = -\int_0^\pi \dfrac{1}{1+\cos^2 x}\mathrm{d}(\cos x) = -[\arctan(\cos x)]_0^\pi = -\left(-\dfrac{\pi}{4} - \dfrac{\pi}{4}\right) = \dfrac{\pi}{2}$

例 7 求 $\int_{-2}^3 2|x|\mathrm{d}x$.

解 分析：被积函数含有绝对值，当 $x \geq 0$ 和 $x<0$ 函数表达式不同，故应分两个区间计算

$$\int_{-2}^3 2|x|\mathrm{d}x = \int_{-2}^0 -2x\mathrm{d}x + \int_0^3 2x\mathrm{d}x = -x^2\Big|_{-2}^0 + x^2\Big|_0^3 = 4 + 9 = 13$$

课堂练习

1. 求下列函数的导数：

(1) $f(x) = \int_0^x \mathrm{e}^{-t^2}\mathrm{d}t$ (2) $f(x) = \int_{\sqrt{x}}^1 \sqrt{1+t^2}\mathrm{d}t$ (3) $f(\theta) = \int_{\sin\theta}^{\cos\theta} t\mathrm{d}t$

2. 求下列极限：

(1) $\lim\limits_{x\to 0} \dfrac{\int_0^x 2t\cos t\mathrm{d}t}{1-\cos x}$ (2) $\lim\limits_{x\to 0} \dfrac{\int_0^x \cos(t^2)\mathrm{d}t}{x}$

3. 计算下列定积分：

(1) $\int_{-\frac{1}{2}}^{\frac{1}{2}} \dfrac{\mathrm{d}x}{\sqrt{1-x^2}}$ (2) $\int_0^1 (2x^2 - \sqrt[3]{x} + 1)\mathrm{d}x$ (3) $\int_{-1}^0 \dfrac{1+x}{\sqrt{4-x^2}}\mathrm{d}x$

(4) $\int_{\frac{1}{\pi}}^{\frac{2}{\pi}} \dfrac{1}{x^2}\sin\dfrac{1}{x}\mathrm{d}x$ (5) $\int_0^2 \left(1 + x\mathrm{e}^{\frac{x^2}{4}}\right)\mathrm{d}x$ (6) $\int_{-2}^{-1} \dfrac{\mathrm{d}x}{x^2+4x+5}$

习题 5–2

1. 试求函数 $y=\int_0^x \sin t\,dt$ 当 $x=0$ 及 $x=\dfrac{\pi}{4}$ 时的导数.

2. 求下列各导数：

(1) $\dfrac{d}{dx}\int_0^{x^2}\sqrt{1+t^2}\,dt$ (2) $\dfrac{d}{dx}\int_{x^2}^{x^3}\dfrac{dt}{\sqrt{1+t^4}}$ (3) $\dfrac{d}{dx}\int_{\sin x}^{\cos x}\cos(\pi t^2)\,dt$

3. 求下列极限：

(1) $\lim\limits_{x\to 0}\dfrac{\int_0^x \cos t^2\,dt}{x}$ (2) $\lim\limits_{x\to 0}\dfrac{\left(\int_0^x e^{t^2}\,dt\right)^2}{\int_0^x t e^{2t^2}\,dt}$

4. 计算下列定积分：

(1) $\int_0^a (3x^2 - x + 1)\,dx$ (2) $\int_1^2 \left(x^2 + \dfrac{1}{x^4}\right)dx$

(3) $\int_4^9 \sqrt{x}(1+\sqrt{x})\,dx$ (4) $\int_{\frac{1}{\sqrt{3}}}^{\sqrt{3}}\dfrac{dx}{1+x^2}$

(5) $\int_{-\frac{1}{2}}^{\frac{1}{2}}\dfrac{dx}{\sqrt{1-x^2}}$ (6) $\int_0^{\sqrt{3}a}\dfrac{dx}{a^2+x^2}$

(7) $\int_0^1 \dfrac{dx}{\sqrt{4-x^2}}$ (8) $\int_{-1}^0 \dfrac{3x^4+3x^2+1}{x^2+1}\,dx$

(9) $\int_1^2 \dfrac{1}{1+x}\,dx$ (10) $\int_0^{2\pi}|\sin x|\,dx$

(11) $\int_0^2 f(x)\,dx$，其中 $f(x)=\begin{cases} x+1 & x\leqslant 1 \\ \dfrac{1}{2}x^2 & x>1\end{cases}$

(12) $\int_1^{e^3}\dfrac{\sqrt[4]{1+\ln x}}{x}\,dx$

第三节 定积分换元积分法和分部积分法

在不定积分中，换元积分法和分部积分法是两种十分重要的方法，本节将讨论这两种方法在定积分中的应用.

一、定积分的换元积分法

例1 求 $\int_0^4 \dfrac{dx}{1+\sqrt{x}}$.

解一 $\int \dfrac{\mathrm{d}x}{1+\sqrt{x}} = \int \dfrac{2t}{1+t}\mathrm{d}t = 2\int \left(1-\dfrac{1}{1+t}\right)\mathrm{d}t$

$$= 2(t-\ln|1+t|) + C$$

$$= 2\left[\sqrt{x}-\ln|1+\sqrt{x}|\right] + C$$

于是 $\int_0^4 \dfrac{\mathrm{d}x}{1+\sqrt{x}} = 2\left[\sqrt{x}-\ln(1+\sqrt{x})\right]_0^4 = 4-2\ln 3$

上述方法要求求得的不定积分必须还原，但在计算定积分时，这一步可省略. 只要将原来变量 x 的上下限，按照所用的代换式 $x=\phi(t)$ 换成新变量 t 的上下限即可.

解二 设 $\sqrt{x}=t$ 即 $x=t^2$ ($t \geqslant 0$)

当 $x=0$ 时，$t=0$；当 $x=4$ 时，$t=2$，于是

$$\int_0^4 \dfrac{\mathrm{d}x}{1+\sqrt{x}} = \int_0^2 \dfrac{2t}{1+t}\mathrm{d}t = 2\int_0^2 \left(1-\dfrac{1}{1+t}\right)\mathrm{d}t$$

$$= 2(t-\ln|1+t|)\big|_0^2 = 2(2-\ln 3)$$

解二要比解一简单一些，它省略了变量回代这一步. 一般地，用换元积分法计算定积分时，由于引入了新的积分变量，因此，必须根据引入的变量代换相应的积分限. 即

令 $x=\phi(t)$，当 $x=a$ 时 $t=\alpha$；当 $x=b$ 时 $t=\beta$，于是

$$\int_a^b f(x)\mathrm{d}x = \int_\alpha^\beta f[\phi(t)]\phi'(t)\mathrm{d}t$$

其中 $x=\phi(t)$ 在 $[\alpha,\beta]$ 上单调且有连续导数.上面的方法叫做定积分的换元积分法.

应用中，我们强调指出：换元必须换限，（原）上限对（新）上限，（原）下限对（新）下限.

例 2 求 $\int_{\frac{1}{2}}^{\frac{\sqrt{2}}{2}} \dfrac{\mathrm{d}x}{x^2\sqrt{1-x^2}}$.

解 设 $x=\sin t$，则 $t=\arcsin x$ $\mathrm{d}x = \cos t\mathrm{d}t$

当 $x=\dfrac{1}{2}$ 时 $t=\dfrac{\pi}{6}$；当 $x=\dfrac{\sqrt{2}}{2}$ 时 $t=\dfrac{\pi}{4}$，于是

$$\int_{\frac{1}{2}}^{\frac{\sqrt{2}}{2}} \dfrac{\mathrm{d}x}{x^2\sqrt{1-x^2}} = \int_{\frac{\pi}{6}}^{\frac{\pi}{4}} \dfrac{\cos t}{\sin^2 t \cos t}\mathrm{d}t = \int_{\frac{\pi}{6}}^{\frac{\pi}{4}} \csc^2 t\,\mathrm{d}t = [-\cot t]_{\frac{\pi}{6}}^{\frac{\pi}{4}} = \sqrt{3}-1$$

例 3 求 $\int_0^{\ln 2} \sqrt{e^x-1}\,\mathrm{d}x$.

解 设 $\sqrt{e^x-1}=t$ 则 $x=\ln(t^2+1)$，$\mathrm{d}x = \dfrac{2t}{t^2+1}\mathrm{d}t$，于是

$$\int_0^{\ln 2} \sqrt{e^x-1}\,\mathrm{d}x = \int_0^1 t\cdot\dfrac{2t}{t^2+1}\mathrm{d}t = 2\int_0^1 \left(1-\dfrac{1}{t^2+1}\right)\mathrm{d}t = 2(t-\arctan t)\big|_0^1 = 2-\dfrac{\pi}{2}.$$

例 4 求 $\int_a^{2a} \dfrac{\sqrt{x^2-a^2}}{x^4} dx$ $(a>0)$.

解 设 $x = a\sec t$, 则 $dx = a\sec t\tan t\, dt$, 当 $x=a$ 时 $t=0$; $x=2a$ 时 $t=\dfrac{\pi}{3}$, 于是

$$\int_a^{2a}\dfrac{\sqrt{x^2-a^2}}{x^4}dx = \int_0^{\frac{\pi}{3}}\dfrac{a\tan t}{a^4\sec^4 t}a\sec t\tan t\, dt$$

$$= \int_0^{\frac{\pi}{3}}\dfrac{1}{a^2}\sin^2 t\cos t\, dt = \dfrac{1}{a^2}\int_0^{\frac{\pi}{3}}\sin^2 t\, d(\sin t)$$

$$= \dfrac{1}{a^2}\cdot\dfrac{\sin^3 t}{3}\bigg|_0^{\frac{\pi}{3}} = \dfrac{\sqrt{3}}{8a^2}$$

上面计算 $\int_0^{\frac{\pi}{3}}\sin^2 t\cos t\, dt$ 中使用了凑微分法. 因为没有引入新变量, 所以定积分的上、下限就不必变更了.

例 5 计算 $\int_0^{\pi}\sqrt{\sin^3 x - \sin^5 x}\, dt$.

解 由于 $\sqrt{\sin^3 x - \sin^5 x} = \sqrt{\sin^3 x(1-\sin^2 x)} = \sin^{\frac{3}{2}}x|\cos x|$

在 $\left[0,\dfrac{\pi}{2}\right]$ 上, $|\cos x|=\cos x$; 在 $\left[\dfrac{\pi}{2},\pi\right]$ 上, $|\cos x|=-\cos x$, 所以

$$\int_0^{\pi}\sqrt{\sin^3 x - \sin^5 x}\, dx = \int_0^{\frac{\pi}{2}}\sin^{\frac{3}{2}}x\cos x\, dx + \int_{\frac{\pi}{2}}^{\pi}\sin^{\frac{3}{2}}x(-\cos x)\, dx$$

$$= \int_0^{\frac{\pi}{2}}\sin^{\frac{3}{2}}x\, d(\sin x) - \int_{\frac{\pi}{2}}^{\pi}\sin^{\frac{3}{2}}x\, d(\sin x)$$

$$= \left[\dfrac{2}{5}\sin^{\frac{5}{2}}x\right]_0^{\frac{\pi}{2}} - \left[\dfrac{2}{5}\sin^{\frac{5}{2}}x\right]_{\frac{\pi}{2}}^{\pi} = \dfrac{2}{5} - \left(-\dfrac{2}{5}\right) = \dfrac{4}{5}$$

注意: 如果忽略 $\cos$ 在 $\left[\dfrac{\pi}{2},\pi\right]$ 非正, 而按 $\sqrt{\sin^3 x - \sin^5 x} = \sin^{\frac{3}{2}}x\cos x$ 计算将导致错误.

下面利用定积分的换元积分法的来推证一些有用的结论.

例 6 设 $f(x)$ 在对称区间 $[-a,a]$ 上连续, 试证明

$$\int_{-a}^{a}f(x)\, dx = \begin{cases} 2\int_0^a f(x)\, dx, & \text{当 } f(x) \text{ 为偶函数时} \\ 0, & \text{当 } f(x) \text{ 为奇函数时} \end{cases}$$

证 因为 $\int_{-a}^{a}f(x)\, dx = \int_{-a}^{0}f(x)\, dx + \int_0^a f(x)\, dx$

对积分 $\int_{-a}^{0}f(x)\, dx$ 作变量代换 $x=-t$ 由换元积分法, 得

$$\int_{-a}^{0} f(x)\,dx = -\int_{a}^{0} f(-t)\,dt = \int_{0}^{a} f(-t)\,dt = \int_{0}^{a} f(-x)\,dx$$

于是 $$\int_{-a}^{a} f(x)\,dx = \int_{0}^{a} f(-x)\,dx + \int_{0}^{a} f(x)\,dx = \int_{0}^{a} [f(-x)+f(x)]\,dx$$

（1）若 $f(x)$ 为偶函数，则 $f(-x) = f(x)$ 由上式得

$$\int_{-a}^{a} f(x)\,dx = 2\int_{0}^{a} f(x)\,dx$$

（2）若 $f(x)$ 为奇函数则

$$f(-x) = -f(x) \text{ 有 } f(-x)+f(x) = 0$$

故 $$\int_{-a}^{a} f(x)\,dx = 0$$

该题的几何意义是明显的.

例 7 $\int_{-\frac{\pi}{2}}^{\frac{\pi}{2}} \dfrac{x+\cos x}{1+\sin x^2}\,dx$.

解 $\int_{-\frac{\pi}{2}}^{\frac{\pi}{2}} \dfrac{x+\cos x}{1+\sin x^2}\,dx = \int_{-\frac{\pi}{2}}^{\frac{\pi}{2}} \dfrac{x}{1+\sin^2 x}\,dx + \int_{-\frac{\pi}{2}}^{\frac{\pi}{2}} \dfrac{\cos x}{1+\sin^2 x}\,dx$

由于 $\dfrac{x}{1+\sin^2 x}$ 是奇函数，$\dfrac{\cos x}{1+\sin^2 x}$ 是偶函数，且积分区间关于原点对称，故

$\int_{-\frac{\pi}{2}}^{\frac{\pi}{2}} \dfrac{x+\cos x}{1+\sin^2 x}\,dx = 0 + 2\int_{0}^{\frac{\pi}{2}} \dfrac{\cos x}{1+\sin^2 x}\,dx = 2\int_{0}^{\frac{\pi}{2}} \dfrac{1}{1+\sin^2 x}\,d(\sin x) = 2\arctan(\sin x)\Big|_{0}^{\frac{\pi}{2}} = \dfrac{\pi}{2}$

二、定积分的分部积分法

设 u 和 v 在区间 $[a, b]$ 上都是具有导数的函数，那么 $d(uv) = u\,dv + v\,du$ 即 $u\,dv = d(uv) - v\,du$，两边在 $[a, b]$ 上积分得

$$\int_{a}^{b} u\,dv = [uv]_{a}^{b} - \int_{a}^{b} v\,du$$

这就是定积分的分部积分公式.

例 8 求 $\int_{0}^{1} xe^x\,dx$.

解 $\int_{0}^{1} xe^x\,dx = \int_{0}^{1} x\,d(e^x) = [xe^x]_{0}^{1} - \int_{0}^{1} e^x\,dx = e - [e^x]_{0}^{1} = e - (e-1) = 1$

例 9 求 $\int_{0}^{\pi} x\sin x\,dx$.

解 $\int_{0}^{\pi} x\sin x\,dx = -\int_{0}^{\pi} x\,d(\cos x) = -[x\cos x]_{0}^{\pi} + \int_{0}^{\pi} \cos x\,dx = \pi + [\sin x]_{0}^{\pi} = \pi$

例 10 求 $\int_{0}^{1} \ln\left(x+\sqrt{x^2+1}\right)\,dx$.

解 $\int_0^1 \ln(x+\sqrt{x^2+1})\,dx = \left[x\ln(x+\sqrt{x^2+1})\right]_0^1 - \int_0^1 x\frac{1}{\sqrt{x^2+1}}\left(1+\frac{2x}{2\sqrt{x^2+1}}\right)dx$

$= \ln(1+\sqrt{2}) - \frac{1}{2}\int_0^1 \frac{1}{\sqrt{x^2+1}}\,d(x^2+1)$

$= \ln(1+\sqrt{2}) - \left[\sqrt{x^2+1}\right]_0^1 = \ln(1+\sqrt{2}) - \sqrt{2}+1$

课堂练习

1. 用换元积分法求下列定积分：

(1) $\int_0^1 \sqrt{4+5x}\,dx$

(2) $\int_4^9 \frac{\sqrt{x}}{\sqrt{x}-1}\,dx$

(3) $\int_{\frac{\sqrt{2}}{2}}^0 \frac{x+1}{\sqrt{1-x^2}}\,dx$

(4) $\int_0^2 \sqrt{4-x^2}\,dx$

(5) $\int_1^{\sqrt{3}} \frac{1}{x^2\sqrt{1+x^2}}\,dx$

(6) $\int_1^{\sqrt{2}} \frac{\sqrt{x^2-1}}{x}\,dx$

2. 用分部积分法求下列定积分：

(1) $\int_0^\pi x\cos x\,dx$

(2) $\int_0^1 x^2 e^x\,dx$

(3) $\int_0^1 x^2 e^{2x}\,dx$

(4) $\int_0^1 \arctan\sqrt{x}\,dx$

(5) $\int_1^e (x-1)\ln x\,dx$

(6) $\int_0^{\frac{\pi}{4}} \frac{x}{\cos^2 x}\,dx$

3. 求下列定积分：

(1) $\int_{-1}^1 (x^3-x+1)\sin^2 x\,dx$

(2) $\int_{-1}^1 \left(x+\sqrt{1-x^2}\right)^2 dx$

习题 5-3

1. 计算下列定积分：

(1) $\int_0^\pi (1-\sin^3 x)\,dx$

(2) $\int_0^2 \frac{x}{(1+x^2)^3}\,dx$

(3) $\int_{-2}^1 \frac{dx}{(11+5x)^3}$

(4) $\int_0^3 \frac{x}{\sqrt{1+x}}\,dx$

(5) $\int_{\frac{1}{\pi}}^{\frac{2}{\pi}} \frac{1}{x^2}\cos\frac{1}{x}\,dx$

(6) $\int_0^1 \frac{e^x}{1+e^x}\,dx$

(7) $\int_0^{\sqrt{2}} \sqrt{2-x^2}\,dx$

(8) $\int_{-\frac{\pi}{2}}^{\frac{\pi}{2}} \sqrt{\cos x-\cos^3 x}\,dx$

2. 计算下列定积分：

(1) $\int_0^\pi x^2\cos x\,dx$

(2) $\int_0^{\frac{1}{2}} \arccos x\,dx$

(3) $\int_1^e x\ln x\,dx$ (4) $\int_0^{\ln 2} xe^{-x}\,dx$

(5) $\int_0^{\frac{\pi}{2}} e^x \cos x\,dx$ (6) $\int_0^{2\pi} x\cos^2 x\,dx$

3. 计算：

$\int_{-2}^{2} (x-2)\sqrt{(4-x^2)^3}\,dx$

第四节 定积分在几何上的应用

本节先介绍用定积分解决实际问题的一种方法——微元法，然后再讨论定积分在几何上的应用．

一、微元法

由第一节的实例（曲边梯形的面积和变力做功）分析可见，用定积分表达某个量 Q 分为四步：

（1）分割：把所求的量共分割成很多部分量 Q，这需要选择一个被分割的变量 x 和被分割的区间 $[a,b]$．例如对曲边梯形面积 A，选择曲边 $y=f(x)$ 的自变量 x 作为被分割的变量，被分割的区间是 $[a,b]$ 对变力所做的功 W．选择质点的位置作为分割变量，被分割的区间是质点位移的区间．

（2）近似：考查任一小区间 $[x_{i-1},x_i]$ 上 Q 的部分量 ΔQ_i 的近似值，对曲边梯形 A 在小区间 $[x_{i-1},x_i]$ 上用直线 $f(\xi_i)$ 代替 $f(x)$．即以小矩形面积 $f(\xi_i)\Delta x_i$ 代替小曲边梯形 ΔA_i，得 $\Delta A_i \approx f(\xi_i)\Delta x_i$．对变力做功 W，在小位移 $[x_{i-1},x_i]$ 上，用常力 $f(\xi_i)$ 代替变力 $f(x)$，得 W 的部分量 $\Delta W_i \approx f(\xi_i)\Delta x_i$．类似地部分量 ΔQ_i 的近似值也应表示成 $f(\xi_i)\Delta x_i$ 的形式．

（3）求和：$Q = \sum_{i=1}^{n} \Delta Q_i \approx \sum_{i=1}^{n} f(\xi_i)\Delta x_i$

（4）逼近：取极限得 $Q = \lim_{\lambda \to 0} \sum_{i=1}^{n} f(\xi_i)\Delta x_i = \int_a^b f(x)\,dx$

实用上通常把以上四步简化为三步，其步骤如下：

第一步选变量，选取某个变量 x 作为被分割变量，它就是积分变量，并确定 x 的变化范围 $[a,b]$ 就是被分割的区间，也就是积分区间．

第二步求微元，设想把区间 $[a,b]$ 分成 n 个小区间，其中任意一个小区间用 $[x,x+dx]$ 表示，小区间的长度 $\Delta x = dx$，所求的量 Q 对应于小区间 $[x,x+dx]$ 的部分量记作 ΔQ，并取 $\xi = x$，求出部分量 ΔQ 的近似值 $\Delta Q \approx f(x)dx$．

近似值 $f(x)dx$ 称为量 Q 的微元（或元素），记作 dQ．即 $dQ = f(x)dx$，我们指出 dQ 作为 ΔQ 的近似值，其误差 $\Delta Q - dQ$ 应是小区间长度 Δx 的高价无穷小．即 $dQ = f(x)dx = f(x)\Delta x$，应满足

$$\Delta Q = dQ + o(\Delta x) = f(x)\Delta x + o(\Delta x)$$

第三步列积分，以量 Q 的微元 $dQ = f(x)dx$ 为被积表达式，在 $[a,b]$ 上积分，便得所求量

Q 即

$$Q = \int_a^b f(x)\,dx$$

上述把某个量表达为定积分的简化方法称为定积分的微元法. 下面就用微元法讨论定积分在几何方面的一些应用.

二、用定积分求平面图形的面积

用微元法不难将下列图形的面积表示为定积分.

（1）由曲线 $y = f(x)(f(x) \geqslant 0)$ 和 $x = a, x = b$ 及 Ox 轴所围的图形（如图 5.9），面积微元 $dA = f(x)dx$，面积 $A = \int_a^b f(x)dx$.

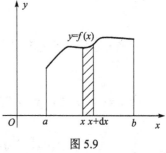

图 5.9

（2）由上、下两条曲线 $y = f(x), y = g(x)$ 及 $x = a, x = b$ 所围的图形（如图 5.10），面积微元 $dA = [f(x) - g(x)]dx$，面积

$$A = \int_a^b [f(x) - g(x)]\,dx$$

（3）由左、右两条曲线 $x = \varphi(y), x = \phi(y)$ 及 $y = c, y = d$ 围成的图形（如图 5.11），这时应取 y 为积分变量，面积微元 $dA = [\phi(y) - \varphi(y)]dy$，面积 $A = \int_c^d [\phi(y) - \varphi(y)]\,dy$.

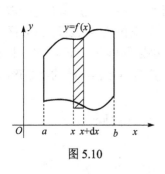

图 5.10

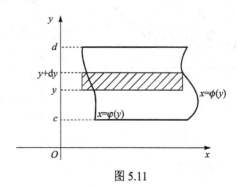

图 5.11

例 1 求由抛物线 $y = x^2$ 与直线 $y = 2x$ 围成的图形的面积.

解 画出图形如图 5.12 所示，由 $\begin{cases} y = x^2 \\ y = 2x \end{cases}$ 联立求出交点 $O(0,0), A(2,4)$.

选择积分变量 x 为横坐标 x，积分区间为 $[0, 2]$ 对应于区间 $[x, x+dx]$ 的窄条面积的近似值，即面积微元

$$dA = (2x - x^2)dx$$

于是所求面积为

$$A = \int_0^2 (x - x^2)\,dx = \left[x^2 - \frac{1}{3}x^3\right]_0^2 = \frac{4}{3}$$

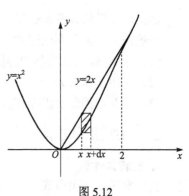

图 5.12

例 2 求椭圆 $\dfrac{x^2}{a^2}+\dfrac{y^2}{b^2}=1$ 围成的图形的面积.

解 由图形的对称性知,所求面积是第一象限面积的 4 倍. 选积分变量为 x,积分区间为 $[0,a]$ 对应于 $[0,a]$ 中的任一小区间 $[x,x+\mathrm{d}x]$ 窄条面积的近似值,即为面积微元

$$\mathrm{d}A=y\mathrm{d}x=\dfrac{b}{a}\sqrt{a^2-x^2}\mathrm{d}x$$

于是椭圆面积

$$A=4\int_0^a \dfrac{b}{a}\sqrt{a^2-x^2}\mathrm{d}x$$

用换元法求这个定积分,设

$$x=a\sin t,\mathrm{d}x=a\cos t\mathrm{d}t$$

当 $x=0$ 时 $t=0$, $x=a$ 时 $t=\dfrac{\pi}{2}$, 于是

$$A=4\int_0^a \dfrac{b}{a}\sqrt{a^2-x^2}\mathrm{d}x=\dfrac{4b}{a}\int_0^{\frac{\pi}{2}}a^2\cos^2 t\mathrm{d}t=4ab\times\dfrac{1}{2}\times\dfrac{\pi}{2}=\pi ab$$

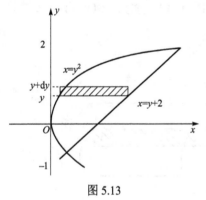

图 5.13

例 3 求由抛物线 $y^2=x$ 与直线 $y=x-2$ 所围成的图形面积.

解 方程组 $\begin{cases} y^2=x \\ y=x-2 \end{cases}$ 得交点 $(1,-1)$ 及 $(4,2)$,画草图如图 5.13 所示. 从而知道图形在 $y=-1$ 与 $y=2$ 之间取纵坐标 y 为积分变量,它的变动范围为 $[-1,2]$ 即积分区间为 $[-1,2]$,在 $[-1,2]$ 上任取一小区间 $[y,y+\mathrm{d}y]$,与它相应的小窄条面积近似于高为 $\mathrm{d}y$,底为 $(y+2)-y^2$ 的小矩形面积,从而得面积微元

$$\mathrm{d}A=[(y+2)-y^2]\mathrm{d}y$$

于是所求面积为

$$A=\int_{-1}^{2}[(y+2)-y^2]\mathrm{d}y=\left[\dfrac{1}{2}y^2+2y-\dfrac{1}{3}y^3\right]_{-1}^{2}=\dfrac{9}{2}$$

如果取 x 为积分变量计算较复杂,因此应恰当选择积分变量.

一般来说,求平面图形的面积的步骤为:

(1) 作草图,确定积分变量和积分区间.

(2) 求出面积微元;

(3) 计算定积分求出面积.

三、用定积分求体积

1. 旋转体体积

设一旋转体是由曲线 $y=f(x)$ 与直线 $x=a,x=b$ 及 x 轴所围成的曲边梯形绕 x 轴旋转而

成,现用微元法,求它的体积在区间$[a,b]$上任取对应于该小区间$[x,x+dx]$的小薄片的体积,近似于以$f(x)$为半径以dx为高的薄片的圆柱体积,从而得到体积元素为

$$dV = \pi[f(x)]^2 dx$$

从a到b积分得旋转体的体积(图5.14)

$$V = \pi \int_a^b f^2(x) dx \qquad (5.4.1)$$

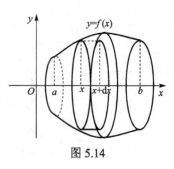

图5.14

类似地,若旋转体是由连续曲线$x=\phi(y)$与直线$y=c, y=d$及y轴所围成的图形绕y轴旋转而成,则体积为

$$V = \pi \int_c^d \phi^2(y) \qquad (5.4.2)$$

例4 求椭圆$\dfrac{x^2}{a^2}+\dfrac{y^2}{b^2}=1$绕$x$轴旋转而成的旋转体体积.

解 将椭圆方程化为$y^2 = \dfrac{b^2}{a^2}(a^2-x^2)$,因为绕$x$轴旋转取$x$为定积分变量,积分区间为$[-a,a]$,体积元素为$dV = \pi f^2(x)dy = \pi \dfrac{b^2}{a^2}(a^2-x^2)dx$,所求体积为

$$V = \frac{\pi b^2}{a^2}\int_{-a}^a (a^2-x^2)dx = \frac{2\pi b^2}{a^2}\int_0^a (a^2-x^2)dx = \frac{2\pi b^2}{a^2}\left[a^2 x - \frac{1}{3}x^3\right]_0^a = \frac{4}{3}\pi ab^2$$

当$a=b=R$时,得球体积$V=\dfrac{4}{3}\pi R^3$.

例5 试求过点$O(0,0)$及点$P(r,h)$的直线,$y=h$及y轴围成的直角三角形绕y轴旋转而成的圆锥体的体积.

解 过OP的直线方程为$y=\dfrac{h}{r}x$即$x=\dfrac{r}{h}y$,因为绕y轴旋转,所以取y为积分变量,积分区间为$[0,h]$,体积元素为$dV = \pi\left(\dfrac{r}{h}y\right)^2 dy$,于是圆锥体积为

$$V = \pi \int_0^h \left(\frac{r}{h}y\right)^2 dy = \frac{\pi r^2}{h^2}\left(\frac{1}{3}y^3\right)_0^h = \frac{1}{3}\pi r^2 h$$

2. 平行截面面积为已知的立体体积

如果一个立体不是旋转体,但却知道该立体上垂直于一定轴的各个截面的面积,那么这个立体的体积也可以用定积分计算.

取上述定轴为x轴,并设该立体在过点$x=a,x=b$且垂直于x轴的两个平面之间,以$A(x)$表示过点x且垂直于x轴的截面面积,$A(x)$为x的连续函数,取x为积分变量,它的变化区间为$[a,b]$.立体中相应于$[a,b]$上任一小区间$[x,x+dx]$的薄片的体积,近似于以底面积为$A(x)$,高为dx的扁柱体的体积,即体积元素

$$dV = A(x)dx$$

于是所求立体的体积

$$V = \int_a^b A(x)\,dx$$

例6 一平面经过半径为 R 的圆柱体的底面圆心,并与底面交成角 α,如图 5.15 所示,计算这个平面截圆柱所得立体的体积.

解 取这个平面与圆柱体底面的交线为 x 轴,底面上过圆心且垂直于 x 轴的直线为 y 轴,此时底圆的方程为 $x^2+y^2=R^2$,立体中过点 x 且垂直于 x 轴的截面为直角三角形,它的两条直角边的长度分别为 y 及 $y\tan\alpha$,即 $\sqrt{R^2-x^2}$ 及 $\sqrt{R^2-x^2}\tan\alpha$,于是截面面积

$$A(x) = \frac{1}{2}(R^2-x^2)\tan\alpha$$

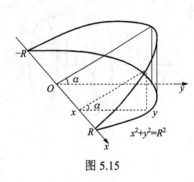

图 5.15

因此,所求立体体积为

$$V = \int_{-R}^{R} \frac{1}{2}(R^2-x^2)\tan\alpha\,dx = \frac{1}{2}\tan\alpha\left[R^2 x - \frac{x^3}{3}\right]_{-R}^{R} = \frac{2}{3}R^3\tan\alpha$$

课堂练习

1. 由下列已知曲线围成图形的面积:
(1) $y=x^2, x+y=2$;
(2) $y=0, y=1, y=\ln x, x=0$;
(3) $y=x^3, y=1, y=2, x=0$.

2. 平面图形由曲线 $y=2\sqrt{x}$ 与直线 $x=1$ 及 $y=0$ 围成,试求:
(1) 绕 x 轴旋转而成的旋转体体积;
(2) 绕 y 轴旋转而成的旋转体体积.

3. 一物体,其底面是半径为 R 的圆,用垂直于底圆某一直径的平面截该物体,截得的截面都是正方形,求该物体的体积.

习题 5-4

1. 求下列曲线围成的平面图形的面积:
(1) $y=x^3, y=2x$
(2) $y=\ln x, y=\ln 3, y=\ln 7, x=0$
(3) $y=x^2, y=(x-2)^2, y=0$
(4) $y^2=x, x^2+y^2=2$ ($x>0$)
(5) $y=\dfrac{1}{x}, y=x, y=2$

2. 求下列曲线所围成图形绕指定轴旋转而成的旋转体的体积.
(1) $y=x^2, y^2=x$ 绕 x 轴;
(2) $y=\cos x, x=0, x=\pi, y=0$ 绕 x 轴;
(3) $2x-y+4=0, x=0, y=6$ 绕 y 轴;
(4) $y=x^2-4, y=0$ 绕 y 轴;

（5） $x^2+(y-5)^2=16$ 绕 x 轴.

3. 计算底面半径为 R 的圆而垂直于底面上一条固定直径的所有截面都是等边三角形的立体体积.

4. 计算以半径为 R 的圆为底，以平行且等于该圆直径的直线为顶，高为 h 的正劈锥体的体积.

第五节　定积分在物理中的应用

一、变力所做的功

设物体在变力 $F=f(x)$ 的作用下，沿 x 轴从 a 移动到 b，且变力方向与 x 轴一致.

在区间 $[a,b]$ 上任取一小区间 $[x,x+dx]$，当物体从 x 移动到 $x+dx$ 时，变力所做的功近似于把变力 $F=f(x)$ 看作常力所做的功，从而功元素为 $dW=f(x)dx$，因此，从 $x=a$ 到 $x=b$ 变力所做的功为

$$W=\int_a^b f(x)\,dx$$

例 1　在弹性限度内螺旋弹簧受压时，其长度改变与所受外力成正比例. 已知弹簧被压缩 0.5 cm 时，需力 9.8 N. 当弹簧被压缩 3 cm 时，试求（压）力所做的功.

解　设所用（压）力为 $F=f(x)$（以 N 为单位），弹簧压缩 x（以 m 为单位），则 $f(x)=kx$（k 为比例系数），因为 $x=0.005$ m 时，$F=9.8$ N，所以 $k=1\,960$ N/m，变力函数为 $f(x)=1\,960x$，取 x 为积分变量积分，区间为 $[0,0.03]$，功元素为 $dW=1\,960x\,dx$，在 $[0,0.03]$ 上积分，便得所求的功（以 J 为单位）为

$$W=\int_0^{0.03}1\,960x\,dx=980[x^2]_0^{0.03}=0.882$$

例 2　修建一座大桥的桥墩时要先下围图，并且抽尽其中的水以便施工. 已知围图的直径为 20 m，水深 27 m，围图高出水面 3 m，求抽尽水所做的功.

解　如图 5.16 建立直角坐标系

① 取定积分变量为 x，积分区间为 $[3,30]$.

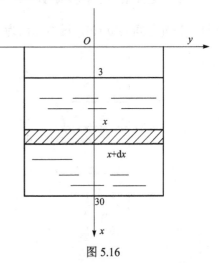

图 5.16

② 在区间 $[3,30]$ 上任取一小区间 $[x,x+dx]$ 与它对应薄层水的质量为 $\rho g\pi 10^2 dx$，其中水的密度 $\rho=1\times10^3$ kg/m^3，重力加速度 $g=9.8$ m/s^2. 因这一薄层水抽出，围图所做的功近似于克服这一薄层水质量所做的功，所以功元素为 $dW=9.8\times10^5\pi x\,dx$.

③ 在 $[3,30]$ 上积分得所做的功（以 J 为单位）为

$$W=\int_3^{30}9.8\times10^5\pi x\,dx=9.8\times10^5\pi\left[\frac{1}{2}x^2\right]_3^{30}\approx1.37\times10^9$$

二、液体的压力

由物理学知，在水深为 h 处的压强 $p = \rho g h$，这里 ρ 是水的密度，如果以面积为 A 的平板水平放在水深为 h 处，那么平板一侧所受的水压力为 $F = \rho g h A$，如果平板铅直放置在水中，那么，由于水深不同的点处压强 p 不等，平板一侧的压力就不能用上述方法计算．下面我们说明它的计算方法．

设薄片的形状是曲边梯形，为设计方便，一般取液面为 y 轴，向下的方向为 x 轴，此时曲线方程为 $y = f(x)$，取深度 x 为积分变量，积分区间为 $[a,b]$，如图 5.17 所示．

在 $[a,b]$ 上任取一小区间 $[x, x+dx]$，与它对应的小窄条薄片的面积近似于 $f(x)dx$，小条上各点处距液面的深度近似为 x，即把垂直放置的小条薄片近似地看作水平放置在水深 x 处，因此，小条薄片一侧所受的压力的近似值即压力元素，为

$$dF = \rho g x f(x) dx$$

在 $[a,b]$ 上积分，即得压力为

$$F = \int_a^b \rho g x f(x) \, dx = \rho g \int_a^b x f(x) \, dx$$

例 3 一水库的水闸为直角梯形，上底为 6 m，下底为 2 m，高为 10 m，求当水面与上底面相齐时水闸所受的压力．

解 建立直角坐标系如图 5.18 所示．直线 AB 的方程为 $y = -\dfrac{2}{5}x + 6$，取水深 x 为积分变量，积分区间为 $[0,10]$，压力元素为

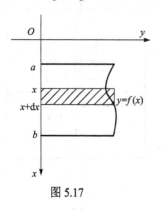

图 5.17

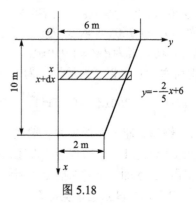

图 5.18

$$dF = \rho g x y dx = 9.8 \times 10^3 x \left(-\frac{2}{5}x + 6 \right) dx$$

在 $[0,10]$ 上积分，求得水压力（以 N 为单位）为

$$F = \int_0^{10} 9.8 \times 10 x \left(-\frac{2}{5}x + 6 \right) dx$$

$$= 9.8 \times 10^3 \times \left[-\frac{2}{15}x^3 + 3x^2 \right]_0^{10}$$

$$\approx 16.33 \times 10^5$$

例 4 设一水平放置的水管，其断面是直径为 6 m 的圆，求当水半满时，水管一端的竖立闸门上所受的（压）力。

解 建立直角坐标系如图 5.19 所示，圆的方程为 $x^2 + y^2 = 9$，取 x 为积分变量，积分区间为 $[0,3]$，压力元素为

$$dF = \rho g s 2 y dx = 9.8 \times 10^3 \times 2x\sqrt{9-x^2}dx$$

在 $[0,3]$ 上积分，求得水的压力（以 N 为单位）为

$$F = \int_0^3 19.6 \times 10^3 x\sqrt{9-x^2}dx$$
$$= 19.6 \times 10^3 \int_0^{10} -\frac{1}{2}\sqrt{9-x^2}d(9-x^2)$$
$$= -9.8 \times 10^3 \times \frac{2}{3}\left[(9-x^2)^{\frac{3}{2}}\right]_0^3 \approx 1.76 \times 10^5 \text{ (N)}$$

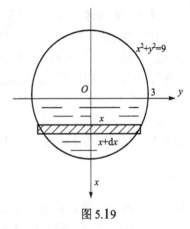

图 5.19

课堂练习

1. 已知 1 N 的力能使某弹簧拉长 1 cm，求使弹簧拉长 5 cm 拉力所做的功.
2. 设有一直径为 8 m 的半球形水池盛满水，若将池中的水抽干，至少需要做多少功？
3. 设有一等腰三角形闸门，垂直置于水中，底边与水面相齐，已知闸门底边长为 a（单位 m）高为 h（单位 m）试求闸门一侧所受的水压力.
4. 某下水道的横截面是直径为 3 m 的圆，水平铺设，下水道内水深 1.5 m，求与下水道垂直的闸门所受的压力.

习题 5-5

1. 半径为 2 m 的圆柱形水桶充满了水，现要从桶中把水吸出. 使水面降低 5 m，需做多少功？
2. 设把一金属杆的长度从 a 拉长到 $a+h$ 时，所需的力等于 $\dfrac{k}{a}h$（k 为常量），试求将金属杆由长度 a 拉长到 b 时所做的功.
3. 半径为 r 的半球形水池中充满水，把水完全吸净，需做多少功？
4. 有一等腰梯形的闸门，它的两条底边分别长 10 m 和 6 m，高为 20 m. 较长的底边与水面相齐，试求闸门一侧所受的压力.
5. 一块底边为 4 m，高为 3 m 的等腰三角形平板，铅直地置于水中，底边在上，平行于水面，位于水面下 1 m，求该平板的一侧受到的水的压力.

第六节 广义积分

前面我们定义定积分时有两个条件：(1) 积分区间为有限区间；(2) 被积函数在积分区间上有界. 但在实际问题中往往有不满足上述条件的情形，这就需要突破这两个限制，因此有必要把定积分的概念从这两个方面加以推广，从而形成广义积分. 相应地，前面讨论的积分叫常义积分.

一、无穷区间上的广义积分

例1 求曲线 $y=x^{-2}$，x 轴及直线 $x=1$ 右边所围成的"开口曲边梯形"的面积.

解 因为这个图形不是封闭图形，在 x 正方向是开口的，这时积分区间是无限区间 $[1,+\infty)$，故不能用前面的定积分计算它的面积. 为了借助常义积分计算它的面积，任取一个大于 1 的数 b，在区间 $[1,b]$ 由曲线 $y=x^{-2}$ 围成的曲边梯形的面积为

$$\int_1^b x^{-2} dx = [-x^{-1}]_1^b = 1 - \frac{1}{b}$$

显然 b 改变时，曲边梯形的面积也随之改变，且随着 b 趋于无穷大而趋于一个确定的极限，即

$$\lim_{b \to +\infty} \int_1^b x^{-2} dx = \lim_{b \to +\infty} \left(1 - \frac{1}{b}\right) = 1$$

这个极限就是"开口曲边"梯形的面积.

一般地，对于积分区间是无穷的给出下面的定义：

定义1 设函数 $f(x)$ 在 $[a,+\infty)$ 上连续，取 $b>a$，我们把极限 $\lim\limits_{b \to +\infty} \int_a^b f(x) dx$ 叫做 $f(x)$ 在 $[a,+\infty)$ 上的广义积分，记作 $\int_a^{+\infty} f(x) dx$ 即 $\int_a^{+\infty} f(x) dx = \lim\limits_{b \to +\infty} \int_a^b f(x) dx$. 若极限存在，则称广义积分 $\int_a^{+\infty} f(x) dx$ 收敛，若极限不存在，则称广义积分 $\int_a^{+\infty} f(x) dx$ 发散. 类似地，可定义 $f(x)$ 在 $(-\infty,b)$ 上的广义积分为 $\int_{-\infty}^b f(x) dx = \lim\limits_{a \to -\infty} \int_a^b f(x) dx$，$f(x)$ 在 $(-\infty,+\infty)$ 上的广义积分为

$$\int_{-\infty}^{+\infty} f(x) dx = \int_{-\infty}^c f(x) dx + \int_c^{+\infty} f(x) dx$$

其中 c 为任意实数，当右端广义积分都收敛时，广义积分 $\int_{-\infty}^{+\infty} f(x) dx$ 才收敛，否则是发散.

在实际运算过程中为书写简便，常常省去极限的记号，而形式把 ∞ 当成一个"数". 直接利用牛顿—莱布尼兹公式的计算格式

$$\int_a^{+\infty} f(x) dx = F(x) \Big|_a^{+\infty} = F(+\infty) - F(a)$$

$$\int_{-\infty}^b f(x) dx = F(x) \Big|_{-\infty}^b = F(b) - F(-\infty)$$

$$\int_{-\infty}^{+\infty} f(x) dx = F(x) \Big|_{-\infty}^{+\infty} = F(+\infty) - F(-\infty)$$

其中 $F(x)$ 为 $f(x)$ 的原函数，记号 $F(\pm\infty)$ 应理解为极限运算，即 $F(\pm\infty) = \lim\limits_{x \to \pm\infty} F(x)$.

例2 求 $\int_0^{+\infty} e^{-x} dx$.

解 $\int_0^{+\infty} e^{-x} dx = \left[-e^{-x}\right]_0^{+\infty} = 1$

例3 讨论 $\int_2^{+\infty} \frac{dx}{x \ln x}$ 的敛散性.

解 $\int_2^{+\infty} \frac{dx}{x \ln x} = \int_2^{+\infty} \frac{1}{\ln x} d(\ln x) = \ln|\ln x| \Big|_2^{+\infty} = \ln[\ln(+\infty)] - \ln(\ln 2) = +\infty$，所以 $\int_2^{+\infty} \frac{dx}{x \ln x}$

发散.

例 4 计算：

（1）$\int_{-\infty}^{+\infty} \dfrac{dx}{1+x^2}$ （2）$\int_0^{+\infty} t e^{-t} dt$

解 （1）$\int_{-\infty}^{+\infty} \dfrac{dx}{1+x^2} = \arctan x \Big|_{-\infty}^{+\infty} = \dfrac{\pi}{2} - \left(-\dfrac{\pi}{2}\right) = \pi$

（2）$\int_0^{+\infty} t e^{-t} dt = -\int_0^{+\infty} t\, de^{-t} = -t e^{-t}\Big|_0^{+\infty} + \int_0^{+\infty} e^{-t} dt = \int_0^{+\infty} e^{-t} dt = -e^{-t}\Big|_0^{+\infty} = 1$，其中 te^{-t} 用 $+\infty$ 代入，计算极限 $\lim\limits_{t \to +\infty} \dfrac{t}{e^t} = \lim\limits_{t \to +\infty} \dfrac{1}{e^t} = 0$.

二、被积函数有无穷间断点的广义积分

定义 2 设 $f(x)$ 在 $(a,b]$ 上连续，且 $\lim\limits_{x \to a^+} f(x) = \infty$，取 $\xi > 0$，称极限 $\lim\limits_{\xi \to 0^+} \int_{a+\xi}^b f(x) dx$ 为 $f(x)$ 在 $(a,b]$ 上的广义积分，记作 $\int_a^b f(x) dx$ 即 $\int_a^b f(x) dx = \lim\limits_{\xi \to 0^+} \int_{a+\xi}^b f(x) dx$.

若该极限存在称广义积分 $\int_a^b f(x) dx$ 收敛，若该极限不存在称广义积分 $\int_a^b f(x) dx$ 发散.类似地，当 $x=b$ 为 $f(x)$ 的无穷间断点时，即 $\lim\limits_{x \to b^-} f(x) = \infty$，$f(x)$ 在 $[a,b)$ 上的广义积分定义为取 $\xi > 0$

$$\int_a^b f(x) dx = \lim_{\xi \to 0^+} \int_a^{b-\xi} f(x) dx$$

当无穷间断点 $x=c$ 位于区间 $[a,b]$ 内部时，则定义广义积分 $\int_a^b f(x) dx$ 为

$$\int_a^b f(x) dx = \int_a^c f(x) dx + \int_c^b f(x) dx$$

上式右端两个积分均为广义积分，只有当这两个积分都收敛时才称 $\int_a^b f(x) dx$ 是收敛的，否则称 $\int_a^b f(x) dx$ 是发散的.

上述的无界函数的广义积分也叫做瑕积分.

例 5 计算：（1）$\int_0^a \dfrac{dx}{\sqrt{a^2-x^2}}$ （$a>0$）； （2）$\int_0^1 \ln x\, dx$.

解（1）$x=a$ 为被积函数的无穷间断点又叫瑕点，于是

$$\int_0^a \dfrac{dx}{\sqrt{a^2-x^2}} = \lim_{\xi \to 0^+} \int_0^{a-\xi} \dfrac{dx}{\sqrt{a^2-x^2}} = \lim_{\xi \to 0^+} \arcsin \dfrac{x}{a} \Big|_0^{a-\xi} = \lim_{\xi \to 0^+} \arcsin \dfrac{a-\xi}{a} = \dfrac{\pi}{2}$$

（2）积分的下限 $x=0$ 为被积函数的瑕点，于是

$$\int_0^1 \ln x\, dx = \lim_{\xi \to 0^+} \int_\xi^1 \ln x\, dx = \lim_{\xi \to 0^+} \left(x \ln x \Big|_\xi^1 - \int_\xi^1 dx \right) = \lim_{\xi \to 0^+} (-\xi \ln \xi - 1 + \xi) = -1$$

注：$\lim\limits_{\xi\to 0^+}\xi\ln\xi = \lim\limits_{\xi\to 0^+}\dfrac{\ln\xi}{\dfrac{1}{\xi}} = \lim\limits_{\xi\to 0^+}\dfrac{\dfrac{1}{\xi}}{-\dfrac{1}{\xi^2}} = 0$.

例 6 讨论 $\int_0^1 \dfrac{\mathrm{d}x}{x^q}$ 的收敛性.

解 $x=0$ 是被积函数的瑕点.

(1) 当 $q<1$ 时

$$\int_0^1 \dfrac{\mathrm{d}x}{x^q} = \dfrac{1}{1-q}\lim\limits_{\xi\to 0^+}\left(x^{1-q}\Big|_\xi^1\right) = \dfrac{1}{1-q}\lim\limits_{\xi\to 0^+}(1-\xi^{1-q}) = \dfrac{1}{1-q} \quad \text{（收敛）}$$

(2) 当 $q>1$ 时

$$\int_0^1 \dfrac{\mathrm{d}x}{x^q} = \dfrac{1}{1-q}\lim\limits_{\xi\to 0^+}\left(x^{1-q}\Big|_\xi^1\right) = \dfrac{1}{1-q}\left(1-\lim\limits_{\xi\to 0^+}\xi^{1-q}\right) = \infty \quad \text{（发散）}$$

(3) 当 $q=1$ 时

$$\int_0^1 \dfrac{\mathrm{d}x}{x^q} = \int_0^1 \dfrac{\mathrm{d}x}{x} = \lim\limits_{\xi\to 0^+}\int_\xi^1 \dfrac{\mathrm{d}x}{x} = \lim\limits_{\xi\to 0^+}(\ln|x|)\Big|_\xi^1 = \infty \quad \text{（发散）}$$

故 $\int_0^1 \dfrac{\mathrm{d}x}{x^q}$ 当 $q<1$ 时收敛于 $\dfrac{1}{1-q}$，当 $q\geqslant 1$ 时发散.

课堂练习

讨论下列广义积分的敛散性，若收敛求出其值：

(1) $\int_1^{+\infty} \dfrac{1}{x^2}\mathrm{d}x$

(2) $\int_0^{+\infty} x\mathrm{e}^{-x^2}\mathrm{d}x$

(3) $\int_{-\infty}^{+\infty} \dfrac{2x+3}{x^2+2x+2}\mathrm{d}x$

(4) $\int_5^{+\infty} \dfrac{1}{x(x+15)}\mathrm{d}x$

(5) $\int_0^{+\infty} \sin\mathrm{d}x$

(6) $\int_0^2 \dfrac{1}{(1-x)^2}\mathrm{d}x$

习题 5-6

下列广义积分是否收敛，若收敛求出其值：

(1) $\int_1^{+\infty} \dfrac{1}{x^3}\mathrm{d}x$

(2) $\int_1^{+\infty} \dfrac{1}{\sqrt{x}}\mathrm{d}x$

(3) $\int_0^{+\infty} \mathrm{e}^{-ax}\mathrm{d}x$

(4) $\int_e^{+\infty} \dfrac{1}{x\ln x}\mathrm{d}x$

(5) $\int_{-\infty}^0 \dfrac{x}{1+x^2}\mathrm{d}x$

(6) $\int_0^1 \dfrac{x}{\sqrt{1-x^2}}\mathrm{d}x$

(7) $\int_1^2 \dfrac{x}{\sqrt{x-1}}\mathrm{d}x$

(8) $\int_0^2 \dfrac{1}{x^2-4x+3}\mathrm{d}x$

第六章 多元函数微分学

第一节 空间解析几何简介

一、空间直角坐标系

在空间内取一定点 O，过 O 点作三条具有相同的长度单位，且两两互相垂直的数轴 x 轴、y 轴和 z 轴，这样就建成了空间直角坐标系 $Oxyz$。三个数轴 x 轴、y 轴和 z 轴分别称为横轴、纵轴和竖轴，统称为坐标轴。规定三个坐标轴符合右手法则，即以右手握住，当右手的四个手指从 x 轴的正向转 $\frac{\pi}{2}$ 角度到 y 轴正向时，大拇指的指向是 z 轴的正向，如图 6.1 所示。

由任意两条坐标轴所确定的平面称为坐标平面。由 x 轴和 y 轴、y 轴和 z 轴、z 轴和 x 轴所确定的坐标平面分别叫做 xOy 面、yOz 面和 zOx 面。

三个坐标平面将空间分成了八个部分，每一个部分称为一个卦限。由 x 轴、y 轴和 z 轴的正向所围成的空间叫做第一卦限，xOy 面上方的其余三个卦限按逆时针方向依次叫做第二、三、四卦限。第一卦限下方的叫做第五卦限，xOy 面下方其余三个卦限也按逆时针方向依次叫做第六、七、八卦限，如图 6.2 所示。

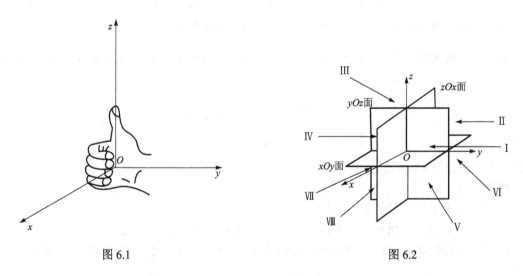

图 6.1　　　　　　　图 6.2

设 M 是空间一点，过点 M 分别作与三条坐标轴垂直的平面，分别交 x 轴、y 轴和 z 轴于点 P，Q，R。设点 P，Q，R 在三个坐标轴上的坐标依次为 x,y,z，于是点 M 唯一地确定有序数组 x,y,z，反之给定数组 x,y,z 唯一确定点 M，可见点 M 与有序数组 x,y,z 之间存在着一一对应的关系。有序数组 x，y，z 叫做点 M 的坐标，分别叫做横坐标、纵坐标和竖坐标，点 M 又记作 $M(x,y,z)$。由点的坐标可确定其所在卦限。

根据点的坐标很容易确定点在空间的位置.

例1 指出下列点所在的位置.

$(-1,2,-4)$, $\left(\sqrt{2},-\dfrac{2}{3},-4\right)$, $(-5,-3,7)$, $(0,3,-1)$, $(-2,0,0)$.

解 $(-1,2,-4)$ 在第六卦限, $\left(\sqrt{2},-\dfrac{2}{3},-4\right)$ 在第八卦限, $(-5,-3,7)$ 在第三卦限, $(0,3,-1)$ 在 yOz 面上, $(-2,0,0)$ 在 x 轴上.

空间点的坐标在每个卦限中具有如表 6.1 所示的特点.

表 6.1

卦限	一			二			三			四			五			六			七			八		
坐标	x	y	z	x	y	z	x	y	z	x	y	z	x	y	z	x	y	z	x	y	z	x	y	z
符号	+	+	+	−	+	+	−	−	+	+	−	+	+	+	−	−	+	−	−	−	−	+	−	−

二、空间两点间的距离公式

设空间两点 $M_1(x_1,y_1,z_1)$，$M_2(x_2,y_2,z_2)$，它们之间的距离就是以它们为顶点（不在同一平面内）长方体的对角线的长度. 该长方体的三个棱长分别为 $|x_2-x_1|$，$|y_2-y_1|$ 和 $|z_2-z_1|$，于是有

$$|M_1M_2| = \sqrt{(x_2-x_1)^2+(y_2-y_1)^2+(z_2-z_1)^2} \tag{6.1.1}$$

例2 求 y 轴上与 $A(1,-3,7)$ 和 $B(5,7,-5)$ 等距离的点.

解 因为所求的点在 y 轴上，故可设它的坐标为 $M(0,y,0)$，依题意有 $|MA|=|MB|$，即有

$$\sqrt{(1-0)^2+(-3-y)^2+(7-0)^2} = \sqrt{(5-0)^2+(7-y)^2+(-5-0)^2}$$

解得 $y=2$

因此，所求的点为 $M(0,2,0)$.

课堂练习

1. 指出下列点所在的位置.

$A(-1,-3,-5)$，$B(9,-7,5)$，$C(3,-2,-2)$，$D(-\sqrt{3},0,-2)$.

2. 证明以点 $A(4,1,9)$，$B(10,-1,6)$ 和 $C(2,4,3)$ 为顶点的三角形为等腰直角三角形.

三、平面方程

1. 平面方程

任何一个空间曲面都可看成动点按一定规律移动的轨迹.

例如，xOy 面可看成动点 $M(x,y,z)$ 在 x 轴和 y 轴所确定的平面上移动生成的轨迹. 其特

点是在这个平面上所有点的第三个坐标都为 0. 从而，方程 $z=0$ 就代表了 xOy 面.

2. 曲面的方程

如果曲面 S 与三元方程 $F(x,y,z)=0$ 有如下关系：

（1）曲面 S 上任意一点的坐标都满足方程 $F(x,y,z)=0$；

（2）不在曲面上的点都不满足方程 $F(x,y,z)=0$.

那么，称方程 $F(x,y,z)=0$ 是曲面 S 的方程，而曲面 S 就称为方程 $F(x,y,z)=0$ 的图形. 平面是最简单曲面. 平面的一般方程是三元一次方程 $Ax+By+Cz+D=0$.

例如，xOy 面的方程就是 $z=0$. $z=k$（k 为常数）代表了平行 xOy 面的平面，它与 xOy 面的距离为 $|k|$. 其他的坐标面以及平行坐标面的平面同理可得.

方程 $x+y=1$ 在平面解析几何中代表一条直线，在空间解析几何中代表了一个平行于 z 轴的平面，它与 xOy 面的交线就是平面解析几何中的那条直线. 也可看成 xOy 面上的那条直线延着平行 z 轴的方向拉起形成的平面（见图 6.3）.

方程 $\frac{x}{2}+\frac{y}{3}+3z=1$ 代表的平面与三个坐标轴的交点分别为 $(2,0,0)$，$(0,3,0)$ 和 $(0,0,1)$. 这种方程叫做平面的截距式方程，2，3，1 分别是平面在三个轴上的截距.

方程 $x-\frac{y}{4}+3z=0$ 是通过原点的一个平面.

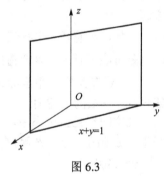

图 6.3

例 3 设有点 $A(1,2,3)$ 和 $B(2,-1,4)$，求线段 AB 的垂直平分面方程.

解 依题意，所求垂直平分面就是与 A 和 B 等距的点轨迹，设 $M(x,y,z)$ 为该平面上任意一点，由于

$$|AM|=|BM|$$

所以

$$\sqrt{(x-1)^2+(y-2)^2+(z-3)^2}=\sqrt{(x-2)^2+(y+1)^2+(z-4)^2}$$

等式两边平方，化简得

$$2x-6y+2z-7=0$$

这就是所求的平分面的方程.

课堂练习

（1）写出与 yOz 面平行且距离为 2 的平面方程；

（2）写出过三点 $(2,0,0)$，$(0,-1,0)$ $(0,0,3)$ 的平面方程.

四、空间曲面

1. 球面

动点 $M(x,y,z)$ 到一定点 $M_0(x_0,y_0,z_0)$ 的距离恒等于常数 R，则这动点的轨迹是一个以 $M_0(x_0,y_0,z_0)$ 为中心，以常数 R 为半径的球面.

因为

$$|MM_0|=R$$

所以
$$\sqrt{(x-x_0)^2+(y-y_0)^2+(z-z_0)^2}=R$$
即
$$(x-x_0)^2+(y-y_0)^2+(z-z_0)^2=R^2 \tag{6.1.2}$$
为所求的球面方程.

例 4 方程 $x^2+y^2+z^2-2x+4y=0$ 表示怎样的曲面?

解 经过配方,原方程可以写成
$$(x-1)^2+(y+2)^2+z^2=5$$
可知这方程表示球心在点 $(1,-2,0)$ 处,半径为 $\sqrt{5}$ 的球面.

课堂练习

写出球心在点 $(-2,0,3)$ 处,半径为 $\sqrt{3}$ 的球面方程.

2. 柱面

一动直线 l 平行于 z 轴,沿着 xOy 面上的曲线 C 平行移动,所生成的曲面叫做母线平行 z 轴的柱面. 动直线 l 叫做母线,曲线 C 称为准线,其方程就是准线 C 在平面直角坐标系中的方程.

例如,动直线 l 平行于 z 轴,沿着 xOy 面上的圆 $x^2+y^2=R^2$ 平行移动一周,所生成的曲面就是母线平行于 z 轴的圆柱面,这个圆柱面的方程就是 $x^2+y^2=R^2$.

$y=x^2$ 在空间直角坐标系中表示母线平行于 z 轴的抛物柱面;同理,$y^2+z^2=R^2$ 表示母线平行于 x 轴的圆柱面.

在空间直角坐标系中,方程 $F(x,y)=0$ 表示母线平行 z 轴的柱面;方程 $G(y,z)=0$ 表示母线平行 x 轴的柱面;方程 $H(x,z)=0$ 表示母线平行 y 轴的柱面.

课堂练习

画出下列方程所代表的曲面的图形:

(1) $x=y^2$ (2) $z=y^2+1$ (3) $\dfrac{x^2}{9}+\dfrac{y^2}{4}=1$

3. 旋转曲面

一条曲线 C 绕一定直线旋转所形成的曲面,称为旋转曲面. 曲线 C 叫做旋转曲面的母线,定直线叫做旋转轴. 我们主要讨论母线在坐标面上的平面曲线,旋转轴是该坐标面上的一条坐标轴的旋转曲面.

设旋转曲面是 yOz 面上平面曲线 C,其方程为
$$\begin{cases} f(y,z)=0 \\ x=0 \end{cases}$$
当曲线 C 绕 z 轴旋转一周,所形成的旋转曲面的方程为
$$f\left(\pm\sqrt{x^2+y^2},z\right)=0 \tag{6.1.3}$$
类似地,曲线 C 绕 y 轴旋转所生成的旋转曲面的方程为
$$f\left(y,\pm\sqrt{x^2+z^2}\right)=0 \tag{6.1.4}$$
其他坐标面上的曲线绕该坐标面上的一条坐标轴旋转所生成的旋转曲面的方程,也可用类似

的方法得到.

例 5 将 yOz 面上的抛物线 $z = y^2$ 绕 z 轴旋转,求所生成的旋转曲面方程.

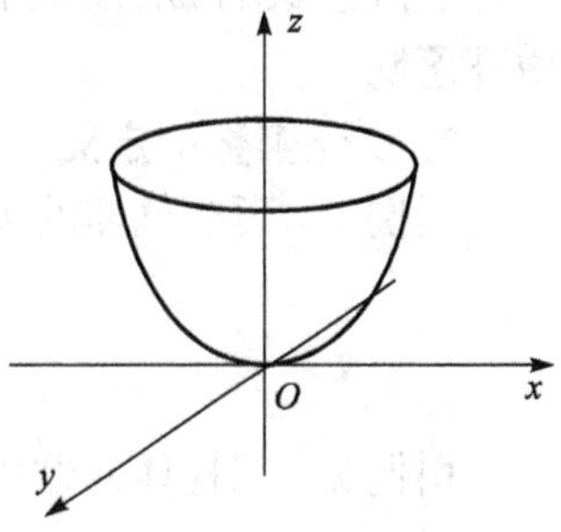

解 绕 z 轴旋转而成的旋转曲面方程为
$$z = \left(\pm\sqrt{x^2+y^2}\right)^2$$
即
$$z = x^2 + y^2$$
称为旋转抛物面（图 6.4）.

图 6.4

课堂练习

将 yOz 面上的椭圆 $\dfrac{x^2}{a^2} + \dfrac{y^2}{b^2} = 1$ 分别绕 z 轴和 y 轴旋转,求所生成的旋转曲面的方程.

习题 6-1

1. 指出下列点所在的卦限：

（1）(2, -1, 4)   （2）$\left(\dfrac{2}{3}, -3, -5\right)$

（3）(-2, 1, -1)   （4）(-6, -2, 1)

2. 已知三角形的三个顶点是 $A(3, 2, 0)$, $B(-1, -1, 0)$ 和 $C(11, -6, 0)$,求三角形的周长.

3. 写出与 yOz 面平行且距离为 6 的平面方程.

4. 指出下列方程在平面解析几何和空间解析几何中分别表示什么图形.

（1）$x = 0$ （2）$x^2 + y^2 = 2$

（3）$y = 3x$ （4）$y^2 = 2px$

5. 画出下列方程所表示曲面的图形：

（1）$y = x^2$ （2）$x + z = 1$

（3）$x^2 + y^2 + z^2 - 2y = 0$ （4）$z = x^2 + y^2$

第二节 二元函数的概念、极限和连续性

一、二元函数的概念

1. 邻域、区域

邻域：设 $P_0(x_0, y_0)$ 是平面上一点,δ 是一个正数,平面点集 $\{(x, y) \mid (x-x_0)^2 + (y-y_0)^2 < \delta^2\}$ 叫做点 $P_0(x_0, y_0)$ 的 δ 邻域,记作 $U(P_0, \delta)$.

区域：由平面上一条或几条曲线所围成的平面上的一部分叫做**区域**. 区域通常用 D 表

示，围成区域的曲线叫做区域的**边界**. 包含边界在内的区域叫做**闭区域**，不含边界的区域叫做开区域.

2. 二元函数的定义

引例 1 理想气体的体积 V 与温度 T 成正比，而与压强 p 成反比，它们之间的关系是

$$V = \frac{kT}{p} \quad （k 为常数）$$

引例 2 圆柱体的体积 V 和它的底半径 R，高 h 之间的关系是

$$V = \pi R^2 h \quad (R>0, h>0)$$

引例 3 设 R 是电阻 R_1，R_2 并联后的总电阻，由物理学可知它们之间的关系是

$$R = \frac{R_1 R_2}{R_1 + R_2} \quad (R_1 > 0, R_2 > 0)$$

定义 设 D 是 xOy 面上的一个点集，如果对于 D 中的每一个点 $P(x,y)$，变量 z 按照某一确定的法则 f，总有唯一确定的值和它对应，则 z 叫做变量 x，y 的**二元函数**，记作

$$z = f(x,y) \quad 或 \quad z = f(P)$$

点集 D 叫做函数的**定义域**，x，y 叫做**自变量**，z 叫做**因变量**，函数值 z 的全体叫做函数的**值域**.

类似地可定义三元函数 $U = (x,y,z)$ 及三元以上的函数. 二元和二元以上的函数统称为**多元函数**.

3. 二元函数的值与定义域

例 1 设 $f(x,y) = \dfrac{x^2 - y^2}{2xy}$，求 $f(2,1)$，$f\left(\dfrac{1}{x}, \dfrac{1}{y}\right)$.

解 $f(2,1) = \dfrac{2^2 - 1^2}{2 \times 2 \times 1} = \dfrac{3}{4}$，$f\left(\dfrac{1}{x}, \dfrac{1}{y}\right) = \dfrac{\left(\dfrac{1}{x}\right)^2 - \left(\dfrac{1}{y}\right)^2}{2\left(\dfrac{1}{x}\right)\left(\dfrac{1}{y}\right)} = \dfrac{y^2 - x^2}{2xy}$

例 2 求函数 $z = 2x + \sqrt{1 - x^2 - y^2}$ 的定义域.

解 定义域 $D = \{(x,y) | x^2 + y^2 \leq 1\}$

课堂练习

（1）求函数 $z = \dfrac{\ln(x+y)}{\sqrt{x}}$ 的定义域及在点 $(1,3)$ 处的值；

（2）求函数 $z = \arcsin(x+y)$ 的定义域及在点 $\left(0, \dfrac{1}{2}\right)$ 处的值.

4. 二元函数的几何意义

点集 $\{(x,y,z) | z = f(x,y) \ (x,y) \in D\}$ 是二元函数 $z = f(x,y)$ 的图形，一般它是一个空间曲面. 定义域 D 是它在 xOy 面上的投影（图 6.5）.

例如 $z=\sqrt{4-x^2-y^2}$ 的图形是上半球面. $z=x^2+y^2$ 的图形是旋转抛物面.

二、二元函数的极限

定义 设 $z=f(x,y)$ 在点 $P_0(x_0,y_0)$ 的某邻域内有定义（在点 $P_0(x_0,y_0)$ 处可以没有定义），$P(x,y)$ 为该邻域内任意一点，如果当点 $P(x,y)$ 沿任意路径趋向于 $P_0(x_0,y_0)$ 时，$f(x,y)$ 趋向于一个确定的常数 A，则常数 A 叫做函数 $f(x,y)$ 当 $x\to x_0$，$y\to y_0$ 的极限，记作

$$\lim_{\substack{x\to x_0\\y\to y_0}}f(x,y)=A \quad 或 \quad 记作 \lim_{P\to P_0}f(P)=A$$

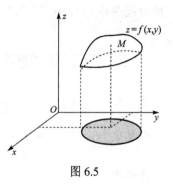

图 6.5

也可记作 $\lim\limits_{(x,y)\to(x_0,y_0)}f(x,y)=A$ 或 当 $x\to x_0$，$y\to y_0$ 时 $f(x,y)\to A$.

例 5 求极限 $\lim\limits_{\substack{x\to 0\\y\to 0}}\dfrac{\sin(xy)}{x}$.

解 $\lim\limits_{\substack{x\to 0\\y\to 0}}\dfrac{\sin(xy)}{x}=\lim\limits_{\substack{x\to 0\\y\to 0}}\dfrac{\sin(xy)}{xy}y=1\times 0=0$

例 6 求 $\lim\limits_{\substack{x\to\frac{\pi}{4}\\y\to\frac{\pi}{4}}}\dfrac{\sin(x^2+y^2)}{x^2+y^2}$.

解 $\lim\limits_{\substack{x\to\frac{\pi}{4}\\y\to\frac{\pi}{4}}}\dfrac{\sin(x^2+y^2)}{x^2+y^2}=\dfrac{8}{\pi^2}\sin\dfrac{\pi^2}{8}$

注：沿不同路径取极限时，函数 $f(x,y)$ 趋向不同的值，则在点 $P_0(x_0,y_0)$ 处函数 $f(x,y)$ 无极限.

例 7 设 $f(x,y)=\begin{cases}\dfrac{xy}{x^2+y^2}, & x^2+y^2\neq 0\\ 0, & x=y=0\end{cases}$

讨论极限 $\lim\limits_{\substack{x\to 0\\y\to 0}}f(x,y)$ 是否存在？

解 当动点 $P(x,y)$ 沿 x 轴趋向 $O(0,0)$ 时

$$\lim_{\substack{x\to 0\\y\to 0}}\dfrac{xy}{x^2+y^2}=\lim_{x\to 0}\dfrac{x\times 0}{x^2+0^2}=0$$

当动点 $P(x,y)$ 沿直线 $y=x$ 趋向 $O(0,0)$ 时

$$\lim_{\substack{x\to 0\\y\to 0}}\dfrac{xy}{x^2+y^2}=\lim_{x\to 0}\dfrac{x\times x}{x^2+x^2}=\dfrac{1}{2}$$

所以极限 $\lim\limits_{\substack{x\to 0\\ y\to 0}} f(x,y)$ 不存在.

三、二元函数的连续性

定义 设函数 $z = f(x,y)$ 在点 $P_0(x_0, y_0)$ 的某邻域内有定义.

如果 $\lim\limits_{\substack{x\to x_0\\ y\to y_0}} f(x,y) = f(x_0, y_0)$，则称函数 $z = f(x,y)$ 在点 $P_0(x_0, y_0)$ 处**连续**，点 $P_0(x_0, y_0)$ 称为**连续点**.

如果 $z = f(x,y)$ 在平面区域 D 内每一点都连续，称 $z = f(x,y)$ 在 D 内连续，D 叫做 $z = f(x,y)$ 连续（区）域.

二元初等函数：由常数及基本初等函数经过有限次四则运算和有限次复合构成的并能用一个式子表达的函数. **二元初等函数在定义区域内是连续的**.

例8 讨论 $z = f(x,y) = 3x^2 + y^2$ 在点 $(2,2)$ 处的连续性，并求极限 $\lim\limits_{\substack{x\to 2\\ y\to 2}} f(x,y)$.

解 因函数 $z = f(x,y) = 3x^2 + y^2$ 是二元初等函数在整个 xOy 面上有定义，故连续，所以
$$\lim\limits_{\substack{x\to 2\\ y\to 2}} f(x,y) = f(2,2) = 16$$

课堂练习

（1）求极限 $\lim\limits_{\substack{x\to 0\\ y\to 0}} \dfrac{e^{xy}\cos y}{1+x+y}$；

（2）讨论函数 $f(x,y) = \dfrac{\sin(x^2+y^2)}{1-x^2-y^2}$ 在何处间断？

习题 6–2

1. 已知 $z = f(x,y) = xy + \dfrac{x}{y}$，求 $f\left(\dfrac{1}{2}, \dfrac{1}{3}\right)$ 和 $f(x+y, 1)$.

2. 设 $f(xy, x-y) = x^2 + y^2$，求 $f(x,y)$.

3. 求下列函数的定义域：

　（1）$z = \dfrac{1}{\sqrt{x-y}} + \dfrac{1}{y}$　　　　　　（2）$z = \dfrac{\arccos x}{\sqrt{y}}$

　（3）$z = \dfrac{1}{\sqrt{x^2+y^2-1}}$　　　　　　（4）$\sqrt{x-\sqrt{y}}$

4. 求下列极限：

　（1）$\lim\limits_{\substack{x\to 0\\ y\to 0}} \dfrac{2-\sqrt{xy+4}}{xy}$　　　　　　（2）$\lim\limits_{\substack{x\to 2\\ y\to \infty}} y\sin\dfrac{1}{xy}$

（3）$\lim\limits_{\substack{x\to\infty\\y\to\infty}}\dfrac{1}{x^2+y^2}$　　　　　　（4）$\lim\limits_{\substack{x\to0\\y\to0}}\dfrac{1-\cos\sqrt{x^2+y^2}}{x^2+y^2}$

第三节　偏　导　数

一、偏导数的概念

二元函数有 x 和 y 两个自变量，如果只让其中一个自变量 x 变化，而把另一个自变量 y 当作常数，这时 $z=f(x,y)$ 是关于 x 的一元函数，这个函数对 x 的导数就叫做二元函数 $z=f(x,y)$ 对 x 的偏导数.

定义 1　设函数 $z=f(x,y)$ 在点 $P_0(x_0,y_0)$ 的某一邻域内有定义，当 y 固定在 y_0，而 x 在 x_0 处有增量 Δx 时，函数有相应的增量 $f(x_0+\Delta x,y_0)-f(x_0,y_0)$，如果极限 $\lim\limits_{\Delta x\to0}\dfrac{f(x_0+\Delta x,y_0)-f(x_0,y_0)}{\Delta x}$ 存在，则此极限值叫做函数 $z=f(x,y)$ 在点 (x_0,y_0) 处对 x 的**偏导数**，记作

$$z'_x\Big|_{\substack{x=x_0\\y=y_0}}\quad\text{或}\quad\dfrac{\partial z}{\partial x}\Big|_{\substack{x=x_0\\y=y_0}}\quad\text{或}\quad f'_x(x_0,y_0)$$

同样地，函数 $z=f(x,y)$ 在点 $P_0(x_0,y_0)$ 处对 y 的偏导数定义为

$$\dfrac{\partial z}{\partial y}\Big|_{\substack{x=x_0\\y=y_0}}=\lim\limits_{\Delta y\to0}\dfrac{f(x_0,y_0+\Delta y)-f(x_0,y_0)}{\Delta y}$$

定义 2　如果对于区域 D 内任意一点 $P(x,y)$，极限 $\lim\limits_{\Delta x\to0}\dfrac{f(x+\Delta x,y)-f(x,y)}{\Delta x}$ 都存在，则该极限叫做函数 $z=f(x,y)$ 在区域 D 内对 x 的**偏导函数**，简称**偏导数**. 记作

$$z'_x\quad\text{或}\quad\dfrac{\partial z}{\partial x}\quad\text{或}\quad f'_x(x,y)$$

同样也可以定义对 y 的偏导函数.

由二元函数偏导数的定义可知，函数对其中一个自变量求偏导数，是把其他自变量看作常数，从而变成一元函数的求导问题. 这对多元函数也适用.

例 1　求 $z=xy+\dfrac{x}{y}$ 的偏导数.

解　$z'_x=y+\dfrac{1}{y}$，$z'_y=x-\dfrac{x}{y^2}$

例 2　求 $f(x,y)=\mathrm{e}^{xy}$ 的偏导数.

解　$f'_x(x,y)=y\mathrm{e}^{xy}$，$f'_y(x,y)=x\mathrm{e}^{xy}$

例 3　求 $f(x,y)=x^3+2x^2y-y^3$ 在点 $(1,3)$ 处的偏导数.

解　$f'_x(x,y)=3x^2+4xy$，$f'_y(x,y)=2x^2-3y^2$

$f'_x(1,3)=3\times1^2+4\times1\times3=15$，$f'_y(1,3)=2\times1^2-3\times3^2=-25$

例 4 求 $z = e^{-x}\sin(x+2y)$ 在点 $\left(0, \dfrac{\pi}{4}\right)$ 处的偏导数.

解 $z'_x = -e^{-x}\sin(x+2y) + e^{-x}\cos(x+2y)$

$z'_y = 2e^{-x}\cos(x+2y)$

$$z'_x\bigg|_{\substack{x=0\\y=\frac{\pi}{4}}} = -e^0\sin\left(0+2\times\frac{\pi}{4}\right) + e^0\cos\left(0+2\times\frac{\pi}{4}\right) = -1$$

$$z'_y\bigg|_{\substack{x=0\\y=\frac{\pi}{4}}} = 2e^0\cos\left(0+2\times\frac{\pi}{4}\right) = 0$$

例 5 求三元函数 $u = \dfrac{y}{x} + \dfrac{z}{y} - \dfrac{x}{z}$ 的偏导数.

解 $u'_x = -\dfrac{y}{x^2} - \dfrac{1}{z}, \quad u'_y = \dfrac{1}{x} - \dfrac{z}{y^2}, \quad u'_z = \dfrac{1}{y} + \dfrac{x}{z^2}.$

课堂练习

1. 求函数 $z = y\cos x$ 的偏导数.
2. 求函数 $z = \ln(x + y^2)$ 的偏导数.
3. 求函数 $f(x,y) = x^3 e^{x+y^2}$ 在点 $(0,1)$ 处的偏导数.
4. 求函数 $u = \sqrt{x^2 + y^2 + z^2}$ 的偏导数.

二、二元函数偏导数的几何意义

二元函数 $z = f(x,y)$ 的几何图像是三维空间中的曲面，设 $P_0(x_0, y_0, z_0)$ 为曲面上的一点，其中 $z_0 = f(x_0, y_0)$. 过 P_0 作平面 $y = y_0$，它与曲面的交线

$$C: \begin{cases} y = y_0 \\ z = f(x,y) \end{cases}$$

是 $y = y_0$ 平面上的一条曲线. 于是，二元函数偏导数的几何意义是：$f'_x(x_0, y_0)$ 作为一元函数 $f(x, y_0)$ 在 $x = x_0$ 的导数，就是曲线 C 在点 P_0 处的切线 T_x 对于 x 轴的斜率，即 T_x 与 x 轴正向所成倾斜角的正切 $\tan\alpha$. 同样，$f'_y(x_0, y_0)$ 是平面 $x = x_0$ 与曲面 $z = f(x,y)$ 的交线

$$\begin{cases} x = x_0 \\ z = f(x,y) \end{cases}$$

在点 P_0 处的切线 T_y 对于 y 轴的斜率 $\tan\beta$.

三、高阶偏导数

二元函数 $z = f(x,y)$ 的偏导数 $f'_x(x,y)$ 和 $f'_y(x,y)$，一般仍是关于 x，y 的函数，若它们的偏导数仍然存在，那么这种偏导数的偏导数，叫做 $z = f(x,y)$ 的**二阶偏导数**. 二元函数的二阶偏导数共有四个，分别记作

$$f''_{xx}(x,y) = \frac{\partial}{\partial x}\left(\frac{\partial z}{\partial x}\right) = \frac{\partial^2 z}{\partial x^2}$$

$$f''_{xy}(x,y) = \frac{\partial}{\partial y}\left(\frac{\partial z}{\partial x}\right) = \frac{\partial^2 z}{\partial x \partial y}$$

$$f''_{yx}(x,y) = \frac{\partial}{\partial x}\left(\frac{\partial z}{\partial y}\right) = \frac{\partial^2 z}{\partial y \partial x}$$

$$f''_{yy}(x,y) = \frac{\partial}{\partial y}\left(\frac{\partial z}{\partial y}\right) = \frac{\partial^2 z}{\partial y^2}$$

其中 $\frac{\partial^2 z}{\partial x \partial y}$，$\frac{\partial^2 z}{\partial y \partial x}$ 叫做**混合偏导数**.

类似地，可以定义三阶、四阶以至 n 阶偏导数. 二阶及二阶以上的偏导数都叫做**高阶偏导数**.

例 6 求 $z = 3x^3y + x^2y^2 + y^3$ 的二阶偏导数.

解 $\frac{\partial z}{\partial x} = 9x^2y + 2xy^2$，$\quad\quad \frac{\partial z}{\partial y} = 3x^3 + 2x^2y + 3y^2$

$\frac{\partial^2 z}{\partial x^2} = 18xy + 2y^2$，$\quad\quad \frac{\partial^2 z}{\partial x \partial y} = 9x^2 + 4xy$

$\frac{\partial^2 z}{\partial y \partial x} = 9x^2 + 4xy$，$\quad\quad \frac{\partial^2 z}{\partial y^2} = 2x^2 + 6y$

由例 6 可以看出，$\frac{\partial^2 z}{\partial x \partial y} = \frac{\partial^2 z}{\partial y \partial x}$，但是必须注意，这个结论是有条件的.

定理 如果函数 $z = f(x,y)$ 的两个二阶混合偏导数 $\frac{\partial^2 z}{\partial x \partial y}$ 和 $\frac{\partial^2 z}{\partial y \partial x}$ 在区域 D 内连续，那么在该区域内这两个混合偏导数必相等，即 $\frac{\partial^2 z}{\partial x \partial y} = \frac{\partial^2 z}{\partial y \partial x}$.

这说明，若两个混合偏导数在区域 D 内是连续的，则在 D 内求二阶混合偏导数与次序无关.

课堂练习

求函数 $z = e^{x+2y}$ 的二阶偏导数.

习题 6-3

1. 求下列函数的偏导数：

（1）$z = x^y$

（2）$z = \dfrac{\cos x^2}{y}$

（3）$z = e^x y^2$

（4）$z = \tan \dfrac{x}{y}$

(5) $z = (1+xy)^y$ (6) $z = \left(\dfrac{1}{3}\right)^{\frac{-y}{x}}$

(7) $z = \sqrt{\ln(xy)}$ (8) $u = x^{\frac{y}{z}}$

(9) $u = (xy)^z$ (10) $z = xy\mathrm{e}^{\sin(xy)}$

2. 设函数 $f(x,y,z) = xy^2 + yz^2 + zx^2$，求：(1) $f''_{xx}(0,0,1)$；(2) $f''_{xx}(1,0,2)$．

3. 设 $f(x,y) = x + (y-1)\arcsin\sqrt{\dfrac{x}{y}}$，求 $f'_x(x,1)$．

4. 求下列函数的二阶偏导数：

(1) $z = x^4 + y^4 - 4x^2y^2$ (2) $z = \ln(x^2 + y^2)$

(3) $z = \sin^2(ax+by)$ (a,b 为常数) (4) $z = \mathrm{e}^{\frac{-x}{y}}$

5. 验证函数 $z = \ln\sqrt{x^2+y^2}$ 在定义域上满足 $\dfrac{\partial^2 z}{\partial x^2} + \dfrac{\partial^2 z}{\partial y^2} = 0$．

第四节 复合函数与隐函数的求导法则

一、多元复合函数的求导法则

定义 设函数 $z = f(u,v)$，而 u，v 均为 x，y 的函数：$u = u(x,y)$，$v = v(x,y)$，则函数 $z = f[u(x,y),v(x,y)]$ 叫做 x，y 的**复合函数**．其中 u，v 叫做**中间变量**，x，y 叫做**自变量**．

定理 若函数 $u = u(x,y)$，$v = v(x,y)$ 在点 (x,y) 处都具有对 x 及对 y 的偏导数，函数 $z = f(u,v)$ 在对应点 (u,v) 处具有连续偏导数，则复合函数 $z = f[u(x,y),v(x,y)]$，在点 (x,y) 处存在两个偏导数，且具有下列公式

$$\frac{\partial z}{\partial x} = \frac{\partial z}{\partial u}\frac{\partial u}{\partial x} + \frac{\partial z}{\partial v}\frac{\partial v}{\partial x}$$

$$\frac{\partial z}{\partial y} = \frac{\partial z}{\partial u}\frac{\partial u}{\partial y} + \frac{\partial z}{\partial v}\frac{\partial v}{\partial y}$$

定理中的公式叫做**复合函数的偏导数的锁链法则**，它可以推广到各种复合关系的复合函数中去．

例 1 设 $z = \mathrm{e}^u \sin v$，而 $u = 2xy$，$v = x^2 + y^2$，求 $\dfrac{\partial z}{\partial x}$ 和 $\dfrac{\partial z}{\partial y}$．

解 $\dfrac{\partial z}{\partial x} = \dfrac{\partial z}{\partial u}\dfrac{\partial u}{\partial x} + \dfrac{\partial z}{\partial v}\dfrac{\partial v}{\partial x}$

$= \mathrm{e}^u(\sin v)2y + \mathrm{e}^u(\cos v)2x$

$= 2\mathrm{e}^{2xy}[y\sin(x^2+y^2) + x\cos(x^2+y^2)]$

$\dfrac{\partial z}{\partial y} = \dfrac{\partial z}{\partial u}\dfrac{\partial u}{\partial y} + \dfrac{\partial z}{\partial v}\dfrac{\partial v}{\partial y}$

$$= e^u(\sin v)2x + e^u(\cos v)2y$$
$$= 2e^{2xy}[x\sin(x^2+y^2) + y\cos(x^2+y^2)]$$

例2 求 $z = (x^2+y^2)^{xy^2}$.

解 设 $u = x^2+y^2$，$v = xy^2$，则有
$$\frac{\partial z}{\partial x} = \frac{\partial z}{\partial u}\frac{\partial u}{\partial x} + \frac{\partial z}{\partial v}\frac{\partial v}{\partial x}$$
$$= vu^{v-1} \times 2x + u^v(\ln u)y^2$$
$$= xy^2(x^2+y^2)^{xy^2}\frac{2x}{x^2+y^2} + (x^2+y^2)^{xy^2}[\ln(x^2+y^2)]y^2$$
$$= (x^2+y^2)^{xy^2}y^2\left[\frac{2x^2}{x^2+y^2} + \ln(x^2+y^2)\right]$$
$$\frac{\partial z}{\partial y} = \frac{\partial z}{\partial u}\frac{\partial u}{\partial y} + \frac{\partial z}{\partial v}\frac{\partial v}{\partial y}$$
$$= vu^{v-1} \times 2y + u^v(\ln u)2xy$$
$$= 2y(x^2+y^2)^{xy^2}\left[\frac{xy^2}{x^2+y^2} + x\ln(x^2+y^2)\right]$$

例3 设 $z = f(x,u)$ 的偏导数连续，且 $u = 3x^2 + y^4$，求 $\frac{\partial z}{\partial x}$ 和 $\frac{\partial z}{\partial y}$.

解 由锁链法则
$$\frac{\partial z}{\partial x} = \frac{\partial f}{\partial x} + \frac{\partial f}{\partial u}\frac{\partial u}{\partial x} = f'_x(x,u) + f'_u(x,u)6x$$
$$= f'_x(x,u) + 6xf'_u(x,u)$$
$$\frac{\partial z}{\partial y} = \frac{\partial f}{\partial u}\frac{\partial u}{\partial y} = 4y^3 f'_u(x,u)$$

例4 设 $z = x^2 - y^2$，其中 $x = \sin t$，$y = \cos t$，求 $\frac{dz}{dt}$.

解 本题中有两个中间变量，而只有一个自变量，实际上它是一个一元复合函数，这种通过多个中间变量复合而成的一元函数的导数叫做**全导数**，并采用一元函数导数的记号.

由锁链法则
$$\frac{dz}{dt} = \frac{\partial z}{\partial x}\frac{dx}{dt} + \frac{\partial z}{\partial y}\frac{dy}{dt} = 2x\cos t - 2y(-\sin t)$$
$$= 2(\sin t\cos t + \cos t\sin t) = 2\sin 2t$$

课堂练习

设函数 $z = e^{u^2+v^2}$，$u = x^3$，$v = xy$，求 $\frac{\partial z}{\partial x}$ 和 $\frac{\partial z}{\partial y}$.

二、隐函数的微分法

由方程 $F(x,y,z) = 0$ 所确定的函数 $z = f(x,y)$ 叫做**二元隐函数**. 二元隐函数也可以不经过

显化而直接由方程 $F(x,y,z)=0$ 来确定它的偏导数. 由于 $F[x,y,f(x,y)]=0$ 将左端视为 x，y 的一个复合函数，等式两边分别对 x 和 y 求偏导数，即得

$$\frac{\partial F}{\partial x}+\frac{\partial F}{\partial z}\frac{\partial z}{\partial x}=0, \quad \frac{\partial F}{\partial y}+\frac{\partial F}{\partial z}\frac{\partial z}{\partial y}=0$$

当 $F_z' \neq 0$ 时，有

$$\frac{\partial z}{\partial x}=-\frac{F_x'}{F_z'}, \quad \frac{\partial z}{\partial y}=-\frac{F_y'}{F_z'}$$

这就是二元隐函数的求导公式.

二元隐函数的求导公式可以推广到一元隐函数和三元隐函数求导中去.

由 $F(x,y)=0$ 所确定的一元隐函数 $y=f(x)$ 的导数是 $\dfrac{dy}{dx}=-\dfrac{F_x'}{F_y'}$ $(F_y' \neq 0)$.

由 $F(x,y,z,u)=0$ 所确定的三元隐函数 $u=f(x,y,z)$ 的偏导数是

$$\frac{\partial u}{\partial x}=-\frac{F_x'}{F_u'}, \quad \frac{\partial u}{\partial y}=-\frac{F_y'}{F_u'}, \quad \frac{\partial u}{\partial z}=-\frac{F_z'}{F_u'} \quad (F_u' \neq 0)$$

例 5 求由方程 $x^2+y^2-1=0$ 所确定的隐函数 y 的导数.

解 令 $F(x,y)=x^2+y^2-1$，当 $F_y' \neq 0$，有

$$\frac{dy}{dx}=-\frac{F_x'}{F_y'}=-\frac{2x}{2y}=-\frac{x}{y}$$

例 6 求由方程 $x^2+y^2+z^2=R^2$ 所确定的隐函数 $z=z(x,y)$ 的偏导数 $\dfrac{\partial z}{\partial x}$ 和 $\dfrac{\partial z}{\partial y}$.

解 令 $F(x,y,z)=x^2+y^2+z^2-R^2$，则有

$$F_x'=2x, \quad F_y'=2y, \quad F_z'=2z$$

当 $F_z' \neq 0$ 时，有

$$\frac{\partial z}{\partial x}=-\frac{F_x'}{F_z'}=-\frac{2x}{2z}=-\frac{x}{z}$$

$$\frac{\partial z}{\partial y}=-\frac{F_y'}{F_z'}=-\frac{2y}{2z}=-\frac{y}{z}$$

例 7 求由方程 $z^2+x^2y-e^{xz}-3e^x=0$ 所确定的隐函数 z 在点 $(0,1,2)$ 处的偏导数.

解 设 $F(x,y,z)=z^2+x^2y-e^{xz}-3e^x$，则

$$F_x'=2xy-ze^{xz}-3e^x, \quad F_y'=x^2, \quad F_z'=2z-xe^{xz}$$

当 $F_z' \neq 0$ 时，有

$$\frac{\partial z}{\partial x}=-\frac{F_x'}{F_z'}=-\frac{2xy-ze^{xz}-3e^x}{2z-xe^{xz}}, \quad \frac{\partial z}{\partial y}=-\frac{x^2}{2z-xe^{xz}}$$

$$\left.\frac{\partial z}{\partial x}\right|_{(0,1,2)}=\frac{5}{4}, \quad \left.\frac{\partial z}{\partial y}\right|_{(0,1,2)}=0$$

课堂练习

设方程 $\sin(x+y)-xy=0$，确定一个隐函数 $y=y(x)$，求 $\dfrac{\mathrm{d}y}{\mathrm{d}x}$.

习题 6-4

1. 设 $z=u^2+v^2$，而 $u=xy$，$v=x-y$，求 $\dfrac{\partial z}{\partial x}$ 和 $\dfrac{\partial z}{\partial y}$.

2. 设 $z=x^2\ln y$，而 $x=\dfrac{u}{v}$，$y=3u-2v$，求 $\dfrac{\partial z}{\partial u}$ 和 $\dfrac{\partial z}{\partial v}$.

3. 设 $z=\arcsin(x-y)$，其中 $x=3t$，$y=4t^3$，求 $\dfrac{\mathrm{d}z}{\mathrm{d}t}$.

4. 设 $z=f(x,\mathrm{e}^x,\sin x)$，求 $\dfrac{\mathrm{d}z}{\mathrm{d}x}$.

5. 求由下列方程所确定的隐函数 $z=f(x,y)$ 的偏导数 $\dfrac{\partial z}{\partial x}$ 和 $\dfrac{\partial z}{\partial y}$.

（1） $x+2y-\ln z+2\sqrt{xyz}=0$ （2） $\mathrm{e}^x=xyz$

（3） $\dfrac{x}{z}=\ln\dfrac{z}{y}$ （4） $z^3-3xyz=a$ （a 为常数）

6. 设 $2x-\sqrt{2xy}+y=4$，试求 $x=2$，$y=4$ 处的导数.

7. 设 $x^3+y^3+z^3-3axyz=0$，求 $\dfrac{\partial z}{\partial x}$ 和 $\dfrac{\partial z}{\partial y}$.

8. 设 $z=xy+xF(u)$，而 $u=\dfrac{y}{x}$，$F(u)$ 为可导函数，证明

$$x\frac{\partial z}{\partial x}+y\frac{\partial z}{\partial y}=z+xy$$

9. 验证 $z=\arctan\dfrac{x}{y}$，$x=u+v$，$y=u-v$ 满足关系式

$$\frac{\partial z}{\partial u}+\frac{\partial z}{\partial v}=\frac{u-v}{u^2+v^2}$$

第五节 全 微 分

一、全增量

由二元函数偏导数的定义和一元函数微分学中增量与微分的关系，可得
$$f(x+\Delta x,y)-f(x,y)\approx f'_x(x,y)\Delta x$$
$$f(x,y+\Delta y)-f(x,y)\approx f'_y(x,y)\Delta y$$

上面两式左边分别叫做二元函数 $z = f(x,y)$ 对 x 和 y 的偏增量,而右边分别叫做二元函数 $z = f(x,y)$ 对 x 和 y 的偏微分.

在实际问题中,有时二元函数的两个自变量同时取得增量,于是引入下面函数值的全增量定义.

定义 1 设二元函数 $z = f(x,y)$ 的两个自变量同时取得增量 Δx, Δy,则函数取得的增量叫做全增量,记为 Δz. 即

$$\Delta z = f(x + \Delta x, y + \Delta y) - f(x,y)$$

二、全微分

设矩形的边长分别为 x 和 y,则其面积 $z = xy$. 当边长分别有改变量 Δx 和 Δy 时,面积 z 对应的改变量为

$$\Delta z = (x + \Delta x)(y + \Delta y) - xy$$
$$= (y\Delta x + x\Delta y) + \Delta x \Delta y$$

分析 Δz 的表达式,第一部分 $y\Delta x + x\Delta y$ 是 Δx, Δy 的线性函数,其系数分别是 z 对 x,y 的偏导数,即 $y\Delta x + x\Delta y = \dfrac{\partial z}{\partial x}\Delta x + \dfrac{\partial z}{\partial y}\Delta y$;第二部分 $\Delta x \Delta y$ 是 Δx 或 Δy 的高阶无穷小,也是其对角线 $\rho = \sqrt{(\Delta x)^2 + (\Delta y)^2}$ 的高阶无穷小,因此可表示成 $\Delta x \Delta y = o(\rho)$(当 $\Delta x \to 0, \Delta y \to 0$ 时),综上所述

$$\Delta z = \left(\dfrac{\partial z}{\partial x}\Delta x + \dfrac{\partial z}{\partial y}\Delta y\right) + o(\rho)$$

上式中右边的第一部分是 Δz 的线性主部,第二部分是 ρ 的高阶无穷小,用线性主部去代替 Δz 时,计算比较简单,而且产生的误差是关于 ρ 的高阶无穷小.

定义 2 设函数 $z = f(x,y)$ 在点 $P(x,y)$ 的某邻域内有定义,且 $\dfrac{\partial z}{\partial x}$,$\dfrac{\partial z}{\partial y}$ 存在,如果 $z = f(x,y)$ 在点 $P(x,y)$ 处的全增量 Δz 可表示为

$$\Delta z = \dfrac{\partial z}{\partial x}\Delta x + \dfrac{\partial z}{\partial y}\Delta y + o(\rho)$$

其中 $\rho = \sqrt{(\Delta x)^2 + (\Delta y)^2}$,则称 $\dfrac{\partial z}{\partial x}\Delta x + \dfrac{\partial z}{\partial y}\Delta y$ 为函数 $z = f(x,y)$ 在点 $P(x,y)$ 处的**全微分**,记作

$$dz = \dfrac{\partial z}{\partial x}\Delta x + \dfrac{\partial z}{\partial y}\Delta y$$

这时也称函数 $z = f(x,y)$ 在点 $P(x,y)$ 处**可微**.

关于可微的条件,我们有如下定理.

定理 如果函数 $z = f(x,y)$ 的两个偏导数在点 $P(x,y)$ 处存在且连续,则函数 $z = f(x,y)$ 在点 $P(x,y)$ 处必可微.

证明 略

这里规定:$\Delta x = dx$,$\Delta y = dy$,则全微分又可记为

$$dz = \dfrac{\partial z}{\partial x}dx + \dfrac{\partial z}{\partial y}dy$$

全微分的概念可以推广到三元及三元以上的多元函数. 例如,若三元函数 $u = f(x,y,z)$ 在

区域 D 内具有连续的偏导数，则 $u = f(x, y, z)$ 在点 D 内可微，其全微分为

$$du = \frac{\partial u}{\partial x}dx + \frac{\partial u}{\partial y}dy + \frac{\partial u}{\partial z}dz$$

例 1 求函数 $z = \sin(x^2 + y)$ 的全微分.

解 $dz = \frac{\partial z}{\partial x}dx + \frac{\partial z}{\partial y}dy$

$= 2x\cos(x^2 + y)dx + \cos(x^2 + y)dy$

例 2 求函数 $z = e^{xy}$ 在点 $(2,1)$ 处的全微分.

解 $dz = \frac{\partial z}{\partial x}dx + \frac{\partial z}{\partial y}dy$

$= ye^{xy}dx + xe^{xy}dy$

$dz\Big|_{\substack{x=2\\y=1}} = e^2(dx + 2dy) = e^{xy}(ydx + xdy)$

例 3 求函数 $z = x^y$ 的全微分及在点 $(e,1)$ 处的全微分.

解 $dz = \frac{\partial z}{\partial x}dx + \frac{\partial z}{\partial y}dy = yx^{y-1}dx + x^y \ln x dy$

$dz\Big|_{\substack{x=e\\y=1}} = \frac{\partial z}{\partial x}\Big|_{\substack{x=e\\y=1}} dx + \frac{\partial z}{\partial y}\Big|_{\substack{x=e\\y=1}} dy = dx + edy$

例 4 求由 $e^{-xy} - 2z + e^z = 0$ 所确定的隐函数 $z = f(x, y)$.

解 设 $F(x, y, z) = e^{-xy} - 2z + e^z$，则

$$F'_x = -ye^{-xy}, \quad F'_y = -xe^{-xy}, \quad F'_z = e^z - 2$$

$$\frac{\partial z}{\partial x} = \frac{ye^{-xy}}{e^z - 2}, \quad \frac{\partial z}{\partial y} = \frac{xe^{-xy}}{e^z - 2}$$

所以

$$dz = \frac{\partial z}{\partial x}dx + \frac{\partial z}{\partial y}dy = \frac{ye^{-xy}}{e^z - 2}dx + \frac{xe^{-xy}}{e^z - 2}dy = \frac{e^{-xy}}{e^z - 2}(ydx + xdy)$$

课堂练习

1. 求函数 $z = \frac{x}{y}$ 的全微分.

2. 求函数 $z = x^2 y + \tan(x + y)$ 的全微分.

3. 求函数 $w = x^{yz}$ 的全微分.

习题 6–5

1. 计算 $z = x^2 y + \frac{x}{y}$ 在点 $(1, -1)$ 处的全微分.

2. 计算下列函数的全微分：

（1） $z = xy + \dfrac{x}{y}$ （2） $z = e^{\frac{y}{x}}$

（3） $z = e^{xy}\cos(xy)$ （4） $z = \arctan\dfrac{y}{x}$

3．计算函数 $z = x^4 + y^4 - 4x^2y^2$ 在点 $(0,0)$，$(1,1)$ 处的全微分．

4．求由方程 $\cos^2 x + \cos^2 y + \cos^2 z = 1$ 所确定的函数 $z = f(x,y)$ 的全微分．

第六节　多元函数的极值

在许多实际问题中，常常会遇到求多元函数的最大值、最小值问题．与一元函数相类似，多元函数的最大值、最小值与极大值、极小值有密切的联系．由于多元函数变量个数的增多，所以多元函数还存在着条件极值问题．本节主要讨论二元函数的极值、最大值、最小值问题．

一、二元函数极值的定义和求法

定义　设函数 $z = f(x,y)$ 在点 $P_0(x_0, y_0)$ 的某邻域内有定义，如果对 P_0 附近所有异于 P_0 的点 $P(x,y)$ 都有

$$f(x,y) < f(x_0, y_0) \quad \text{或} \quad f(x,y) > f(x_0, y_0)$$

则 $f(x_0, y_0)$ 叫做函数 $f(x,y)$ 的**极大值**（或**极小值**），而 P_0 叫做**极大点**（或**极小点**）．极大值、极小值统称为**极值**，极大点、极小点统称为**极值点**．

例 1　$f(x,y) = x^2 + 2y^2$ 在点 $(0,0)$ 处取得极小值 $f(0,0) = 0$，点 $(0,0)$ 是这个函数的极小点．

例 2　函数 $z = -\sqrt{x^2 + y^2}$ 在点 $(0,0)$ 处取得极大值 $z\big|_{\substack{x=0\\y=0}} = 0$，点 $(0,0)$ 是这个函数的极大点．

例 3　函数 $z = xy$ 在点 $(0,0)$ 处不取得极值．因为在点 $(0,0)$ 处的函数值为 0，而在点 $(0,0)$ 的任何邻域内，函数值不可能都是正值，也不可能都是负值．

二元函数 $f(x,y)$ 的一阶偏导数为 0 的点叫做**驻点**，即满足方程 $f'_x(x,y) = 0$ 和 $f'_y(x,y) = 0$ 的点叫做驻点．

关于二元函数极值存在的充分条件和必要条件，我们有与一元函数相类似的两个定理．

定理 1（极值存在的必要条件）　如果函数 $z = f(x,y)$ 在点 $P_0(x_0, y_0)$ 具有偏导数，且在点 $P_0(x_0, y_0)$ 处有极值，则它在该点的两个偏导数必为 0，即 $f'_x(x_0, y_0) = 0$，$f'_y(x_0, y_0) = 0$．

简言之：二元可导函数的极值点一定是驻点．但必须注意，定理 1 中的条件是可导函数取得极值的必要条件，而不是充分条件，即驻点并不一定是极值点．例如 $z = xy$，点 $(0,0)$ 是驻点，但不是极值点．

定理 2（极值存在的充分条件）　设函数 $z = f(x,y)$ 在点 (x_0, y_0) 的某邻域内连续，且有一阶及二阶连续偏导数，又 $f'_x(x_0, y_0) = 0$，$f'_y(x_0, y_0) = 0$，令 $f''_{xx}(x_0, y_0) = A$，$f''_{xy}(x_0, y_0) = B$，$f''_{yy}(x_0, y_0) = C$，则 $f(x,y)$ 在点 (x_0, y_0) 处是否取得极值的条件如下：

（1） $AC - B^2 > 0$ 时具有极值，且当 $A < 0$ 时有极大值，当 $A > 0$ 时具有极小值；

（2） $AC - B^2 < 0$ 时没有极值；

(3) $AC - B^2 = 0$ 时可能有极值，也可能没有极值，还需另作讨论；

由定理 1 和定理 2 可把具有一、二阶连续偏导数的函数 $z = f(x,y)$ 的极值求法归纳如下：

第一步，解方程组 $\begin{cases} f_x'(x,y) = 0 \\ f_y'(x,y) = 0 \end{cases}$，求得一切驻点.

第二步，对于每一个驻点 (x_0, y_0)，求出二阶偏导数的值 A，B 和 C.

第三步，对于每个驻点 (x_0, y_0)，定出 $AC - B^2$ 的符号，由定理 2 的结论判定 $f(x_0, y_0)$ 是否为极值，是极大值还是极小值.

例 4 求函数 $z = x^3 + y^3 - 3xy$ 的极值.

解 （1）先解方程组：
$$\begin{cases} f_x'(x,y) = 3x^2 - 3y = 0 \\ f_y'(x,y) = 3y^2 - 3x = 0 \end{cases}$$

求得驻点为 $(0,0)$ 和 $(1,1)$.

（2）再求二阶偏导数：
$$f_{xx}''(x,y) = 6x，\quad f_{xy}''(x,y) = -3，\quad f_{yy}''(x,y) = 6y$$

（3）判定极值：

在点 $(0,0)$ 处，$A = 0$，$B = -3$，$C = 0$，$AC - B^2 = -9 < 0$，所以点 $(0,0)$ 不是极值点.

在点 $(1,1)$ 处，$A = 6$，$B = -3$，$C = 6$，而 $AC - B^2 = 27 > 0$，且 $A = 6 > 0$，所以函数在点 $(1,1)$ 处取得极小值，极小值为 $f(1,1) = -1$.

例 5 求函数 $f(x,y) = x^3 - y^3 + 3x^2 + 3y^2 - 9x - 4$ 的极值.

解 （1）先解方程组：
$$\begin{cases} f_x'(x,y) = 3x^2 + 6x - 9 = 0 \\ f_y'(x,y) = -3y^2 + 6y = 0 \end{cases}$$

求得驻点为 $(1,0)$，$(1,2)$，$(-3,0)$，$(-3,2)$.

（2）再求二阶偏导数：
$$f_{xx}''(x,y) = 6x + 6，\quad f_{xy}''(x,y) = 0，\quad f_{yy}''(x,y) = -6y + 6$$

（3）判定极值：

在点 $(1,0)$ 处，$AC - B^2 = 72 > 0$，又 $A = 12 > 0$，所以函数在点 $(1,0)$ 处取得极小值，极小值为 $f(1,0) = -9$.

在点 $(1,2)$ 处，$AC - B^2 = -72 < 0$，所以点 $(1,2)$ 不是极值点.

在点 $(-3,0)$ 处，$AC - B^2 = -72 < 0$，所以点 $(-3,0)$ 不是极值点.

在点 $(-3,2)$ 处，$AC - B^2 = 72 > 0$，又 $A = -12 < 0$，所以函数在点 $(-3,2)$ 处取得极大值，极大值为 $f(-3,2) = 27$.

课堂练习

1. 求函数 $z = 4(x - y) - x^2 - y^2$ 的极值.

2. 求函数 $z = e^{2x}(x + y^2 + 2y)$ 的极值.

二、二元函数的最值问题

在实际生活中,经常遇到求多元函数的最大值、最小值问题. 类似于一元函数,在有界闭区域 D 上连续的二元函数 $z = f(x, y)$,一定在该区域上存在着最大值和最小值. 我们可以依照一元函数最大值、最小值的求法,求二元函数及其他多元函数的最大值、最小值. 具体步骤如下:

第一步,求出区域 D 上的全部驻点和 D 上连续不可导的点.
第二步,计算驻点、D 上连续不可导的点及边界点的函数值.
第三步,选出上述函数值中最大者与最小者,分别为最大值和最小值.

注意:在一般的实际应用问题中,能由问题本身的性质判定出 D 内一定有最大值或最小值,且函数在 D 内只有一个驻点,那么这个驻点就一定是问题中所求的最值点.

例6 做一个容积为 $8\,\text{m}^3$ 的有盖长方体水箱,问长、宽、高各为多少时,才能使用料最省?

解 设长、宽分别为 $x(\text{m})$、$y(\text{m})$,则高为 $z = \dfrac{8}{xy}$(m),于是所用材料的面积为

$$A = 2\left(xy + \frac{8}{x} + \frac{8}{y}\right) \qquad (x > 0, y > 0)$$

解方程组

$$\begin{cases} A'_x = 2\left(y - \dfrac{8}{x^2}\right) = 0 \\ A'_y = 2\left(x - \dfrac{8}{y^2}\right) = 0 \end{cases}$$

求得唯一驻点为 $(2, 2)$.

由问题的实际意义可知,最小值一定存在,唯一的驻点就是最小值点. 所以,当长、宽、高都为 $2\,\text{m}$ 时,用料最省.

例7 设在半径为 R 的球内内接一个长方体,问长方体的长、宽、高各为多少时,该长方体的体积最大?

解 设长方体的长、宽、高分别为 x, y, z,设它的体积为 V. 则

$$V = xyz$$

又因为长方体内接于球体,所以有

$$x^2 + y^2 + z^2 = (2R)^3$$

即

$$V = xy\sqrt{4R^2 - x^2 - y^2} \qquad (0 < x, y, z < 2R)$$

于是

$$V'_x = y\sqrt{4R^2 - x^2 - y^2} - \frac{x^2 y}{\sqrt{4R^2 - x^2 - y^2}}$$

$$V'_y = x\sqrt{4R^2 - x^2 - y^2} - \frac{xy^2}{\sqrt{4R^2 - x^2 - y^2}}$$

令 $V'_x = 0$，$V'_y = 0$，求得驻点为 $\left(\dfrac{2R}{\sqrt{3}}, \dfrac{2R}{\sqrt{3}}\right)$，且是唯一的。这时对应的高为 $\dfrac{2R}{\sqrt{3}}$.

由问题的实际意义可知，长方体的最大体积一定存在，所以唯一驻点就是所求的最大值点，即长方体的三条棱长都为 $\dfrac{2R}{\sqrt{3}}$ 时，体积最大，最大体积为 $\dfrac{8\sqrt{3}}{9}R^3$.

由此可见，对实际问题求最值，一般可按下面的步骤来解答：
（1）由题意建立函数关系式，并确定函数的定义域；
（2）在其定义域内求驻点，（一般情况是唯一的）；
（3）从实际意义出发，确定问题有最大值还是有最小值.

课堂练习

设有三个数之和为18，问三个数为何值时其乘积最大.

三、条件极值

在讨论函数的极值时，如果自变量在其定义域内可以任意取值，没有任何限制条件，通常称为**无条件极值**；但在实际问题中，还可能会遇到对自变量附加一定条件的极值问题. 称为**条件极值**. 前面我们主要讨论的是无条件极值，下面我们再通过几个例子来熟悉一下条件极值的求法.

1. 将条件极值转化为无条件极值

对于一些比较简单的条件极值问题，可以将限制条件与函数相联立，消去某些自变量，从而将条件极值问题转化为无条件极值问题.

例 8 要做一个无盖的长方体水箱，水箱的体积为 $4\,\mathrm{m}^3$，若不计材料的厚度，试问怎么样取材才能使用料最省？

解 设水箱的长、宽、高分别为 $x, y, z\,(\mathrm{m})$，则该水箱的表面积 A 为

$$A = xy + 2xz + 2yz \quad (x, y, z > 0) \tag{1}$$

又知该水箱的体积为4，所以有

$$xyz = 4$$

将 $z = \dfrac{4}{xy}$ 代入到式（1）中，得

$$A = xy + \dfrac{8(x+y)}{xy} \quad (x, y > 0)$$

于是有

$$A'_x = y - \dfrac{8}{x^2}, \quad A'_y = x - \dfrac{8}{y^2}$$

令 $A'_x = 0$，$A'_y = 0$，得驻点 $(2,2)$，且是唯一的，此时高为 $z=1$. 由该问题的实际意义可知，表面积的最小值一定存在. 所以，所求的长宽高分别取 $2\,\mathrm{m}$，$2\,\mathrm{m}$，$1\,\mathrm{m}$ 时用料最省.

2. 拉格朗日乘数法

对于有些条件极值问题，有时附加条件很复杂，特别是以隐函数形式给出时，上面这种

方法会遇到困难，甚至行不通．于是下面我们介绍一种直接求条件极值的方法——拉格朗日乘数法．

设函数 $u = f(x,y,z)$ 和 $\varphi(x,y,z)$ 均有一阶连续偏导数，求函数 $u = f(x,y,z)$ 在条件 $\varphi(x,y,z) = 0$ 下的极值，步骤如下：

（1）作函数 $F(x,y,z) = f(x,y,z) + \lambda \varphi(x,y,z)$，这个函数叫做**拉格朗日函数**，$\lambda$ 为一常数，叫做**拉格朗日乘数**．

（2）将 $F(x,y,z)$ 分别对 x,y,z 求一阶偏导数，并令它们为零，联立方程组

$$\begin{cases} \dfrac{\partial F}{\partial x} = f'_x(x,y,z) + \lambda \varphi'_x(x,y,z) = 0 \\ \dfrac{\partial F}{\partial y} = f'_y(x,y,z) + \lambda \varphi'_y(x,y,z) = 0 \\ \dfrac{\partial F}{\partial z} = f'_z(x,y,z) + \lambda \varphi'_z(x,y,z) = 0 \\ \varphi(x,y,z) = 0 \end{cases}$$

解方程组得到的 x,y,z 的值就是可能的极值点的坐标．至于是否为极值点的坐标，一般可由问题的实际意义来判定．

例 9 欲造一容积为 $18\,\mathrm{m}^3$ 的长方体无盖水池，已知侧面单位面积造价为底面的 $\dfrac{3}{4}$，问如何选择尺寸才使造价最低．

解 设水池的长、宽、高分别为 x,y,z，底面每单位面积造价为 a，则总造价为

$$u = axy + 2 \times \frac{3}{4} a(xz + yz) \qquad (x > 0, y > 0, z > 0)$$

条件为

$$xyz - 18 = 0$$

相应的拉格朗日函数为

$$F(x,y,z) = axy + 2 \times \frac{3}{4} a(yz + xz) + \lambda(xyz - 18)$$

解方程组

$$\begin{cases} \dfrac{\partial F}{\partial x} = ay + \dfrac{3}{2} az + \lambda yz = 0 \\ \dfrac{\partial F}{\partial y} = ax + \dfrac{3}{2} az + \lambda xz = 0 \\ \dfrac{\partial F}{\partial z} = \dfrac{3}{2} a(x + y) + \lambda xy = 0 \\ xyz - 18 = 0 \end{cases}$$

得唯一解：$x = y = 3$，$z = 2$．

由于该问题一定存在最小值，所以当长、宽均为 $3\,\mathrm{m}$，高为 $2\,\mathrm{m}$ 时，水池造价最低．

拉格朗日乘数法对于函数的自变量的个数没有限制，并且可以推广到限制条件多于一个的情况．

例 10 求抛物线 $y^2 = 4x$ 上的点，使它与直线 $x - y + 4 = 0$ 相距最近.

解 设抛物线 $y^2 = 4x$ 上的点 (x, y) 与直线 $x - y + 4 = 0$ 的距离最近，其距离平方为

$$L = \frac{(x-y+4)^2}{2}$$

条件为

$$y^2 - 4x = 0$$

相应地拉格朗日函数为

$$F(x,y) = \frac{(x-y+4)^2}{2} + \lambda(y^2 - 4x)$$

解方程组

$$\begin{cases} F'_x(x,y) = x - y + 4 - 4\lambda = 0 \\ F'_y(x,y) = -(x - y + 4 - 2y\lambda) = 0 \\ y^2 - 4x = 0 \end{cases}$$

得唯一解 $x = 1$，$y = 2$，由于该问题的最短距离是存在的，所以抛物线上的点 $(1,2)$ 到直线 $x - y + 4 = 0$ 的距离最近.

课堂练习

在所有对角线为 $2\sqrt{3}$ 的长方体中，求体积最大的长方体.

习题 6-6

1. 求下列函数的极值：

 （1） $y = x^3 + y^3 - 3xy$ （2） $y = (6x - x^2)(4y - y^2)$

2. 建造一个长方体水池，其池底和池壁的总面积为 108 m^2，问水池的尺寸如何设计时，其容积最大？

3. 求原点到曲面 $z^2 = xy + x - y + 4$ 的最短距离.

4. 在平面 $3x - 2z = 0$ 上还求一点，使它与点 $A(1,1,1)$ 和 $B(2,3,4)$ 的距离平方和最小.

5. 在半径为 R 的半球内，求一个体积最大的内接长方体.

第七章 二重积分

第一节 二重积分的概念与性质

一、二重积分的概念

为引出二重积分的概念,我们先来讨论两个实际问题.

例1 设有一平面薄片占有 xOy 面上的闭区域 D,它在点 (x,y) 处的面密度为 $\rho(x,y)$,这里 $\rho(x,y)>0$ 且在 D 上连续. 现在要计算该薄片的质量 M.

由于面密度 $\rho(x,y)$ 是变量,薄片的质量不能直接用密度公式($M=\rho\sigma$)来计算. 但 $\rho(x,y)$ 是连续的,利用积分的思想,把薄片分成许多小块后,只要小块所占的小闭区域 D_i 的直径很小,这些小块就可以近似地看作均匀薄片. 在 D_i(这小闭区域的面积记作 $\Delta\sigma_i$)上任取一点 (ξ_i,η_i),则 $\rho(\xi_i,\eta_i)\Delta\sigma_i(i=1,2,\cdots,n)$ 可看作第 i 个小块的质量的近似值(图7.1). 通过求和,再令 n 个小区域的直径中的最大值(记作 λ)趋于零,取和的极限,便自然地得出薄片的质量 M,即

$$M=\lim_{\lambda\to 0}\sum_{i=1}^{n}\rho(\xi_i,\eta_i)\Delta\sigma_i$$

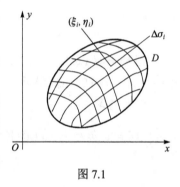

图 7.1

例2 设有一立体,它的底是 xOy 面上的闭区域 D,它的侧面是以 D 的边界曲线为准线而母线平行于 z 轴的柱面,它的顶是曲面 $z=f(x,y)$,这里 $f(x,y)\geqslant 0$ 且在 D 上连续. 这种立体叫做曲顶柱体.

现在要计算上述曲顶柱体的体积 V. 由于曲顶柱体的高 $f(x,y)$ 是变量,它的体积不能直接用体积公式来计算. 但仍可采用上面的思想方法,用一组曲线网把 D 分成 n 个小闭区域 $D_1,D_2,\cdots,D_n$,在每个 D_i 上任取一点 (ξ_i,η_i),则 $f(\xi_i,\eta_i)\Delta\sigma_i$($i=1,2,\cdots,n$)可看作以 $f(\xi_i,\eta_i)$ 为高而底为 D_i(D_i 的面积记为 $\Delta\sigma_i$)的平顶柱体的体积(图 7.2). 通过求和,取极限,便得出

$$V=\lim_{\lambda\to 0}\sum_{i=1}^{n}f(\xi_i,\eta_i)\Delta\sigma_i$$

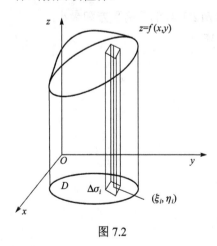

图 7.2

上面两个问题所要求的,都归结为同一形式的和的极限. 在其他学科中,有许多物理量和几何量也可归结为这

一形式的和的极限. 因此我们要一般地研究这种和的极限,并抽象出下述二重积分的定义.

定义 设 $f(x,y)$ 是有界闭区域 D 上的有界函数. 将闭区域 D 任意分成 n 个小闭区域 D_1, D_2, $\cdots$, D_n,其中 D_i 表示第 i 个小闭区域,$\Delta\sigma_i$ 表示它的面积. 在每个 D_i 上任取一点 (ξ_i,η_i),作乘积 $f(\xi_i,\eta_i)\Delta\sigma_i$ ($i=1, 2, \cdots, n$),并作和 $\sum_{i=1}^{n}f(\xi_i,\eta_i)\Delta\sigma_i$. 如果当各小闭区域的直径中的最大值 λ 趋于零时,这和的极限总存在,则称此极限为函数 $f(x,y)$ 在闭区域 D 上的二重积分,记作 $\iint\limits_{D} f(x,y)\mathrm{d}\sigma$.

即
$$\iint\limits_{D} f(x,y)\mathrm{d}\sigma = \lim_{\lambda\to 0}\sum_{i=1}^{n}f(\xi_i,\eta_i)\Delta\sigma_i \tag{7.1.1}$$

其中 $f(x,y)$ 叫做被积函数,$f(x,y)\mathrm{d}\sigma$ 叫做被积表达式,$\mathrm{d}\sigma$ 叫做面积元素,x 与 y 叫做积分变量,D 叫做积分区域,$\sum_{i=1}^{n}f(\xi_i,\eta_i)\Delta\sigma_i$ 叫做积分和.

在二重积分的定义中对闭区域 D 的划分是任意的,如果在直角坐标系中用平行于坐标轴的直线网来划分,那么除了包含边界点的一些小闭区域外,其余的小闭区域都是矩形闭区域. 设矩形闭区域 D_i 的边长为 Δx_i 和 Δy_i,则 $\Delta\sigma_i = \Delta x_i \Delta y_i$. 因此在直角坐标系中,有时也把面积元素 $\mathrm{d}\sigma$ 记作 $\mathrm{d}x\mathrm{d}y$,而把二重积分记作

$$\iint\limits_{D} f(x,y)\mathrm{d}x\mathrm{d}y$$

其中 $\mathrm{d}x\mathrm{d}y$ 叫做直角坐标系中的面积元素.

这里我们要指出,当 $f(x,y)$ 在闭区域 D 上连续时,式(7.1.1)右端的和的极限必定存在,也就是说,函数 $f(x,y)$ 在 D 上的二重积分必定存在.

课堂练习

用二重积分表示下列立体的体积:
(1) 以原点为球心,半径为 2 的上半球;
(2) 平面 $x+y+z=1$ 与三个坐标面所围立体;
(3) 曲面 $z=1-x^2-y^2$ 与 xOy 面所围立体.

二、二重积分的性质

二重积分与定积分有类似的性质:

性质 1 被积函数的常数因子可以提到二重积分号的外面,即

$$\iint\limits_{D} kf(x,y)\mathrm{d}\sigma = k\iint\limits_{D} f(x,y)\mathrm{d}\sigma \quad (k \text{ 为常数})$$

性质 2 函数的和(或差)的二重积分等于各个函数的二重积分的和(或差). 例如

$$\iint\limits_{D}[f(x,y)\pm g(x,y)]\mathrm{d}\sigma = \iint\limits_{D} f(x,y)\mathrm{d}\sigma \pm \iint\limits_{D} g(x,y)\mathrm{d}\sigma$$

性质 3 如果闭区域 D 被有限条曲线分为有限个部分闭区域,则在 D 上的二重积分等于在各部分闭区域上的二重积分的和. 例如 D 分为两个闭区域 D_1 与 D_2,则

$$\iint\limits_{D} f(x,y)\mathrm{d}\sigma = \iint\limits_{D_1} f(x,y)\mathrm{d}\sigma \pm \iint\limits_{D_2} f(x,y)\mathrm{d}\sigma$$

此性质表示二重积分对于积分区域具有可加性.

性质 4　如果在 D 上，$f(x,y)=1$，σ 为 D 的面积，则

$$\iint\limits_{D} 1 \times \mathrm{d}\sigma = \iint\limits_{D} \mathrm{d}\sigma = \sigma$$

此性质的几何意义很明显，因为高为 1 的平顶柱体的体积在数值上就等于柱体的底面积.

性质 5　如果在 D 上，$f(x,y) \leqslant g(x,y)$，则有不等式

$$\iint\limits_{D} f(x,y)\mathrm{d}\sigma \leqslant \iint\limits_{D} g(x,y)\mathrm{d}\sigma$$

特殊地，由于

$$-|f(x,y)| \leqslant f(x,y) \leqslant |f(x,y)|$$

又有不等式

$$\left|\iint\limits_{D} f(x,y)\mathrm{d}\sigma\right| \leqslant \iint\limits_{D} |f(x,y)|\mathrm{d}\sigma$$

性质 6　设 M, m 分别是 $f(x,y)$ 在闭区域 D 上的最大值和最小值，σ 是 D 的面积，则有

$$m\sigma \leqslant \iint\limits_{D} f(x,y)\mathrm{d}\sigma \leqslant M\sigma$$

上述不等式是对二重积分估值的不等式.

性质 7（二重积分的中值定理）　设函数 $f(x,y)$ 在闭区域 D 上连续，σ 是 D 的面积，则在 D 上至少存在一点 (ξ,η) 使得下式成立

$$\iint\limits_{D} f(x,y)\mathrm{d}\sigma = f(\xi,\eta) \cdot \sigma$$

课堂练习

估计二重积分 $\iint\limits_{D} xy(x+y)\mathrm{d}\sigma$ 的值.

习题 7-1

1. 利用二重积分的几何意义计算下列二重积分.

（1）$\iint\limits_{D} k\mathrm{d}\sigma$，其中 $D: x^2+y^2 \leqslant 4$，（$k>0$ 且为常数）；

（2）$\iint\limits_{D} \sqrt{9-x^2-y^2}\mathrm{d}\sigma$，其中 $D: x^2+y^2 \leqslant 9$；

（3）$\iint\limits_{D} (2-x-y)\mathrm{d}\sigma$，其中 D 为 x 轴、y 轴和直线 $x+y=2$ 所围的区域.

2. 比较二重积分 $I_1 = \iint\limits_{D}(x+y)^2\mathrm{d}\sigma$ 与 $I_2 = \iint\limits_{D}(x+y)^3\mathrm{d}\sigma$ 的大小，其中 D 为直线 $x+y=1$，x 轴和 y 轴所围的闭区域.

3. 估计二重积分的值.

（1）$I = \iint\limits_{D} \sin^2 x \sin^2 y \,d\sigma$，其中 D 矩形闭区域：$0 \leq x \leq \pi$，$0 \leq y \leq \pi$；

（2）$I = \iint\limits_{D} \sqrt[4]{xy(x+y)} \,d\sigma$，其中 D 矩形闭区域：$0 \leq x \leq 2$，$0 \leq y \leq 2$.

第二节　二重积分的计算法

按照二重积分的定义来计算二重积分，对少数特别简单的被积函数和积分区域来说是可行的，但对一般的函数和积分区域来说，这不是一种切实可行的方法. 这里介绍一种方法，把二重积分化为两次单积分（即两次定积分）来计算.

一、利用直角坐标计算二重积分

下面用几何的观点来讨论二重积分 $\iint\limits_{D} f(x,y) \,d\sigma$ 的计算问题.

在讨论中我们假定 $f(x,y) \geq 0$. 并设积分区域 D，可以用不等式

$$\varphi_1(x) \leq y \leq \varphi_2(x), \quad a \leq x \leq b$$

来表示，其中函数 $\varphi_1(x)$，$\varphi_2(x)$ 在区间 $[a,b]$ 上连续（图7.3）.

我们应用"平行截面面积为已知的立体的体积"的方法，来计算这个曲顶柱体的体积. 为计算截面面积，在区间 $[a,b]$ 上任意取定一点 x_0，作平行于 yOz 面的平面 $x = x_0$. 这平面截曲顶柱体所得截面是一个以区间 $[\varphi_1(x_0), \varphi_2(x_0)]$ 为底、曲线 $z = f(x_0, y)$ 为曲边的曲边梯形（图7.4 中阴影部分），所以这截面的面积为

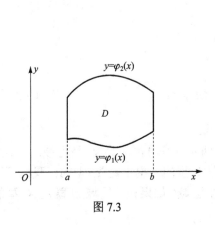

图 7.3

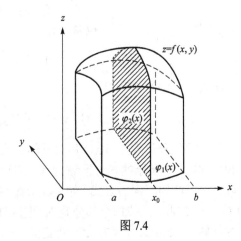

图 7.4

$$A(x_0) = \int_{\varphi_1(x_0)}^{\varphi_2(x_0)} f(x_0, y) \,dy$$

一般地，过区间 $[a,b]$ 上任一点 x 且平行于 yOz 面的平面截曲顶柱体，所得截面的面积为

$$A(x) = \int_{\varphi_1(x)}^{\varphi_2(x)} f(x, y) \,dy$$

于是，得曲顶柱体的体积为

$$V = \int_a^b A(x)dx = \int_a^b \left[\int_{\varphi_1(x)}^{\varphi_2(x)} f(x,y)dy \right] dx$$

这个体积也就是所求二重积分的值，从而有等式

$$\iint_D f(x,y)d\sigma = \int_a^b \left[\int_{\varphi_1(x)}^{\varphi_2(x)} f(x,y)dy \right] dx \tag{7.2.1}$$

上式右端的积分叫做先对 y，后对 x 的二次积分. 就是说，先把 x 看作常数，把 $f(x,y)$ 只看作 y 的函数，并对 y 计算从 $\varphi_1(x)$ 到 $\varphi_2(x)$ 的定积分；然后把算得的结果（是 x 的函数）再对 x 计算在区间 $[a,b]$ 上的定积分. 这个先对 y，后对 x 的二次积分也常记作

$$\int_a^b dx \int_{\varphi_1(x)}^{\varphi_2(x)} f(x,y)dy$$

因此，可得二重积分的计算公式

$$\iint_D f(x,y)d\sigma = \int_a^b dx \int_{\varphi_1(x)}^{\varphi_2(x)} f(x,y)dy \tag{7.2.2}$$

在上述讨论中，我们假定 $f(x,y) \geq 0$，但实际上公式（7.2.1）的成立并不受此条件限制.

类似地，如果积分区域 D 可以用不等式

$$\psi_1(y) \leq x \leq \psi_2(y), \quad c \leq y \leq d$$

来表示（图 7.5），其中函数 $\psi_1(y)$，$\psi_2(y)$ 在区间 $[c,d]$ 上连续，那么就有

$$\iint_D f(x,y)d\sigma = \int_c^d \left[\int_{\psi_1(y)}^{\psi_2(y)} f(x,y)dx \right] dy \tag{7.2.3}$$

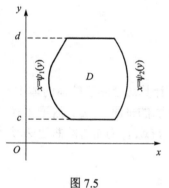

图 7.5

上式右端的积分叫做先对 x、后对 y 的二次积分，这个积分也常记作

$$\int_c^d dy \int_{\psi_1(y)}^{\psi_2(y)} f(x,y)dx$$

因此，等式（7.2.3）也写成

$$\iint_D f(x,y)d\sigma = \int_c^d dy \int_{\psi_1(y)}^{\psi_2(y)} f(x,y)dx \tag{7.2.4}$$

这就是把二重积分化为先对 x，后对 y 的二次积分的公式.

我们称图 7.3 所示的积分区域为 X-型区域，图 7.5 所示的积分区域为 Y-型区域. 对不同的区域，可以应用不同的公式. 如果积分区域 D 既不是 X-型的，也不是 Y-型的，我们可以把 D 分成几个部分，使每个部分是 X-型区域或是 Y-型区域. 如果积分区域 D 既是 X-型的又是 Y-型的，则由公式（7.2.2）及式（7.2.4）得

$$\int_a^b dx \int_{\varphi_1(x)}^{\varphi_2(x)} f(x,y)dy = \int_c^d dy \int_{\psi_1(y)}^{\psi_2(y)} f(x,y)dx$$

上式表明，这两个不同次序的二次积分相等，因为它们都等于同一个二重积分

$$\iint_D f(x,y)d\sigma$$

二重积分化为二次积分时，确定积分限是一个关键. 而积分限是根据积分区域 D 的类型

来确定的.

例1 计算 $\iint\limits_D xy\,d\sigma$，其中 D 是由直线 $y=1$，$x=2$ 及 $y=x$ 所围成的闭区域.

解法1 首先画出积分区域 D（图7.6）. D 是 X-型的，D 上的点的横坐标的变动范围是区间 $[1, 2]$. 在区间 $[1, 2]$ 上任意取定一个 x 值，则 D 上以这个 x 值为横坐标的点在一段直线上，这段直线平行于 y 轴，该线段上点的纵坐标从 $y=1$ 变到 $y=x$. 利用公式（7.2.1）得

$$\iint\limits_D xy\,d\sigma = \int_1^2\left[\int_1^x xy\,dy\right]dx = \int_1^2\left[x\frac{y^2}{2}\,dy\right]_1^x dx$$

$$= \int_1^2\left[\frac{x^3}{2}-\frac{x}{2}\right]dx = \left[\frac{x^4}{8}-\frac{x^2}{4}\right]_1^2 = 1\frac{1}{8}$$

解法2 把积分区域 D 看成是 Y-型的. 同学们可作为练习，验证解出的答案是否与解法1的相一致.

例2 计算二重积分 $\iint\limits_D xy\,d\sigma$，其中积分区域 D 是由抛物线 $y^2=x$ 及直线 $y=x-2$ 所围成的闭区域.

解 画出积分区域 D 的图形（图7.7），显然是 Y-型区域，所以

$$\iint\limits_D xy\,d\sigma = \int_{-1}^2 dy\int_{y^2}^{y+2} xy\,dx = \int_{-1}^2\left[\frac{x^2 y}{2}\right]_{y^2}^{y+2} dy$$

$$= \frac{1}{2}\int_{-1}^2 y[(y+2)^2 - y^5]dy$$

$$= \frac{1}{2}\left[\frac{y^4}{4}+\frac{4}{3}y^3+2y^2-\frac{y^6}{6}\right]_{-1}^2 = 5\frac{5}{8}$$

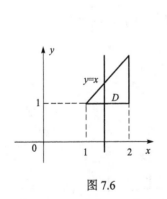

图7.6

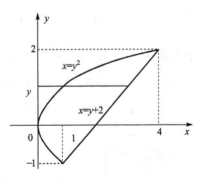

图7.7

例3 计算 $\iint\limits_D \left(1-\frac{x}{4}-\frac{y}{3}\right)dxdy$，其中 D 是矩形区域：$-2\leq x\leq 2$，$-1\leq y\leq 1$.

解 矩形区域既属于 X-型区域又属于 Y-型区域（图7.8），所以可先对 y 积分，也可先对 x 积分.

我们选择先对 y 积分，得

$$\iint_D \left(1-\frac{x}{4}-\frac{y}{3}\right)dxdy = \int_{-2}^{2}dx\int_{-1}^{1}\left(1-\frac{x}{4}-\frac{y}{3}\right)dy$$

$$= \int_{-2}^{2}\left[y-\frac{xy}{4}-\frac{y^2}{6}\right]_{-1}^{1}dx$$

$$= \int_{-2}^{2}\left(2-\frac{x}{2}\right)dx$$

$$= \left[2x-\frac{x^2}{4}\right]_{-2}^{2} = 8$$

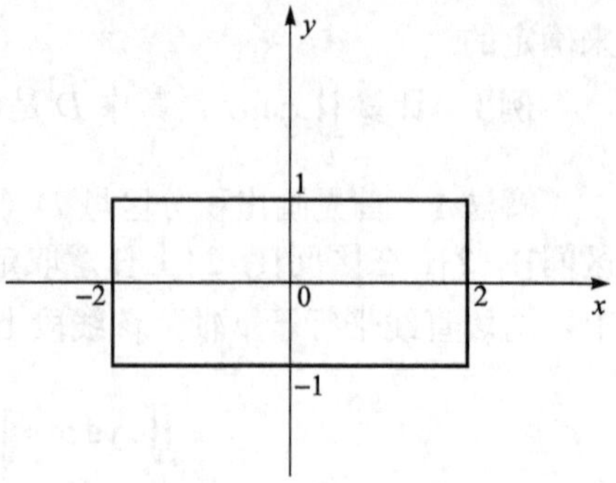

图 7.8

对于较复杂的积分区域，在化二重积分为二次积分时，为了计算简便，需要选择恰当的二次积分的次序. 这时，既要考虑积分区域 D 的形状，又要考虑被积函数 $f(x,y)$ 的特性.

例 4 求各底圆半径都等于 R 的直交圆柱面所围成的立体的体积.

解 设这两个圆柱面的方程分别为

$$x^2+y^2=R^2 \text{ 和 } x^2+z^2=R^2$$

利用立体关于坐标平面的对称性，只要算出它在第一卦限部分（图 7.9）的体积 V_1，然后再乘以 8 就行了. 所求立体在第一卦限部分可以看成是一个曲顶柱体，它的底为

$$D = \{(x,y) \mid 0 \leqslant y \leqslant \sqrt{R^2-x^2}, 0 \leqslant x \leqslant R\}$$

（如图 7.10 所示）. 它的顶是柱面 $z=\sqrt{R^2-x^2}$. 于是，

$$V_1 = \iint_D \sqrt{R^2-x^2}\,d\sigma$$

利用公式（7.2.1）得

$$V_1 = \iint_D \sqrt{R^2-x^2}\,d\sigma = \int_0^R\left[\int_0^{\sqrt{R^2-x^2}}\sqrt{R^2-x^2}\,dy\right]dx$$

$$= \int_0^R\left[\sqrt{R^2-x^2}\,y\right]_0^{\sqrt{R^2-x^2}}dx = \int_0^R(R^2-x^2)dx = \frac{2}{3}R^3$$

从而所求立体体积为

$$V = 8V_1 = \frac{16}{3}R^3$$

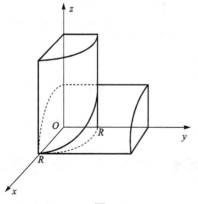

图 7.9

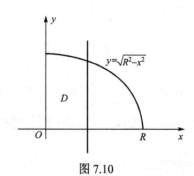

图 7.10

课堂练习

计算 $\iint\limits_{D}(x+4y)\mathrm{d}x\mathrm{d}y$，其中 D 是直线 $y=x$，$y=2x$ 和 $x=1$ 所围成的闭区域.

二、利用极坐标计算二重积分

有些二重积分，积分区域 D 的边界曲线用极坐标方程来表示比较方便，且被积函数用极坐标变量 r，θ 比较简单. 这时，我们就可以考虑利用极坐标来计算二重积分

$$\iint\limits_{D}f(x,y)\mathrm{d}\sigma$$

按二重积分的定义有

$$\iint\limits_{D}f(x,y)\mathrm{d}\sigma=\lim_{\lambda\to 0}\sum_{i=1}^{n}f(\xi_i,\eta_i)\Delta\sigma_i$$

下面将推导出这个和的极限在极坐标系中的形式.

假定从极点 O 出发且穿过闭区域 D 内部的射线与 D 的边界曲线相交不多于两点. 我们用以极点为中心的一族同心圆：$r=$ 常数，以及从极点出发的一族射线：$\theta=$ 常数，把 D 分成 n 个小闭区域（图 7.11）. 除了包含边界点的一些小闭区域外，小闭区域 D_i 的面积 $\Delta\sigma_i$ 可计算如下

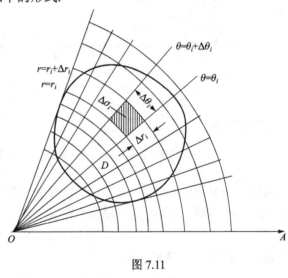

图 7.11

$$\begin{aligned}\Delta\sigma_i &= \frac{1}{2}(r_i+\Delta r_i)^2\Delta\theta_i-\frac{1}{2}r_i^2\Delta\theta_i\\&=\frac{1}{2}(2r_i+\Delta r_i)\Delta r_i\Delta\theta_i\\&=\frac{r_i+(r_i+\Delta r_i)}{2}\Delta r_i\Delta\theta_i\\&=\overline{r}_i\Delta r_i\Delta\theta_i\end{aligned}$$

其中 $\overline{r}_i$ 表示相邻两圆弧的半径的平均值. 在这小闭区域内取圆周 $r=\overline{r}_i$ 上的一点 $(\overline{r}_i,\overline{\theta}_i)$，该点的直角坐标设为 ξ_i,η_i，则由直角坐标与极坐标之间的关系有 $\xi_i=\overline{r}_i\cos\overline{\theta}_i,\eta_i=\overline{r}_i\sin\overline{\theta}_i$. 于是

$$\lim_{\lambda\to 0}\sum_{i=1}^{n}f(\xi_i,\eta_i)\Delta\sigma_i=\lim_{\lambda\to 0}\sum_{i=1}^{n}f(\overline{r}_i\cos\overline{\theta}_i,\overline{r}_i\sin\overline{\theta}_i)\overline{r}_i\Delta r_i\Delta\theta_i$$

即

$$\iint\limits_{D}f(x,y)\mathrm{d}\sigma=\iint\limits_{D}f(r\cos\theta,r\sin\theta)r\mathrm{d}r\mathrm{d}\theta \tag{7.2.5}$$

由于在直角坐标系中 $\iint\limits_{D}f(x,y)\mathrm{d}\sigma$ 也常记作 $\iint\limits_{D}f(x,y)\mathrm{d}x\mathrm{d}y$，所以上式又可写成

$$\iint\limits_{D}f(x,y)\mathrm{d}x\mathrm{d}y=\iint\limits_{D}f(r\cos\theta,r\sin\theta)r\mathrm{d}r\mathrm{d}\theta \tag{7.2.6}$$

这就是二重积分的变量从直角坐标变换为极坐标的变换公式，其中 $r\mathrm{d}r\mathrm{d}\theta$ 就是极坐标系中的面积元素.

公式（7.2.5）表明，要把二重积分中的变量从直角坐标变换为极坐标，只要把被积函数中的 x,y 分别换成 $r\cos\theta,r\sin\theta$，并把直角坐标系中的面积元素 $\mathrm{d}x\mathrm{d}y$ 换成极坐标系中的面积元素 $r\mathrm{d}r\mathrm{d}\theta$。

极坐标系中的二重积分，同样可以化为二次积分来计算. 在图 7.12 中，二重积分化为二次积分的公式为

$$\iint_D f(r\cos\theta,r\sin\theta)r\mathrm{d}r\mathrm{d}\theta = \int_\alpha^\beta \left[\int_{\varphi_1(\theta)}^{\varphi_2(\theta)} f(r\cos\theta,r\sin\theta)r\mathrm{d}r\right]\mathrm{d}\theta \tag{7.2.7}$$

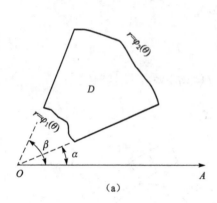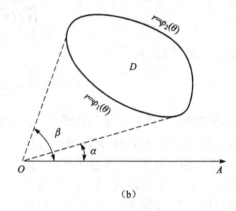

图 7.12

上式也可写成

$$\iint_D f(r\cos\theta,r\sin\theta)r\mathrm{d}r\mathrm{d}\theta = \int_\alpha^\beta \mathrm{d}\theta \int_{\varphi_1(\theta)}^{\varphi_2(\theta)} f(r\cos\theta,r\sin\theta)r\mathrm{d}r \tag{7.2.8}$$

特别地，如果积分区域 D 是图 7.13 所示的曲边扇形，那么相当于图 7.12 中 $\varphi_1(\theta)\equiv 0$，$\varphi_2(\theta)=\varphi(\theta)$. 这时闭区域 D 可以用不等式

$$0\leqslant r\leqslant \varphi(\theta),\quad \alpha\leqslant \theta\leqslant \beta$$

来表示，而公式（7.2.8）成为

$$\iint_D f(r\cos\theta,r\sin\theta)r\mathrm{d}r\mathrm{d}\theta = \int_\alpha^\beta \mathrm{d}\theta \int_0^{\varphi_2(\theta)} f(r\cos\theta,r\sin\theta)r\mathrm{d}r \tag{7.2.9}$$

如果积分区域 D 如图 7.14 所示，极点在 D 的内部，那么相当于图 7.13 中 $\alpha=0,\beta=2\pi$. 这时闭区域 D 可以用不等式

$$0\leqslant r\leqslant \varphi(\theta),\ 0\leqslant \theta\leqslant 2\pi$$

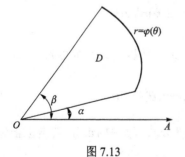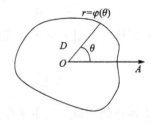

图 7.13　　　　　　　　　图 7.14

来表示，而公式（7.2.8）成为

$$\iint_D f(r\cos\theta, r\sin\theta)r\mathrm{d}r\mathrm{d}\theta = \int_0^{2\pi}\mathrm{d}\theta\int_0^{\varphi(\theta)}f(r\cos\theta, r\sin\theta)r\mathrm{d}r \tag{7.2.10}$$

由二重积分的性质 4，闭区域 D 的面积 σ 可以表示为

$$\sigma = \iint_D \mathrm{d}\sigma$$

在极坐标系中，面积元素 $\mathrm{d}\sigma = r\mathrm{d}r\mathrm{d}\theta$，上式成为

$$\sigma = \iint_D r\mathrm{d}r\mathrm{d}\theta$$

如果闭区域 D 如图 7.12（a）所示，则由公式（7.2.8）有

$$\sigma = \iint_D r\mathrm{d}r\mathrm{d}\theta = \int_\alpha^\beta \mathrm{d}\theta\int_{\varphi_1(\theta)}^{\varphi_2(\theta)} r\mathrm{d}r = \frac{1}{2}\int_\alpha^\beta [\varphi_2^2(\theta) - \varphi_1^2(\theta)]\mathrm{d}\theta$$

特别地，如果闭区域 D 如图 7.13 所示，则 $\varphi_1(\theta) \equiv 0$，$\varphi_2(\theta) = \varphi(\theta)$. 于是

$$\sigma = \frac{1}{2}\int_\alpha^\beta \varphi^2(\theta)\mathrm{d}\theta$$

例 5 计算 $\iint_D \mathrm{e}^{-x^2-y^2}\mathrm{d}x\mathrm{d}y$，其中闭区域 D 是由中心在原点、半径为 a 的圆周所围成的闭区域.

解 在极坐标系中，闭区域 D 可表示为 $0 \le r \le a$，$0 \le \theta \le 2\pi$. 由公式（7.2.6）及式（7.2.10）有

$$\iint_D \mathrm{e}^{-x^2-y^2}\mathrm{d}x\mathrm{d}y = \iint_D \mathrm{e}^{-r^2} r\mathrm{d}r\mathrm{d}\theta = \int_0^{2\pi}\left[\int_0^a \mathrm{e}^{-r^2} r\mathrm{d}r\right]\mathrm{d}\theta$$

$$= \int_0^{2\pi}\left[-\frac{1}{2}\mathrm{e}^{-r^2}\right]_0^a \mathrm{d}\theta = \frac{1}{2}(1 - \mathrm{e}^{-a^2})\int_0^{2\pi}\mathrm{d}\theta$$

$$= \pi(1 - \mathrm{e}^{-a^2}).$$

例 6 求球体 $x^2 + y^2 + z^2 \le 4a^2$ 圆柱面 $x^2 + y^2 = 2ax$（$a > 0$）所截得的（含在圆柱面内的部分）立体的体积（图 7.15）.

解 由对称性，得

$$V = 4\iint_D \sqrt{4a^2 - x^2 - y^2}\mathrm{d}x\mathrm{d}y$$

其中 D 为半圆周 $y = \sqrt{2ax - x^2}$ 及 x 轴所围成的闭区域. 在极坐标系中，闭区域 D 可用不等式

$$0 \le r \le 2a\cos\theta, \quad 0 \le \theta \le \frac{\pi}{2}$$

来表示（图 7.16）. 于是

$$V = 4\iint_D \sqrt{4a^2 - r^2}\, r\mathrm{d}r\mathrm{d}\theta = 4\int_0^{\frac{\pi}{2}}\mathrm{d}\theta\int_0^{2a\cos\theta}\sqrt{4a^2 - r^2}\, r\mathrm{d}r$$

$$= \frac{32}{3}a^3\int_0^{\frac{\pi}{2}}(1 - \sin^3\theta)\mathrm{d}\theta = \frac{32}{3}a^3\left(\frac{\pi}{2} - \frac{2}{3}\right)$$

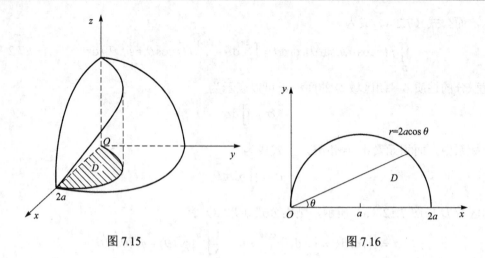

图 7.15　　　　　　　　图 7.16

课堂练习

计算二重积分 $\iint\limits_{D}(1-x^2-y^2)\mathrm{d}\sigma$，其中区域 D 是由直线 $y=x$，$y=0$ 和圆 $x^2+y^2=1$ 所围成.

习题 7-2

1. 计算下列二重积分：

(1) $\iint\limits_{D}(x^2+y^2)\mathrm{d}\sigma$，$D:|x|\leqslant 1$，$|y|\leqslant 1$；

(2) $\iint\limits_{D}\mathrm{e}^{x+y}\mathrm{d}x\mathrm{d}y$，$D:0\leqslant x\leqslant \ln 3$，$0\leqslant y\leqslant \ln 2$；

(3) $\iint\limits_{D}x^2y\mathrm{d}x\mathrm{d}y$，$D$ 是由 $xy=2$，$x+y=3$ 所围成的区域；

(4) $\iint\limits_{D}(x+y)\mathrm{d}x\mathrm{d}y$，$D$ 是由 $y=1-x^2$ 和 $y=0$ 所围成的区域；

(5) $\iint\limits_{D}x\cos(x+y)\mathrm{d}\sigma$，$D$ 是顶点分别为（0，0），（π，0）和（π，π）的三角形闭区域.

2. 用极坐标计算下列二重积分：

(1) $\iint\limits_{D}\sqrt{x^2+y^2}\mathrm{d}\sigma$，$D:x^2+y^2\leqslant 4$

(2) $\iint\limits_{D}\mathrm{e}^{-(x^2+y^2)}\mathrm{d}\sigma$，$D:x^2+y^2\leqslant R^2$

(3) $\iint\limits_{D}\cos\sqrt{x^2+y^2}\mathrm{d}\sigma$，$D:\pi^2\leqslant x^2+y^2\leqslant 4\pi^2$

3. 求由平面 $x=0$，$y=0$ 和 $x+y=1$ 所围成的柱体被平面 $z=0$ 及抛物面 $x^2+y^2=6-z$ 截得的立体的体积.

4. 求两旋转抛物面 $z=2-x^2-y^2$ 和 $z=x^2+y^2$ 所围的立体的体积.

第三节 二重积分的应用实例

在二重积分的应用中，由许多求总量的问题可以用定积分的元素法来处理．如果所要计算的某个量对于闭区域 D 具有可加性（就是说，当闭区域 D 分成许多小闭区域时，所求量 U 相应地分成许多部分量，且 U 等于部分量之和），并且在闭区域 D 内任取一个直径很小的闭区域 $d\sigma$ 时，相应的部分量可近似地表示为 $f(x,y)d\sigma$ 的形式，其中 (x,y) 在 $d\sigma$ 内．这个 $f(x,y)d\sigma$ 称为所求量 U 的元素而记作 dU，以它为被积表达式，在闭区域 D 上积分

$$U = \iint_D f(x,y)d\sigma$$

这就是所求量的积分表达式．

一、曲面的面积

设曲面 S 由方程 $z=f(x,y)$ 给出，D 为曲面 S 在 xOy 面上的投影区域，函数 $f(x,y)$ 在 D 上具有连续偏导数 $f'_x(x,y)$ 和 $f'_y(x,y)$．我们要计算曲面 S 的面积 A 可由下面公式来计算

$$A = \iint_D \sqrt{1+f'^2_x(x,y)+f'^2_y(x,y)}d\sigma \tag{7.3.1}$$

上式也可写为

$$A = \iint_D \sqrt{1+\left(\frac{\partial z}{\partial x}\right)^2+\left(\frac{\partial z}{\partial y}\right)^2}dxdy$$

这就是计算曲面面积的公式．

设曲面的方程为 $x=g(y,z)$ 或 $y=h(z,x)$，可分别把曲面投影到 yOz 面上（投影区域记作 D_{yz}）或 zOx 面上（投影区域记作 D_{zx}），类似地可得

$$A = \iint_{D_{yz}} \sqrt{1+\left(\frac{\partial x}{\partial y}\right)^2+\left(\frac{\partial x}{\partial z}\right)^2}dydz$$

或

$$A = \iint_{D_{zx}} \sqrt{1+\left(\frac{\partial y}{\partial z}\right)^2+\left(\frac{\partial y}{\partial x}\right)^2}dzdx$$

例1 求半径为 a 的球的表面积.

解 取上半球面的方程为 $z=\sqrt{a^2-x^2-y^2}$，则它在 xOy 面上的投影区域 D 可表示为

$$x^2+y^2 \leqslant a^2$$

由

$$\frac{\partial z}{\partial x} = \frac{-x}{\sqrt{a^2-x^2-y^2}}, \quad \frac{\partial z}{\partial y} = \frac{-y}{\sqrt{a^2-x^2-y^2}}$$

得

$$\sqrt{1+\left(\frac{\partial z}{\partial x}\right)^2+\left(\frac{\partial z}{\partial y}\right)^2} = \frac{a}{\sqrt{a^2-x^2-y^2}}$$

因为这个函数在闭区域 D 上无界，我们不能直接应用曲面面积公式. 所以先取区域 D_1： $x^2+y^2 \leqslant b^2$ ($0<b<a$) 为积分区域，算出相应于 D_1 上的球面面积 A_1 后，令 $b \to a$ 取 A_1 的极限，就得半球面的面积.

$$A_1 = \iint_{D_1} \frac{a}{\sqrt{a^2-x^2-y^2}} \mathrm{d}x\mathrm{d}y$$

利用极坐标，得

$$\begin{aligned} A_1 &= \iint_{D_1} \frac{a}{\sqrt{a^2-r^2}} r\mathrm{d}r\mathrm{d}\theta \\ &= a\int_0^{2\pi} \mathrm{d}\theta \int_0^b \frac{r\mathrm{d}r}{\sqrt{a^2-r^2}} \\ &= 2\pi a\int_0^b \frac{r\mathrm{d}r}{\sqrt{a^2-r^2}} = 2\pi a(a-\sqrt{a^2-b^2}) \end{aligned}$$

于是

$$\lim_{b \to a} A_1 = \lim_{b \to a} 2\pi a(a-\sqrt{a^2-b^2}) = 2\pi a^2$$

这就是半个球面的面积，因此整个球面的面积为

$$A = 4\pi a^2$$

二、平面薄片的重心

设有一平面薄片，占有 xOy 面上的闭区域 D，在点 (x,y) 处的面密度 $\rho(x,y)$，假定 $\rho(x,y)$ 在 D 上连续. 现在要找该薄片的重心的坐标.

在闭区域 D 上任取一直径很小的闭区域 $\mathrm{d}\sigma$（这小闭区域的面积也记作 $\mathrm{d}\sigma$），(x,y) 是这小闭区域上的一个点. 由于 $\mathrm{d}\sigma$ 的直径很小，且 $\rho(x,y)$ 在 D 上连续，所以薄片中相应于 $\mathrm{d}\sigma$ 的部分的质量近似等于 $\rho(x,y)\mathrm{d}\sigma$，这部分质量可近似看作集中在点 (x,y) 上，于是可写出静矩元素 $\mathrm{d}M_y$ 及 $\mathrm{d}M_x$

$$\mathrm{d}M_y = x\rho(x,y)\mathrm{d}\sigma, \quad \mathrm{d}M_x = y\rho(x,y)\mathrm{d}\sigma$$

以这些元素为被积表达式，在闭区域 D 上积分，便得

$$M_y = \iint_D x\rho(x,y)\mathrm{d}\sigma, \quad M_x = \iint_D y\rho(x,y)\mathrm{d}\sigma$$

又由第一节知道，薄片的质量为

$$M = \iint_D \rho(x,y)\mathrm{d}\sigma$$

所以，薄片的重心的坐标为

$$\bar{x} = \frac{M_y}{M} = \frac{\iint_D x\rho(x,y)\mathrm{d}\sigma}{\iint_D \rho(x,y)\mathrm{d}\sigma}, \quad \bar{y} = \frac{M_x}{M} = \frac{\iint_D y\rho(x,y)\mathrm{d}\sigma}{\iint_D \rho(x,y)\mathrm{d}\sigma}$$

如果薄片是均匀的，即面密度为常量，则上式中可把 ρ 提到积分记号外面并从分子、分母中约去，这样便得均匀薄片重心的坐标为

$$\bar{x} = \frac{1}{A} \iint_D x \mathrm{d}\sigma, \quad \bar{y} = \frac{1}{A} \iint_D y \mathrm{d}\sigma \tag{7.3.2}$$

其中 $A = \iint_D \mathrm{d}\sigma$ 为闭区域 D 的面积. 这时薄片的重心完全由闭区域 D 的形状所决定. 我们把均匀平面薄片的重心叫做这平面薄片所占的平面图形的形心. 因此, 平面图形 D 的形心, 就可用公式 (7.3.2) 计算.

例 2 求位于两圆 $r = 2\sin\theta$ 和 $r = 4\sin\theta$ 之间的均匀薄片的重心.

解 因为闭区域 D 对称于 y 轴, 所以重心 $C(\bar{x}, \bar{y})$ 必位于 y 轴上, 于是 $\bar{x} = 0$.

再按公式 $\bar{y} = \frac{1}{A} \iint_D y \mathrm{d}\sigma$ 计算 $\bar{y}$.

由于闭区域 D 位于半径为 1 与半径为 2 的两圆之间, 所以它的面积等于这两个圆的面积之差, 即 $A = 3\pi$. 再利用极坐标计算积分

$$\iint_D y \mathrm{d}\sigma = \iint_D r^2 \sin\theta \mathrm{d}r \mathrm{d}\theta$$
$$= \int_0^\pi \sin\theta \mathrm{d}\theta \int_{2\sin\theta}^{4\sin\theta} r^2 \mathrm{d}r$$
$$= \frac{56}{3} \int_0^\pi \sin^4\theta \mathrm{d}\theta = 7\pi$$

因此 $\bar{y} = \frac{7\pi}{3\pi} = \frac{7}{3}$, 所求重心是 $C\left(0, \frac{7}{3}\right)$.

三、平面薄片的转动惯量

设有一薄片, 占有 xOy 面上的闭区域 D, 在点 (x, y) 处的面密度 $\rho(x, y)$, 假定 $\rho(x, y)$ 在 D 上连续. 现在要求该薄片对于 x 轴的转动惯量 I_x 以及对于 y 轴的转动惯量 I_y.

应用元素法, 在闭区域 D 上任取一直径很小的闭区域 $\mathrm{d}\sigma$ (这小闭区域的面积也记作 $\mathrm{d}\sigma$), (x, y) 是这小闭区域上的一个点. 由于 $\mathrm{d}\sigma$ 的直径很小, 且 $\rho(x, y)$ 在 D 上连续, 所以薄片中相应于 $\mathrm{d}\sigma$ 的部分的质量近似等于 $\rho(x, y)\mathrm{d}\sigma$, 这部分质量可近似看作集中在点 (x, y) 上, 于是可写出薄片对于 x 轴以及对于 y 轴的转动惯量元素

$$\mathrm{d}I_x = y^2 \rho(x, y) \mathrm{d}\sigma, \quad \mathrm{d}I_y = x^2 \rho(x, y) \mathrm{d}\sigma$$

以这些元素为被积表达式, 在闭区域 D 上积分, 便得

$$I_x = \iint_D y^2 \rho(x, y) \mathrm{d}\sigma, \quad I_y = \iint_D x^2 \rho(x, y) \mathrm{d}\sigma$$

例 3 求半径为 a 的均匀半圆薄片 (面密度为常量 ρ) 对于其直径边的转动惯量.

解 取坐标系如图 7.17 所示, 则薄片所占闭区域 D 可表示为

$$x^2 + y^2 \leq a^2, \quad y \geq 0$$

而所求转动惯量即半圆薄片对于 x 轴的转动惯量 I_x

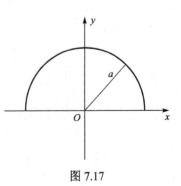

图 7.17

$$I_x = \iint_D \rho y^2 d\sigma = \rho \iint_D r^3 \sin^2\theta dr d\theta$$

$$= \rho \int_0^\pi d\theta \int_0^a r^3 \sin^2\theta dr = \rho \frac{a^4}{r} \int_0^\pi \sin^2\theta d\theta$$

$$= \frac{1}{4}\rho a^4 \frac{\pi}{2} = \frac{1}{4}Ma^2,$$

其中 $M = \frac{1}{2}\pi a^2 \rho$ 为半圆薄片的质量.

课堂练习

求由坐标轴和直线 $2x + 3y = 6$ 所围成的三角形均匀薄片的重心.

习题 7–3

1. 求球面 $x^2 + y^2 + z^2 = a^2$ 含在圆柱面 $x^2 + y^2 = ax$ 内部的那部分面积.
2. 求抛物面 $z = x^2 + y^2$ 在平面 $z = 1$ 下面部分的面积.
3. 求柱面 $z = x^2$ 在平面区域 $0 \leq x \leq 1$，$0 \leq y \leq 1$ 上的那部分曲面面积.
4. 半径为 1 的半圆形薄片，其上任意点处的面密度等于该点到圆心距离的平方，求此半圆形薄片的质量.
5. 求半径为 R，中心角为 2α 的均匀扇形的重心.
6. 设均匀薄片占有区域 D 是由 $y = \sqrt{2px}$，$x = x_0$，$y = 0$ 所围成的，求此均匀薄片的重心.
7. 设均匀薄片（面密度为常数 1）占有区域 D 如下，求指定的转动惯量.

（1）$D: \frac{x^2}{a^2} + \frac{y^2}{b^2} \leq 1$，求转动惯量 I_y；

（2）$D: 0 \leq x \leq a$，$0 \leq y \leq b$，求 I_x 和 I_y.

第八章 矩阵及其应用

行列式和矩阵是研究线性方程组时建立起来的一种数学工具，是线性代数的基础部分，在科学技术和工程技术中有着越来越广泛的应用. 本章将介绍行列式和矩阵的一些基础知识及其简单的应用.

第一节 n 阶行列式的概念

一、二阶行列式

1. 二元线性方程组的一般形式为

$$(\text{I}) \quad \begin{cases} a_{11}x_1 + a_{12}x_2 = b_1 & (1) \\ a_{21}x_1 + a_{22}x_2 = b_2 & (2) \end{cases}$$

用加减消元法解方程组（I）. 消去 x_2，由式（1）$\times a_{22}$ – 式（2）$\times a_{12}$ 得

$$(a_{11}a_{22} - a_{12}a_{21})x_1 = b_1 a_{22} - a_{12} b_2$$

类似地，消去 x_1 得

$$(a_{11}a_{22} - a_{12}a_{21})x_2 = b_2 a_{11} - a_{21} b_1$$

当 $a_{11}a_{22} - a_{12}a_{21} \neq 0$ 时，得方程组的解为

$$x_1 = \frac{b_1 a_{22} - a_{12} b_2}{a_{11}a_{22} - a_{12}a_{21}}, \quad x_2 = \frac{b_2 a_{11} - a_{21} b_1}{a_{11}a_{22} - a_{12}a_{21}} \tag{8.1.1}$$

观察：在式（8.1.1）中，两个分母都是 $a_{11}a_{22} - a_{12}a_{21}$，其中 a_{11}，a_{12}，a_{21}，a_{22} 是方程组的未知数的系数，现将 a_{11}，a_{12}，a_{21}，a_{22} 按照方程组（I）中的原来位置排成两行两列，两旁各加一竖线，用记号

$$\begin{vmatrix} a_{11} & a_{12} \\ a_{21} & a_{22} \end{vmatrix} \tag{8.1.2}$$

来表示 $a_{11}a_{22} - a_{12}a_{21}$，即

$$\begin{vmatrix} a_{11} & a_{12} \\ a_{21} & a_{22} \end{vmatrix} = a_{11}a_{22} - a_{12}a_{21}$$

式（8.1.2）叫做二阶行列式. 其中横排叫做行，纵排叫做列. a_{11}，a_{12}，a_{21}，a_{22} 叫做行列式的元素.

注：每个元素都存在两个下标，第一个下标表示行数，第二个下标表示列数，如 a_{ij} 是第 i 行第 j 列的元素.

2. 二阶行列式的展开

我们把 $a_{11}a_{22} - a_{12}a_{21}$ 叫做二阶行列式的展开式.

注：可以看出，此展开式是行列式中用主对角线上的两个元素乘积减去次对角线上两个元素的乘积所得的差，这种二阶行列式展开的方法叫做对角线展开法.

类似的，我们有

$$b_1 a_{22} - a_{12} b_2 = \begin{vmatrix} b_1 & a_{12} \\ b_2 & a_{22} \end{vmatrix}$$

$$b_2 a_{11} - a_{21} b_1 = \begin{vmatrix} a_{11} & b_1 \\ a_{21} & b_2 \end{vmatrix}$$

现用 D, D_1, D_2 表示二元线性方程组中解的分子与分母的各行列式

$$D = \begin{vmatrix} a_{11} & a_{12} \\ a_{21} & a_{22} \end{vmatrix}, \quad D_1 = \begin{vmatrix} b_1 & a_{12} \\ b_2 & a_{22} \end{vmatrix}, \quad D_2 = \begin{vmatrix} a_{11} & b_1 \\ a_{21} & b_2 \end{vmatrix}$$

则方程组的解为

$$x_1 = \frac{D_1}{D}, \quad x_2 = \frac{D_2}{D} \quad (D \neq 0)$$

其中 D 叫做系数行列式.

例1 求解二元线性方程组

$$\begin{cases} 4x_1 + 3x_2 = 5 \\ 3x_1 + 4x_2 = 6 \end{cases}$$

解 $D = \begin{vmatrix} 4 & 3 \\ 3 & 4 \end{vmatrix} = 16 - 9 = 7$

$D_1 = \begin{vmatrix} 5 & 3 \\ 6 & 4 \end{vmatrix} = 20 - 18 = 2$

$D_2 = \begin{vmatrix} 4 & 5 \\ 3 & 6 \end{vmatrix} = 24 - 15 = 9$

所以

$$x_1 = \frac{D_1}{D} = \frac{2}{7}, \quad x_2 = \frac{D_2}{D} = \frac{9}{7}$$

二、三阶行列式

1. 由二阶行列式我们可以类似的得到三阶行列式

形如

$$\begin{vmatrix} a_{11} & a_{12} & a_{13} \\ a_{21} & a_{22} & a_{23} \\ a_{31} & a_{32} & a_{33} \end{vmatrix}$$

的行列式叫做三阶行列式，三阶行列式有 3 行 3 列共 9 个元素.

2. 三元线性方程组的一般形式为

$$\begin{cases} a_{11}x_1 + a_{12}x_2 + a_{13}x_3 = b_1 \\ a_{21}x_1 + a_{22}x_2 + a_{23}x_3 = b_2 \\ a_{31}x_1 + a_{32}x_2 + a_{33}x_3 = b_3 \end{cases}$$

同二元线性方程组一样，我们记

$$D = \begin{vmatrix} a_{11} & a_{12} & a_{13} \\ a_{21} & a_{22} & a_{23} \\ a_{31} & a_{32} & a_{33} \end{vmatrix}, \quad D_1 = \begin{vmatrix} b_1 & a_{12} & a_{13} \\ b_2 & a_{22} & a_{23} \\ b_3 & a_{32} & a_{33} \end{vmatrix}$$

$$D_2 = \begin{vmatrix} a_{11} & b_1 & a_{13} \\ a_{21} & b_2 & a_{23} \\ a_{31} & b_3 & a_{33} \end{vmatrix}, \quad D_3 = \begin{vmatrix} a_{11} & a_{12} & b_1 \\ a_{21} & a_{22} & b_2 \\ a_{31} & a_{32} & b_3 \end{vmatrix}$$

则三元线性方程组的解为

$$x_1 = \frac{D_1}{D}, \quad x_2 = \frac{D_2}{D}, \quad x_3 = \frac{D_3}{D} \quad (D \neq 0)$$

3. 三阶行列式的展开

三阶行列式的展开式

$$\begin{vmatrix} a_{11} & a_{12} & a_{13} \\ a_{21} & a_{22} & a_{23} \\ a_{31} & a_{32} & a_{33} \end{vmatrix} = a_{11}a_{22}a_{33} + a_{12}a_{23}a_{31} + a_{13}a_{21}a_{32} - a_{13}a_{22}a_{31} - a_{12}a_{21}a_{33} - a_{11}a_{23}a_{32}$$

注：（1）此展开式是三阶行列式中实线方向元素相乘取正号，虚线方向元素相乘取负号求和（图 8.1）.

（2）对角线展开法只适用于二阶和三阶行列式.

（3）实际上，上式也可记为

$$a_{11}(a_{22}a_{33} - a_{23}a_{32}) - a_{12}(a_{21}a_{33} - a_{23}a_{31}) + a_{13}(a_{21}a_{32} - a_{22}a_{31})$$

$$= a_{11}\begin{vmatrix} a_{22} & a_{23} \\ a_{32} & a_{33} \end{vmatrix} - a_{12}\begin{vmatrix} a_{21} & a_{23} \\ a_{31} & a_{33} \end{vmatrix} + a_{13}\begin{vmatrix} a_{21} & a_{22} \\ a_{31} & a_{32} \end{vmatrix}$$

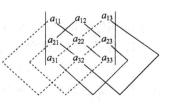

图 8.1

令

$$D_{11} = \begin{vmatrix} a_{22} & a_{23} \\ a_{32} & a_{33} \end{vmatrix}, \quad D_{12} = \begin{vmatrix} a_{21} & a_{23} \\ a_{31} & a_{33} \end{vmatrix}, \quad D_{13} = \begin{vmatrix} a_{21} & a_{22} \\ a_{31} & a_{32} \end{vmatrix}$$

它们分别是划去三阶行列式的第一行与第 $j(j=1,2,3)$ 列，也就是划去 a_{ij} 所在行和列的元素后，所剩元素按原来的相应位置组成的二阶行列式，我们称 D_{ij} 为 $a_{1j}(j=1,2,3)$ 的余子式.

若记 $\quad A_{1j} = (-1)^{1+j} D_{1j} \quad (j=1,2,3)$

即 $\quad A_{11} = (-1)^{1+1} D_{11}, \quad A_{12} = (-1)^{1+2} D_{12}, \quad A_{13} = (-1)^{1+3} D_{13}$

称 A_{1j} 为 $a_{1j}(j=1,2,3)$ 的代数余子式.

利用代数余子式，可得

$$\begin{vmatrix} a_{11} & a_{12} & a_{13} \\ a_{21} & a_{22} & a_{23} \\ a_{31} & a_{32} & a_{33} \end{vmatrix} = a_{11}A_{11} + a_{12}A_{12} + a_{13}A_{13}$$

等式右边叫做三阶行列式按第一行的展开式，所以可用二阶行列式定义三阶行列式，同样，可以利用三阶行列式定义四阶行列式．即

$$\begin{vmatrix} a_{11} & a_{12} & a_{13} & a_{14} \\ a_{21} & a_{22} & a_{23} & a_{24} \\ a_{31} & a_{32} & a_{33} & a_{34} \\ a_{41} & a_{42} & a_{43} & a_{44} \end{vmatrix} = a_{11}\begin{vmatrix} a_{22} & a_{23} & a_{24} \\ a_{32} & a_{33} & a_{34} \\ a_{42} & a_{43} & a_{44} \end{vmatrix} - a_{12}\begin{vmatrix} a_{21} & a_{23} & a_{24} \\ a_{31} & a_{33} & a_{34} \\ a_{41} & a_{43} & a_{44} \end{vmatrix} +$$

$$a_{13}\begin{vmatrix} a_{21} & a_{22} & a_{24} \\ a_{31} & a_{32} & a_{34} \\ a_{41} & a_{42} & a_{44} \end{vmatrix} - a_{14}\begin{vmatrix} a_{21} & a_{22} & a_{23} \\ a_{31} & a_{32} & a_{33} \\ a_{41} & a_{42} & a_{43} \end{vmatrix}$$

$$= a_{11}A_{11} + a_{12}A_{12} + a_{13}A_{13} + a_{14}A_{14}$$

三、n 阶行列式

1. n 阶行列式的定义

定义 n 阶行列式由 n^2 个元素构成，记为

$$\begin{vmatrix} a_{11} & a_{12} & \cdots & a_{1n} \\ a_{21} & a_{22} & \cdots & a_{2n} \\ \vdots & \vdots & & \vdots \\ a_{n1} & a_{n2} & \cdots & a_{nn} \end{vmatrix} \tag{8.1.3}$$

其中 a_{ij} 叫做 n 阶行列式的第 i 行、第 j 列的元素.

2. 余子式与代数余子式

定义 在 n 阶行列式中划去 a_{ij} 所在的第 i 行和第 j 列上所有元素后得到的 $(n-1)$ 阶行列式，称为 a_{ij} 的余子式，记作 D_{ij}，而将 $(-1)^{i+j}D_{ij}$ 叫做 a_{ij} 的代数余子式，记作 A_{ij}，即

$$A_{ij} = (-1)^{i+j}D_{ij}$$

3. n 阶行列式的展开

利用代数余子式，n 阶行列式 D 可以表示为

$$D = a_{i1}A_{i1} + a_{i2}A_{i2} + \cdots + a_{in}A_{in}$$

或

$$D = a_{1j}A_{1j} + a_{2j}A_{2j} + \cdots + a_{nj}A_{nj}$$

注：（1）n 阶行列式有 n 行、n 列，共 n^2 个元素；

（2）在 n 阶行列式中，$a_{11}, a_{22}, \cdots, a_{nn}$ 叫做主对角线上的元素.

例 2 计算三阶行列式

$$\begin{vmatrix} 1 & -c & -b \\ c & 1 & -a \\ b & a & 1 \end{vmatrix}$$

解 $\begin{vmatrix} 1 & -c & -b \\ c & 1 & -a \\ b & a & 1 \end{vmatrix} = 1 + (-abc) + abc - (-b^2) - (-c^2) - (-a^2) = 1 + a^2 + b^2 + c^2$

例3 计算四阶行列式

$$\begin{vmatrix} 1 & 2 & 1 & 4 \\ 0 & -1 & 2 & 1 \\ 1 & 0 & 1 & 3 \\ 0 & 1 & 3 & 1 \end{vmatrix}$$

解 $\begin{vmatrix} 1 & 2 & 1 & 4 \\ 0 & -1 & 2 & 1 \\ 1 & 0 & 1 & 3 \\ 0 & 1 & 3 & 1 \end{vmatrix} = 1 \times \begin{vmatrix} -1 & 2 & 1 \\ 0 & 1 & 3 \\ 1 & 3 & 1 \end{vmatrix} - 2 \times \begin{vmatrix} 0 & 2 & 1 \\ 1 & 1 & 3 \\ 0 & 3 & 1 \end{vmatrix} + 1 \times \begin{vmatrix} 0 & -1 & 1 \\ 1 & 0 & 3 \\ 0 & 1 & 1 \end{vmatrix} - 4 \times \begin{vmatrix} 0 & -1 & 2 \\ 1 & 0 & 1 \\ 0 & 1 & 3 \end{vmatrix}$

$= -7$

课堂练习

1. 计算下列行列式：

（1）$\begin{vmatrix} 1 & 0 & 2 \\ 2 & 4 & 1 \\ 1 & 2 & 1 \end{vmatrix}$ （2）$\begin{vmatrix} 3 & 3 & 3 \\ 2 & 4 & 1 \\ 1 & 2 & 1 \end{vmatrix}$

2. 解方程组 $\begin{cases} x + 2y + 2z = 3 \\ -x - 4y + z = 7 \\ 3x + 7y + 4z = 3 \end{cases}$.

习题 8-1

1. 计算下列行列式：

（1）$\begin{vmatrix} 2 & 5 \\ 1 & 5 \end{vmatrix}$ （2）$\begin{vmatrix} 1 & -1 \\ 2 & 0 \end{vmatrix}$ （3）$\begin{vmatrix} 3 & 0 \\ 2 & 0 \end{vmatrix}$

（4）$\begin{vmatrix} 1 & 1 & 2 \\ 2 & 1 & 1 \\ 1 & 2 & 1 \end{vmatrix}$ （5）$\begin{vmatrix} 1 & 1 & 1 \\ 0 & 2 & 0 \\ 1 & -2 & 4 \end{vmatrix}$

2. 用行列式法解方程组：

$\begin{cases} 4x + 3y + 7z = 36 \\ 2x - y - 2z = 10 \\ x + y + 2z = 10 \end{cases}$

3. 按定义展开并计算下列行列式：

(1) $\begin{vmatrix} 1 & 2 & -1 & 3 \\ 2 & -1 & 3 & -2 \\ 0 & 3 & -1 & 1 \\ 1 & -1 & 1 & 4 \end{vmatrix}$ (2) $\begin{vmatrix} s & t & w & v \\ 0 & 1 & 1 & 1 \\ 1 & 1 & 0 & 1 \\ 1 & 1 & 1 & 0 \end{vmatrix}$

第二节　行列式的性质与克莱姆法则

一、行列式的性质

计算行列式往往是十分复杂的过程，为此，下面给出行列式的一些性质，在许多情况下应用这些性质可以简化行列式的计算.

性质 1　把行列式的行与相应的列互换，行列式的值不变.

即 $\begin{vmatrix} a_{11} & a_{12} & a_{13} \\ a_{21} & a_{22} & a_{23} \\ a_{31} & a_{32} & a_{33} \end{vmatrix} = \begin{vmatrix} a_{11} & a_{21} & a_{31} \\ a_{12} & a_{22} & a_{32} \\ a_{13} & a_{23} & a_{33} \end{vmatrix}$

注：把行列式 D 的行与相应的列依次互换，所得到的行列式叫做行列式 D 的转置行列式，记做 D^{T}.

性质 2　行列式的任意两行（列）互换，行列式的值仅改变符号.

即 $\begin{vmatrix} a_{11} & a_{12} & a_{13} \\ a_{21} & a_{22} & a_{23} \\ a_{31} & a_{32} & a_{33} \end{vmatrix} = - \begin{vmatrix} a_{21} & a_{22} & a_{23} \\ a_{11} & a_{12} & a_{13} \\ a_{31} & a_{32} & a_{33} \end{vmatrix}$

用 r_i 表示行列式的第 i 行，以 c_i 表示第 i 列，交换 i，j 两行（列）记作 $r_i \leftrightarrow r_j (c_i \leftrightarrow c_j)$.

性质 3　如果行列式的某两行（列）对应元素相同，则此行列式的值为零.

即 $\begin{vmatrix} a_{11} & a_{12} & a_{13} \\ a_{11} & a_{12} & a_{13} \\ a_{31} & a_{32} & a_{33} \end{vmatrix} = 0$

性质 4　用一个常数 k 乘以行列式的某一行（列）的各元素，等于用 k 乘以此行列式.

即 $\begin{vmatrix} ka_{11} & ka_{12} & ka_{13} \\ a_{21} & a_{22} & a_{23} \\ a_{31} & a_{32} & a_{33} \end{vmatrix} = k \begin{vmatrix} a_{11} & a_{12} & a_{13} \\ a_{21} & a_{22} & a_{23} \\ a_{31} & a_{32} & a_{33} \end{vmatrix}$

第 i 行（列）乘以 k，记作 $r_i \times k (c_i \times k)$.

推论 1　如果行列式中某一行（列）的元素为零，则此行列式的值为零.

推论 2　如果行列式的某两行（列）的对应元素成比例，则此行列式的值为零.

性质 5　如果行列式的某一行（列）的元素都是二项式，则此行列式等于把这些二项式各取一项作为相应的行（列），而其余的行（列）不变的两个行列式的和.

即
$$\begin{vmatrix} a_{11}+l_1 & a_{12}+l_2 & a_{13}+l_3 \\ a_{21} & a_{22} & a_{23} \\ a_{31} & a_{32} & a_{33} \end{vmatrix} = \begin{vmatrix} a_{11} & a_{12} & a_{13} \\ a_{21} & a_{22} & a_{23} \\ a_{31} & a_{32} & a_{33} \end{vmatrix} + \begin{vmatrix} l_1 & l_2 & l_3 \\ a_{21} & a_{22} & a_{23} \\ a_{31} & a_{32} & a_{33} \end{vmatrix}$$

性质 6 用一常数 k 乘以行列式的某一行（列）的各元素，加到另一行（列）的对应元素上去，行列式的值不变．

注：用数 k 乘以第 i 行（列）加到第 j 行（列）上记作：$r_j+kr_i(c_j+kc_i)$．

如
$$\begin{vmatrix} a_{11} & a_{12} & a_{13} \\ a_{21} & a_{22} & a_{23} \\ a_{31} & a_{32} & a_{33} \end{vmatrix} \xrightarrow{r_1+kr_2} \begin{vmatrix} a_{11}+ka_{21} & a_{12}+ka_{22} & a_{13}+ka_{23} \\ a_{21} & a_{22} & a_{23} \\ a_{31} & a_{32} & a_{33} \end{vmatrix}$$

性质 7 行列式等于它的任意一行（列）的各元素与其对应的代数余子式的乘积之和．

例 1 计算行列式
$$\begin{vmatrix} 3 & 2 & 5 & 1 \\ 1 & 0 & 3 & 1 \\ -1 & -1 & -2 & 0 \\ 3 & 2 & 0 & 4 \end{vmatrix}$$

解 $D = \begin{vmatrix} 3 & 2 & 5 & 1 \\ 1 & 0 & 3 & 1 \\ -1 & -1 & -2 & 0 \\ 3 & 2 & 0 & 4 \end{vmatrix} \xrightarrow[c_3+(-2)c_2]{c_1+(-1)c_2} \begin{vmatrix} 1 & 2 & 1 & 1 \\ 1 & 0 & 3 & 1 \\ 0 & -1 & 0 & 0 \\ 1 & 2 & -2 & 4 \end{vmatrix} = \begin{vmatrix} 1 & 1 & 1 \\ 1 & 3 & 1 \\ 1 & -2 & 4 \end{vmatrix} = 6$

例 2 计算行列式
$$\begin{vmatrix} 1 & 2 & 3 & -3 \\ 1 & 0 & 1 & -1 \\ 3 & -1 & -1 & 1 \\ 1 & 2 & 0 & 1 \end{vmatrix}$$

解 $D = \begin{vmatrix} 1 & 2 & 3 & -3 \\ 1 & 0 & 1 & -1 \\ 3 & -1 & -1 & 1 \\ 1 & 2 & 0 & 1 \end{vmatrix} \xrightarrow[\substack{r_2-r_1\\r_3-3r_1\\r_4-r_1}]{} \begin{vmatrix} 1 & 2 & 3 & -3 \\ 0 & -2 & -2 & 2 \\ 0 & -7 & -10 & 10 \\ 0 & 0 & -3 & -4 \end{vmatrix} = \begin{vmatrix} -2 & -2 & 2 \\ -7 & -10 & 10 \\ 0 & -3 & 4 \end{vmatrix} = 6$

二、克莱姆法则

含有 n 个未知数 $x_1, x_2, \cdots, x_n$ 的 n 元线性方程组为

$$\begin{cases} a_{11}x_1 + a_{12}x_2 + \cdots + a_{1n}x_n = b_1 \\ a_{21}x_1 + a_{22}x_2 + \cdots + a_{2n}x_n = b_2 \\ \vdots \\ a_{n1}x_1 + a_{n2}x_2 + \cdots + a_{nn}x_n = b_n \end{cases} \tag{1}$$

克莱姆法则　如果 n 元线性方程组（1）的系数行列式 D 不为零，即

$$D = \begin{vmatrix} a_{11} & a_{12} & \cdots & a_{1n} \\ a_{21} & a_{22} & \cdots & a_{2n} \\ \vdots & \vdots & & \vdots \\ a_{n1} & a_{n2} & \cdots & a_{nn} \end{vmatrix} \neq 0$$

那么方程组（1）有唯一解

$$x_1 = \frac{D_1}{D}, \quad x_2 = \frac{D_2}{D}, \quad \cdots, \quad x_n = \frac{D_n}{D}$$

当方程组的常数项全为零时，方程组

$$\begin{cases} a_{11}x_1 + a_{12}x_2 + \cdots + a_{1n}x_n = 0 \\ a_{21}x_1 + a_{22}x_2 + \cdots + a_{2n}x_n = 0 \\ \qquad\qquad\qquad \vdots \\ a_{n1}x_1 + a_{n2}x_2 + \cdots + a_{nn}x_n = 0 \end{cases} \tag{2}$$

叫做 n 元齐次线性方程组.

$x_1 = x_2 = \cdots = x_n = 0$ 显然是齐次方程组（2）的解，叫做零解. 如果齐次方程组（2）除了零解外，还有 $x_1, x_2, \cdots, x_n$ 不全为零的解，那么，该解叫做非零解.

课堂练习

计算下列行列式：

(1) $\begin{vmatrix} 1 & \frac{3}{2} & 0 \\ 3 & \frac{1}{2} & 2 \\ -1 & 1 & -3 \end{vmatrix}$
(2) $\begin{vmatrix} 3 & 1 & -1 & 0 \\ 5 & 1 & 3 & -1 \\ 2 & 0 & 0 & 1 \\ 0 & -5 & 3 & 1 \end{vmatrix}$

习题 8-2

1. 用行列式的性质计算下列各行列式：

(1) $\begin{vmatrix} 1 & 1 & 1 \\ a & b & c \\ b+c & c+a & a+b \end{vmatrix}$
(2) $\begin{vmatrix} 3 & 1 & 1 & 1 \\ 1 & 3 & 1 & 1 \\ 1 & 1 & 3 & 1 \\ 1 & 1 & 1 & 3 \end{vmatrix}$

(3) $\begin{vmatrix} 1 & 1 & 1 & 1 \\ 1 & -1 & 1 & 1 \\ 1 & 1 & -1 & 1 \\ 1 & 1 & 1 & -1 \end{vmatrix}$
(4) $\begin{vmatrix} -1 & 2 & -2 & 1 \\ 2 & 3 & 1 & -1 \\ 2 & 0 & 0 & 3 \\ 4 & 1 & 0 & 1 \end{vmatrix}$

(5) $\begin{vmatrix} 1 & 1 & 1 & 1 \\ a & x & b & b \\ b & b & x & c \\ c & c & c & x \end{vmatrix}$

(6) $\begin{vmatrix} 1 & a & b & c+d \\ 1 & b & c & a+d \\ 1 & c & d & a+b \\ 1 & d & a & b+c \end{vmatrix}$

2. 用克莱姆法则解方程组：

(1) $\begin{cases} x_1 + x_2 + 2x_3 + 3x_4 = 1 \\ 3x_1 - x_2 - x_3 - 2x_4 = -4 \\ 2x_1 + 3x_2 - x_3 - x_4 = -6 \\ x_1 + 2x_2 + 3x_3 - x_4 = -4 \end{cases}$

(2) $\begin{cases} 3x_1 + 2x_2 = 1 \\ x_1 + 3x_2 + 2x_3 = 0 \\ x_2 + 3x_3 + 2x_4 = 0 \\ x_3 + 3x_4 = -2 \end{cases}$

第三节 矩阵的概念及运算

一、矩阵的概念

定义 由 $m \times n$ 个数 $a_{ij}(i=1,2,\cdots,m; j=1,2,\cdots,n)$ 按一定次序排成一个 m 行 n 列的矩形数表

$$\begin{bmatrix} a_{11} & a_{12} & \cdots & a_{1n} \\ a_{21} & a_{22} & \cdots & a_{2n} \\ \vdots & \vdots & & \vdots \\ a_{n1} & a_{n2} & \cdots & a_{nn} \end{bmatrix}$$

称为 m 行 n 列矩阵，简称矩阵．$a_{ij}(i=1,2,\cdots,m; j=1,2,\cdots,n)$ 称为矩阵的第 i 行、第 j 列元素．矩阵通常用大写字母 **A**，**B**，**C** 等表示，同时也可表示成 $\boldsymbol{A}_{m \times n}$，$\boldsymbol{B}_{m \times n}$，$\boldsymbol{C}_{m \times n}$ 等，或者 $(a_{ij})_{m \times n}$．

对于矩阵 **A**，有如下几种特例：

1. 把矩阵 **A** 的行与相应的列依次互换得到的矩阵叫做 **A** 的转置矩阵，记作 $\boldsymbol{A}^T$；
2. 当 $m=1$ 时，称矩阵 **A** 为行矩阵；
3. 当 $n=1$ 时，称矩阵 **A** 为列矩阵；
4. 当 $m=n$ 时，矩阵 **A** 称为 n 阶方阵；
5. 当矩阵 **A** 的所有元素都为 0 时，矩阵 **A** 为零矩阵，记作 $\boldsymbol{O}_{m \times n}$ 或 **O**；
6. 把矩阵 **A** 中各元素变号而得到的矩阵称为 **A** 的负矩阵，记作 $-\boldsymbol{A}$；
7. 一个 n 阶方阵从左上角到右下角的对角线叫做主对角线．

(1) 上三角矩阵：n 阶方阵 **A** 的主对角线下面的元素全为零，记作 $\boldsymbol{L}_上$ 即

$$\boldsymbol{L}_上 = \begin{bmatrix} a_{11} & a_{12} & \cdots & a_{1n} \\ 0 & a_{22} & \cdots & a_{2n} \\ & & \ddots & \vdots \\ 0 & 0 & & a_{nn} \end{bmatrix}$$

(2) 下三角矩阵：n 阶方阵 **A** 的主对角线上面的元素全为零，记作 $\boldsymbol{L}_下$ 即

$$L_{\text{下}} = \begin{bmatrix} a_{11} & 0 & & 0 \\ a_{21} & a_{22} & & 0 \\ \vdots & \vdots & \ddots & \\ a_{n1} & a_{n2} & \cdots & a_{nn} \end{bmatrix}$$

（3）对角矩阵：n 阶方阵 A 除主对角线上元素外，其余元素全为零，即

$$A = \begin{bmatrix} a_{11} & 0 & & 0 \\ 0 & a_{22} & & 0 \\ & & \ddots & \\ 0 & 0 & & a_{nn} \end{bmatrix}$$

（4）数量矩阵：在对角矩阵中，如果 $a_{11} = a_{22} = \cdots = a_{nn} = k$，则称此方阵为 n 阶数量矩阵. 如果 $a_{11} = a_{22} = \cdots = a_{nn} = k = 1$，则称此方阵为 n 阶单位矩阵，记作 I.

如果矩阵 A 和 B 都是 $m \times n$ 矩阵，并且它们的对应元素相等，即

$$a_{ij} = b_{ij} \quad (i = 1, 2, \cdots, m;\ j = 1, 2, \cdots, n)$$

则称矩阵 A 和 B 相等，记作 $A = B$.

8. 对于 n 阶方阵 A，矩阵 A 中的所有元素按照原来的位置所构成的行列式，称为矩阵 A 的行列式，记为 $|A|$ 或 $\det A$.

二、矩阵的运算

1. 矩阵的加法与减法

设矩阵 A 和 B 都是 $m \times n$ 矩阵，规定矩阵 A 和 B 的和（差）为

$$A \pm B = (a_{ij} \pm b_{ij})$$

例 1 设矩阵

$$A = \begin{bmatrix} 2 & 3 & 4 \\ -1 & 0 & 2 \end{bmatrix}, \quad B = \begin{bmatrix} 0 & 2 & -1 \\ 1 & 1 & 2 \end{bmatrix}$$

求 $A + B, A - B$.

解
$$A + B = \begin{bmatrix} 2+0 & 3+2 & 4+(-1) \\ -1+1 & 0+1 & 2+2 \end{bmatrix} = \begin{bmatrix} 2 & 5 & 3 \\ 0 & 1 & 4 \end{bmatrix}$$

$$A - B = \begin{bmatrix} 2-0 & 3-2 & 4-(-1) \\ -1-1 & 0-1 & 2-2 \end{bmatrix} = \begin{bmatrix} 2 & 1 & 5 \\ -2 & -1 & 0 \end{bmatrix}$$

矩阵的加法满足以下算律：

（1）交换律　$A + B = B + A$
（2）结合律　$(A + B) + C = A + (B + C)$
（3）$A + O = A,\ A + (-A) = O,\ A - B = A + (-B)$

2. 矩阵与数相乘

一个数 k 与一个矩阵 $A = (a_{ij})_{m \times n}$ 相乘，规定 $kA = (ka_{ij})$

例2 设 $A = \begin{bmatrix} 2 & 3 \\ 1 & -1 \\ 0 & 2 \end{bmatrix}$，又 $B = 5A$，求 B。

解 $B = 5A = \begin{bmatrix} 5\times 2 & 5\times 3 \\ 5\times 1 & 5\times(-1) \\ 5\times 0 & 5\times 2 \end{bmatrix} = \begin{bmatrix} 10 & 15 \\ 5 & -5 \\ 0 & 10 \end{bmatrix}$

矩阵与数相乘满足以下算律：

（1）交换律 $kA = Ak$

（2）结合律 $k_1(k_2 A) = (k_1 k_2)A$

（3）分配律 $(k_1 + k_2)A = k_1 A + k_2 A$，$k(A+B) = kA + kB$

（4）$(-1)B = -B$

3. 矩阵与矩阵相乘

一般地，设矩阵 $A = (a_{ij})_{m\times s}$，$B = (b_{ij})_{s\times n}$，规定矩阵 A 与矩阵 B 的乘积为 $C = (c_{ij})_{m\times n}$，其中 c_{ij} 是矩阵 A 第 i 行元素与矩阵 B 的第 j 列对应元素乘积之和，即

$$c_{ij} = a_{i1}b_{1j} + a_{i2}b_{2j} + \cdots + a_{is}b_{sj} = \sum_{k=1}^{s} a_{ik}b_{kj} \begin{pmatrix} i = 1, 2, \cdots, m \\ j = 1, 2, \cdots, n \end{pmatrix}$$

矩阵 A 与矩阵 B 的乘积，记作 $A \cdot B$ 或 AB，即 $C = AB$。

例3 已知矩阵 $A = \begin{bmatrix} 1 & 0 & 3 & -1 \\ 2 & 1 & 0 & 2 \end{bmatrix}$，$B = \begin{bmatrix} 4 & 1 & 0 \\ -1 & 1 & 3 \\ 2 & 0 & 1 \\ 1 & 3 & 4 \end{bmatrix}$，求 AB。

解 $AB = \begin{bmatrix} 1 & 0 & 3 & -1 \\ 2 & 1 & 0 & 2 \end{bmatrix} \begin{bmatrix} 4 & 1 & 0 \\ -1 & 1 & 3 \\ 2 & 0 & 1 \\ 1 & 3 & 4 \end{bmatrix} = \begin{bmatrix} 9 & -2 & -1 \\ 9 & 9 & 11 \end{bmatrix}$

例4 已知矩阵 $A = \begin{bmatrix} 2 & 1 \\ 0 & 1 \\ -1 & 3 \end{bmatrix}$，$B = \begin{bmatrix} 0 & 1 \\ -2 & -2 \end{bmatrix}$，求 AB。

解 $AB = \begin{bmatrix} 2 & 1 \\ 0 & 1 \\ -1 & 3 \end{bmatrix} \begin{bmatrix} 0 & 1 \\ -2 & -2 \end{bmatrix} = \begin{bmatrix} -2 & 0 \\ -2 & -2 \\ -6 & -7 \end{bmatrix}$

矩阵与矩阵相乘满足以下算律：

（1）结合律 $(AB)C = A(BC)$

（2）分配律 $(A \pm B)C = AC \pm BC$，$A(B \pm C) = AB \pm AC$

（3）$k(AB) = (kA)B = A(kB)$，$AO = OA = O$

（4）设 A 是 n 阶方阵，则 $A^m = \underbrace{AA\cdots A}_{m}$，$A^l A^k = A^{l+k}$，$(A^k)^l = A^{kl}$

课堂练习

计算下列各式：

(1) $\begin{bmatrix} 0 & 1 \\ 4 & 1 \end{bmatrix}\begin{bmatrix} -2 & 3 \\ 0 & 1 \end{bmatrix}$
(2) $\begin{bmatrix} a \\ b \\ c \end{bmatrix}(a \ b \ c)$
(3) $\begin{bmatrix} 1 & 2 & 3 \\ -2 & 1 & 2 \end{bmatrix}\begin{bmatrix} 2 & 1 & 0 \\ 0 & -3 & 1 \\ 2 & 1 & 0 \end{bmatrix}$

习题 8–3

1. 已知 $A = \begin{bmatrix} 1 & 0 & 3 \\ -1 & 2 & 1 \\ 4 & 3 & 2 \end{bmatrix}$，求 $3A - 2A^{\mathrm{T}}$，$2A + 3A^{\mathrm{T}}$.

2. 已知 $A = \begin{bmatrix} 0 & 6 & 4 \\ -4 & 2 & 8 \end{bmatrix}$，$B = \begin{bmatrix} 1 & 0 & 2 \\ 2 & 1 & 0 \end{bmatrix}$，$C = \begin{bmatrix} -2 & 1 & 4 \\ 2 & -3 & 7 \end{bmatrix}$，求 $A + B - C$.

3. $A = \begin{bmatrix} 3 & 7 & 4 \\ -3 & 4 & 4 \\ -2 & 0 & 3 \end{bmatrix}$，$B = \begin{bmatrix} 3 & x_1 & x_2 \\ x_1 & 4 & x_3 \\ x_2 & x_3 & 3 \end{bmatrix}$，$C = \begin{bmatrix} 0 & y_1 & y_2 \\ -y_1 & 0 & y_3 \\ -y_2 & -y_3 & 0 \end{bmatrix}$，且 $A = B + C$，求 B 和 C 中的未知数.

4. 计算下列各式：

(1) $(2 \ 4 \ -5)\begin{bmatrix} 2 \\ 0 \\ -1 \end{bmatrix}$
(2) $\begin{bmatrix} 3 & 2 & -1 \\ 2 & -3 & 5 \end{bmatrix}\begin{bmatrix} 1 & 3 \\ -5 & 4 \\ 3 & 6 \end{bmatrix}$

(3) $\begin{bmatrix} 2 & 1 & 4 & 0 \\ 1 & -1 & 3 & 4 \end{bmatrix}\begin{bmatrix} 1 & 3 & 1 \\ 0 & -1 & 2 \\ 1 & -3 & 1 \\ 4 & 0 & -1 \end{bmatrix}$
(4) $\begin{bmatrix} 1 & 2 & 3 \\ -1 & 2 & 3 \\ 1 & -3 & 2 \end{bmatrix}\begin{bmatrix} -1 & 2 & 4 \\ 1 & 4 & 3 \\ 2 & 3 & -1 \end{bmatrix} - \begin{bmatrix} 2 & 4 & 5 \\ 6 & 1 & 0 \\ 3 & -2 & 7 \end{bmatrix}$

第四节 矩阵的初等变换、逆矩阵

一、矩阵的初等变换

定义 1 对矩阵的行（列）做以下三种变换称为矩阵的初等行（列）变换.

(1) 对换变换：任意两行（列）互换位置，记作 $r_i \leftrightarrow r_j (c_i \leftrightarrow c_j)$；

(2) 倍乘变换：矩阵的某一行（列）乘以一个不为零的常数 k，记作 $kr_i(kc_i)$；

(3) 倍加变换：矩阵的某一行（列）乘以一个常数 k，再加到另一行（列）的对应元素上去，记作 $r_i + kr_j(r_i + kc_j)$.

例 1 利用初等变换，将矩阵

$$A = \begin{bmatrix} 2 & 3 & 1 \\ 0 & 1 & 3 \\ 1 & 2 & 5 \end{bmatrix}$$

化成单位矩阵.

解 $A = \begin{bmatrix} 2 & 3 & 1 \\ 0 & 1 & 3 \\ 1 & 2 & 5 \end{bmatrix} \xrightarrow{r_1 \leftrightarrow r_j} \begin{bmatrix} 1 & 2 & 5 \\ 0 & 1 & 3 \\ 2 & 3 & 1 \end{bmatrix} \xrightarrow{r_3 - 2r_1} \begin{bmatrix} 1 & 2 & 5 \\ 0 & 1 & 3 \\ 0 & -1 & -9 \end{bmatrix} \xrightarrow{r_3 + r_2} \begin{bmatrix} 1 & 2 & 5 \\ 0 & 1 & 3 \\ 0 & 0 & -6 \end{bmatrix}$

$\xrightarrow{-\frac{1}{6}r_3} \begin{bmatrix} 1 & 2 & 5 \\ 0 & 1 & 3 \\ 0 & 0 & 1 \end{bmatrix} \xrightarrow[r_1 - 5r_3]{r_2 - 3r_3} \begin{bmatrix} 1 & 2 & 0 \\ 0 & 1 & 0 \\ 0 & 0 & 1 \end{bmatrix} \xrightarrow{r_1 - 2r_2} \begin{bmatrix} 1 & 0 & 0 \\ 0 & 1 & 0 \\ 0 & 0 & 1 \end{bmatrix} = I$

二、逆矩阵的概念

1. 逆矩阵

对于代数方程 $ax = b(a \neq 0)$，它的解为 $x = \dfrac{b}{a} = a^{-1}b$，那么，形式上与 $ax = b(a \neq 0)$ 相类似的矩阵方程 $AX = B$ 是否可以写成 $X = A^{-1}B$？如果可以，A^{-1} 的含义是什么？为此，我们给出有关逆矩阵的概念.

定义 2 对于 n 阶方阵 $A\,(\det A \neq 0)$，如果存在 n 阶方阵 B，使得

$$AB = BA = I$$

那么方阵 B 叫做矩阵 A 的逆矩阵（简称逆阵），记作 $B = A^{-1}$，即 $A \cdot A^{-1} = A^{-1} \cdot A = I$，称 A 是可逆的.

2. 用初等变换求逆矩阵

把 n 阶方阵 $A\,(\det A \neq 0)$ 和 n 阶单位矩阵 I 合成一个 $n \times 2n$ 的矩阵，中间用竖线分开，即写成

$$(A \vdots I)$$

然后对它施以行初等变换，当左边的矩阵 A 变成单位矩阵 I 时，右边的矩阵 I 就变成了矩阵 A^{-1}，即

$$(A \vdots I) \xrightarrow{\text{行初等变换}} (A \vdots I)$$

例 2 用初等变换求矩阵

$$A = \begin{bmatrix} 2 & 1 & 1 \\ 1 & 0 & 2 \\ 3 & 1 & 2 \end{bmatrix}$$

的逆矩阵 A^{-1}.

解

$$(A \vdots I) = \begin{bmatrix} 2 & 1 & 1 & | & 1 & 0 & 0 \\ 1 & 0 & 2 & | & 0 & 1 & 0 \\ 3 & 1 & 2 & | & 0 & 0 & 1 \end{bmatrix} \xrightarrow{r_1 \leftrightarrow r_2} \begin{bmatrix} 1 & 0 & 2 & | & 0 & 1 & 0 \\ 2 & 1 & 1 & | & 1 & 0 & 0 \\ 3 & 1 & 2 & | & 0 & 0 & 1 \end{bmatrix}$$

$$\xrightarrow[r_3+(-3)r_1]{r_2+(-2)r_1} \begin{bmatrix} 1 & 0 & 2 & | & 0 & 1 & 0 \\ 0 & 1 & -3 & | & 1 & -2 & 0 \\ 0 & 1 & -4 & | & 0 & -3 & 1 \end{bmatrix} \xrightarrow{r_3+(-1)r_2} \begin{bmatrix} 1 & 0 & 2 & | & 0 & 1 & 0 \\ 0 & 1 & -3 & | & 1 & -2 & 0 \\ 0 & 0 & -1 & | & -1 & -1 & 1 \end{bmatrix}$$

$$\xrightarrow{r_3\times(-1)} \begin{bmatrix} 1 & 0 & 2 & | & 0 & 1 & 0 \\ 0 & 1 & -3 & | & 1 & -2 & 0 \\ 0 & 0 & 1 & | & 1 & 1 & -1 \end{bmatrix} \xrightarrow[r_2+3r_3]{r_1+(-2)r_3} \begin{bmatrix} 1 & 0 & 0 & | & -2 & -1 & 2 \\ 0 & 1 & 0 & | & 4 & 1 & -3 \\ 0 & 0 & 1 & | & 1 & 1 & -1 \end{bmatrix}$$

三、矩阵的秩

1. 矩阵的秩的定义

在 m 行 n 列矩阵 A 中任取 k 行 k 列，位于这些行、列相交处的元素所构成的 k 阶行列式，叫做矩阵 A 的 k 阶子式（简称子式）。

定义 矩阵 A 中不为零的子式的最高阶数 r 叫做这个矩阵的秩，记作 $R(A)=r$.

2. 用初等变换求矩阵的秩

阶梯形矩阵：满足下列两个条件的矩阵称为阶梯形矩阵：

（1）矩阵的零行在矩阵的最下方；

（2）非零行的第一个不为零的元素的列标随着行标的增大而增大.

注：利用初等变换求矩阵的秩就是把矩阵化为阶梯形矩阵，然后看非零行的个数，则非零行的个数就是矩阵的秩.

例3 求矩阵 $A = \begin{bmatrix} 3 & 2 & 1 & 1 \\ 1 & 2 & -3 & 2 \\ 4 & 4 & -2 & 3 \end{bmatrix}$ 的秩.

解

$$A = \begin{bmatrix} 3 & 2 & 1 & 1 \\ 1 & 2 & -3 & 2 \\ 4 & 4 & -2 & 3 \end{bmatrix} \xrightarrow{r_2\leftrightarrow r_1} \begin{bmatrix} 1 & 2 & -3 & 2 \\ 3 & 2 & 1 & 1 \\ 4 & 4 & -2 & 3 \end{bmatrix} \xrightarrow[r_3+(-4)r_1]{r_2+(-3)r_1} \begin{bmatrix} 1 & 2 & -3 & 2 \\ 0 & -4 & 10 & -5 \\ 0 & -4 & 10 & -5 \end{bmatrix}$$

$$\xrightarrow{r_3+(-1)r_2} \begin{bmatrix} 1 & 2 & -3 & 2 \\ 0 & -4 & 10 & -5 \\ 0 & 0 & 0 & 0 \end{bmatrix} = B$$

所以 $R(A) = R(B) = 2$.

课堂练习

1. 求矩阵 $A = \begin{bmatrix} 2 & 1 & -1 & 2 \\ 0 & 2 & 8 & 14 \\ 4 & 4 & -2 & 4 \end{bmatrix}$ 的秩.

2. 求矩阵 $A = \begin{bmatrix} 1 & 1 & 1 \\ 0 & 2 & 2 \\ 0 & 3 & 1 \end{bmatrix}$ 的逆矩阵.

习题 8-4

1. 求下列矩阵的逆矩阵：

(1) $\begin{bmatrix} 1 & 2 \\ 2 & 5 \end{bmatrix}$

(2) $\begin{bmatrix} 1 & 2 & -3 \\ 0 & 1 & 2 \\ 0 & 0 & 1 \end{bmatrix}$

(3) $\begin{bmatrix} 0 & 1 & 2 \\ 1 & 1 & 4 \\ 2 & -1 & 0 \end{bmatrix}$

(4) $\begin{bmatrix} 1 & 2 & 3 \\ 2 & 1 & 2 \\ 1 & 3 & 3 \end{bmatrix}$

(5) $\begin{bmatrix} 0 & 1 & 0 \\ 1 & 0 & 1 \\ 0 & 0 & -30 \end{bmatrix}$

2. 求下列矩阵的秩：

(1) $\begin{bmatrix} 1 & 2 & -3 \\ -1 & -3 & 4 \\ 1 & 1 & -2 \end{bmatrix}$

(2) $\begin{bmatrix} 4 & 1 & -1 & 2 \\ -2 & 2 & 8 & 14 \\ 1 & -2 & -7 & -13 \end{bmatrix}$

第五节 一般线性方程组的求解问题

前面我们利用克莱姆法则解线性方程组时，有两个限制条件：一是线性方程组中方程的个数和未知数的个数必须相等，二是系数行列式不等于零，现在讨论一般线性方程组的解法．

一、非齐次线性方程组

在含有 n 个未知数 m 个方程的线性方程组

$$\begin{cases} a_{11}x_1 + a_{12}x_2 + \cdots + a_{1n}x_n = b_1 \\ a_{21}x_1 + a_{22}x_2 + \cdots + a_{2n}x_n = b_2 \\ \quad\quad\quad\quad\quad\quad \vdots \\ a_{m1}x_1 + a_{m2}x_2 + \cdots + a_{mn}x_n = b_m \end{cases}$$

中，若 $b_1, b_2, \cdots, b_m$ 不全为零，则此方程组叫做非齐次线性方程组；若 $b_1, b_2, \cdots, b_m$ 全为零，则此方程组叫做齐次方程组．

定理 1 非齐次线性方程组有解的充分必要条件是它的系数矩阵 A 与增广矩阵 $\tilde{A}$ 有相同的秩．

例 1 线性方程组

$$\begin{cases} 2x_1 - x_2 - x_3 + x_4 = 1 \\ x_1 + 2x_2 - x_3 - 2x_4 = 0 \\ 3x_1 + x_2 - 2x_3 - x_4 = 2 \end{cases}$$

是否有解？

解
$$\tilde{A} = \begin{bmatrix} 2 & -1 & -1 & 1 & | & 1 \\ 1 & 2 & -1 & -2 & | & 0 \\ 3 & 1 & -2 & -1 & | & 2 \end{bmatrix} \xrightarrow{r_1 \leftrightarrow r_2} \begin{bmatrix} 1 & 2 & -1 & -2 & | & 0 \\ 2 & -1 & -1 & 1 & | & 1 \\ 3 & 1 & -2 & -1 & | & 2 \end{bmatrix}$$

$$\xrightarrow[r_3+(-3)r_1]{r_2+(-2)r_1} \begin{bmatrix} 1 & 2 & -1 & -2 & | & 0 \\ 0 & -5 & 1 & 5 & | & 1 \\ 0 & -5 & 1 & 5 & | & 2 \end{bmatrix} \xrightarrow{r_3+(-1)r_2} \begin{bmatrix} 1 & 2 & -1 & -2 & | & 0 \\ 0 & -5 & 1 & 5 & | & 1 \\ 0 & 0 & 0 & 0 & | & 1 \end{bmatrix} = B$$

由 B 可知 $R(A) = 2$,而 $R(\tilde{A}) = 3$,即 $R(A) \neq R(\tilde{A})$,所以方程组无解.

定理 2 设在非齐次线性方程组中,$R(A) = R(\tilde{A}) = r$.
(1) 若 $r = n$,则方程组有唯一解;
(2) 若 $r < n$,则方程组有无穷多解.

例 2 解线性方程组
$$\begin{cases} x_1 - x_2 + 2x_3 = 2 \\ -x_1 + 2x_2 + 3x_3 = -2 \\ 2x_1 - 3x_2 - 2x_3 = 2 \end{cases}$$

解
$$\tilde{A} = \begin{bmatrix} 1 & -1 & 2 & | & 1 \\ -1 & 2 & 3 & | & -2 \\ 2 & -3 & -2 & | & 2 \end{bmatrix} \xrightarrow[r_3-2r_1]{r_2+r_1} \begin{bmatrix} 1 & -1 & 2 & | & 1 \\ 0 & 1 & 5 & | & -1 \\ 0 & -1 & -6 & | & 0 \end{bmatrix}$$

$$\xrightarrow{r_3+r_2} \begin{bmatrix} 1 & -1 & 2 & | & 1 \\ 0 & 1 & 5 & | & -1 \\ 0 & 0 & -1 & | & -1 \end{bmatrix}$$

从而,$R(A) = R(\tilde{A}) = 3$,与未知数的个数相等,所以方程组有唯一解,继续对矩阵作初等变换,有

$$\begin{bmatrix} 1 & -1 & 2 & | & 1 \\ 0 & 1 & 5 & | & -1 \\ 0 & 0 & -1 & | & -1 \end{bmatrix} \xrightarrow[r_2+5r_3]{r_1+2r_3} \begin{bmatrix} 1 & -1 & 0 & | & -1 \\ 0 & 1 & 0 & | & -6 \\ 0 & 0 & -1 & | & -1 \end{bmatrix} \xrightarrow[r_1+r_2]{r_3\times(-1)} \begin{bmatrix} 1 & 0 & 0 & | & -7 \\ 0 & 1 & 0 & | & -6 \\ 0 & 0 & 1 & | & 1 \end{bmatrix}$$

所以,方程组的唯一解为
$$x_1 = -7,\ x_2 = -6,\ x_3 = 1$$

例 4 解线性方程组
$$\begin{cases} x_1 + 2x_2 + 3x_3 - x_4 = 2 \\ 3x_1 + 2x_2 + x_3 - x_4 = 4 \\ x_1 - 2x_2 - 5x_3 + x_4 = 0 \end{cases}$$

解
$$\tilde{A} = \begin{bmatrix} 1 & 2 & 3 & -1 & | & 2 \\ 3 & 2 & 1 & -1 & | & 4 \\ 1 & -2 & -5 & 1 & | & 0 \end{bmatrix} \xrightarrow[r_3+(-1)r_1]{r_2+(-3)r_1} \begin{bmatrix} 1 & 2 & 3 & -1 & | & 2 \\ 0 & -4 & -8 & 2 & | & -2 \\ 0 & -4 & -8 & 2 & | & -2 \end{bmatrix}$$

$$\xrightarrow{r_3+(-1)r_2}\begin{bmatrix} 1 & 2 & 3 & -1 & 2 \\ 0 & -4 & -8 & 2 & -2 \\ 0 & 0 & 0 & 0 & 0 \end{bmatrix} \xrightarrow{r\times\left(-\frac{1}{4}\right)} \begin{bmatrix} 1 & 2 & 3 & -1 & 2 \\ 0 & 1 & 2 & -\frac{1}{2} & \frac{1}{2} \\ 0 & 0 & 0 & 0 & 0 \end{bmatrix}$$

$$\xrightarrow{r_1+(-2)r_2}\begin{bmatrix} 1 & 0 & -1 & 0 & 1 \\ 0 & 1 & 2 & -\frac{1}{2} & \frac{1}{2} \\ 0 & 0 & 0 & 0 & 0 \end{bmatrix} = B$$

由 B 可知 $R(A) = R(\tilde{A}) = 2$，且小于未知数的个数，所以方程组有无穷多解.

B 所对应的方程组

$$\begin{cases} x_1 - x_3 = 1 \\ x_2 + 2x_3 - \frac{1}{2}x_4 = \frac{1}{2} \end{cases}$$

即

$$\begin{cases} x_1 = 1 + x_3 \\ x_2 = \frac{1}{2} - 2x_3 + \frac{1}{2}x_4 \end{cases}$$

其中 x_3, x_4 可以任意取值，如果令 $x_3 = c_1, x_4 = c_2$，则方程组的一般解为

$$x_1 = 1 + c_1, \ x_2 = \frac{1}{2} - 2c_1 + \frac{1}{2}c_2, \ x_3 = c_1, \ x_4 = c_2$$

其中 c_1, c_2 为任意常数.

二、齐次方程组

设有 n 个未知数 m 个方程的齐次线性方程组

$$\begin{cases} a_{11}x_1 + a_{12}x_2 + \cdots + a_{1n}x_n = 0 \\ a_{21}x_1 + a_{22}x_2 + \cdots + a_{2n}x_n = 0 \\ \vdots \\ a_{m1}x_1 + a_{m2}x_2 + \cdots + a_{mn}x_n = 0 \end{cases}$$

显然方程组的增广矩阵与系数矩阵的秩相等，因此根据定理 1 可知，齐次线性方程组总有解，根据定理 2，可以得出以下定理.

定理 3 设在齐次方程组中，$R(A) = r$

（1）若 $r = n$，则方程组只有零解；

（2）若 $r < n$，则方程组还有无穷多个非零解.

例 5 解线性方程组

$$\begin{cases} x_1 + 2x_2 + 5x_3 = 0 \\ x_1 + 3x_2 - 2x_3 = 0 \\ 3x_1 + 7x_2 + 8x_3 = 0 \\ x_1 + 4x_2 - 9x_3 = 0 \end{cases}$$

解

$$A = \begin{bmatrix} 1 & 2 & 5 \\ 1 & 3 & -2 \\ 3 & 7 & 8 \\ 1 & 4 & -9 \end{bmatrix} \xrightarrow[\substack{r_3+(-3)r_1 \\ r_4+(-1)r_1}]{r_2+(-1)r_1} \begin{bmatrix} 1 & 2 & 5 \\ 0 & 1 & -7 \\ 0 & 1 & -7 \\ 0 & 2 & -14 \end{bmatrix} \xrightarrow[\substack{r_3+(-1)r_2 \\ r_4+(-2)r_2}]{r_1+(-2)r_2} \begin{bmatrix} 1 & 0 & 19 \\ 0 & 1 & -7 \\ 0 & 0 & 0 \\ 0 & 0 & 0 \end{bmatrix} = B$$

由 B 可知 $R(A)=2<3$，所以由定理 3 方程组有无穷多个非零解，以 B 的前两行为系数写出所对应的方程组

$$\begin{cases} x_1 \quad\;\, + 19x_3 = 0 \\ \quad\; x_2 - 7x_3 = 0 \end{cases}$$

解得

$$\begin{cases} x_1 \quad\;\, = -19x_3 \\ \quad\; x_2 = 7x_3 \end{cases}$$

于是方程组的一般解为

$$x_1 = -19c, \; x_2 = 7c, \; x_3 = c$$

其中 c 为任意常数.

课堂练习

解方程组：

（1）$\begin{cases} x_1 + x_2 - 2x_3 - x_4 = 1 \\ 2x_1 + x_2 - 2x_3 - 3x_4 = 2 \\ x_1 + 3x_2 - x_3 - 2x_4 = 0 \end{cases}$ （2）$\begin{cases} x_1 + x_2 - 2x_3 - x_4 = 1 \\ 3x_1 - x_2 + x_3 + 4x_4 = 4 \\ x_1 + 5x_2 - x_3 - 2x_4 = 0 \end{cases}$

习题 8–5

1. 解下列方程组：

（1）$\begin{cases} x_1 + 2x_2 + 3x_3 = 0 \\ 2x_1 + 3x_2 + x_3 = 0 \\ x_1 + x_2 - 2x_3 = 0 \\ 3x_1 + 5x_2 + 4x_3 = 0 \end{cases}$ （2）$\begin{cases} 2x_1 + x_2 - x_3 - 8x_4 = -1 \\ x_1 + x_2 + x_3 - 5x_4 = 2 \\ x_1 + 2x_2 - 3x_3 \quad\quad\;\; = -7 \end{cases}$

（3）$\begin{cases} 5x_1 + x_2 + 2x_3 = 2 \\ 2x_1 + x_2 + x_3 = 4 \\ 9x_1 + 2x_2 + 5x_3 = 3 \end{cases}$

2. 当 a, b 为何值时，线性方程组

$$\begin{cases} x_1 + 3x_2 + 2x_3 = 0 \\ 2x_1 + 5x_2 + 3x_3 = 2 \\ -x_1 + 2x_2 + ax_3 = b \end{cases}$$

有唯一解、无穷多解或无解？

3. 确定 m 的值，使方程组
$$\begin{cases} 2x_1 - x_2 + x_3 + x_4 = 1 \\ x_1 + 2x_2 - x_3 + 4x_4 = 2 \\ x_1 + 7x_2 - 4x_3 + 11x_4 = m \end{cases}$$
有解，并求出它的解.

参考答案

第 一 章

习题 1–1

1. （1）相同　　　（2）不同　　　（3）不同

2. $f(-2)=1$　　　$f(-x)=x^2+5$　　　$f[f(x)]=x^4+10x^2+30$

    $f[\varphi(x)]=\sin^2 3x+5$

3. 定义域 $(-\infty,2]$　　$f(-1)=-1$　　$f(0)=3$　　$f(3)=9$　　图像（略）

4. （1）$(-\infty,-1)\cup(-1,1)\cup(1,+\infty)$　　　（2）$\left[-\dfrac{2}{3},+\infty\right)$

    （3）$(-\infty,4)$　　　（4）$[-1,3]$

5. （1）$y=\lg u$　　$u=2^v$　　$v=\cos x$

    （2）$y=u^3$　　$u=\arccos v$　　$v=1-x^2$

6. （1）$[-1,1]$　　（2）$\left[\dfrac{1}{3},\dfrac{2}{3}\right]$

习题 1–2

1. （1）$\dfrac{1}{3}$　　　（2）0　　　（3）不存在

2. （1）1　　　（2）不存在　　　（3）不存在　　　（4）不存在

3. $\lim\limits_{x\to 1^-}f(x)=2$　　$\lim\limits_{x\to 1^+}f(x)=2$　　$\lim\limits_{x\to 1}f(x)=2$ 存在

4. $\lim\limits_{x\to 0^-}f(x)=2$　　$\lim\limits_{x\to 0^+}f(x)=2$　　$\lim\limits_{x\to 1^-}f(x)=2\mathrm{e}$　　$\lim\limits_{x\to 1^+}f(x)=4$

    $\lim\limits_{x\to 0}f(x)=2$　　$\lim\limits_{x\to 1}f(x)$ 不存在

习题 1–3

1. $\lim\limits_{x\to 0}f(x)=0$　　$\lim\limits_{x\to 1}f(x)=3$　　$\lim\limits_{x\to\frac{3}{2}}f(x)=\dfrac{27}{4}$

2. （1）0　　（2）3　　（3）$\dfrac{1}{4}$　　（4）$\dfrac{1}{2}$　　（5）0　　（6）$\dfrac{2^{20}\times 3^{30}}{5^{50}}$

3. $a=1$　$b=-1$

习题 1-4

1. (1) $\dfrac{2}{3}$　　(2) a^2　　(3) 0　　(4) $\dfrac{1}{2}$　　(5) $\dfrac{a}{b}$　　(6) 8　　(7) 1

2. (1) e^2　　(2) $e^{-\frac{1}{2}}$　　(3) e^{-6}　　(4) e^{-1}

习题 1-5

1. (1) 无穷大　　(2) 无穷大　　(3) 无穷小　　(4) 无穷小
2. 当 $x \to -1$ 时为无穷小，当 $x \to 1$ 时为无穷大．
3. (1) 0　　(2) 0　　(3) 0　　(4) $\dfrac{1}{3}$
4. (1) 错　　(2) 错　　(3) 错　　(4) 错　　(5) 错
5. (1) 低阶无穷小　　(2) 等价无穷小　　(3) 等价无穷小

习题 1-6

1. (1) $-\dfrac{e^{-2}+1}{2}$　　(2) $-\dfrac{\sqrt{2}}{2}$　　(3) $\sqrt{2}$　　(4) 0　　(5) 3　　(6) a
2. 证明（略）
3. (1) $x=0$，可去间断点　　(2) $x=1$，第一类间断点
4. $a=1$
5. 证明（略）

第 二 章

习题 2-1

1. (1) $\bar{v}=11+4\Delta t$　　(2) $v(1)=12$
2. $v(2)=3$
3. (1) $A=-f'(x_0)$　　(2) $A=f'(0)$　　(3) $A=2f'(x_0)$
4. (1) $y'=4x^3$　　(2) $y'=-\dfrac{1}{2}x^{-\frac{3}{2}}$
   (3) $y'=\dfrac{2}{3}x^{-\frac{1}{3}}$　　(4) $y'=\dfrac{16}{5}x^{\frac{11}{5}}$
5. $f'(2)=-\dfrac{1}{4}$
6. 切线方程：$x+2y-3=0$　　法线方程：$2x-y-1=0$

7. (1) $\alpha = 0$　　(2) $\alpha = \dfrac{\pi}{4}$　　(3) $\alpha = -\dfrac{\pi}{4}$　　(4) $\alpha = \dfrac{\pi}{2}$

8. 讨论（略）

习题 2-2

1. 证明（略）

2. $f'(e) = e^e$

3. $y'|_{x=1} = \dfrac{1}{2}$

4. 切线方程：$x - ey = 0$　　　　法线方程：$ex + y - e^2 - 1 = 0$

习题 2-3

(1) $y' = 4x^3 - \dfrac{1}{\sqrt{x}}$　　(2) $y' = \dfrac{1}{x\ln 10} - \dfrac{1}{2\sqrt{x^3}} - \dfrac{2}{x^3}$

(3) $y' = \tan x + x\sec^2 x + \csc^2 x$　　(4) $y' = 1 + \ln x$

(5) $y' = nx^{n-1}\sin x + x^n \cos x$　　(6) $y' = \dfrac{1}{2\sqrt{x}} - \dfrac{1}{\sqrt{x^3}} - 3$

(7) $y' = \dfrac{\cos x + x\sin x}{\cos^2 x}$　　(8) $y' = -\dfrac{2}{x(1+\ln x)^2}$

2. (1) $\dfrac{1}{25}$　$\dfrac{41}{45}$　　(2) $\dfrac{\sqrt{2}}{4} + \dfrac{\sqrt{2}}{8}\pi$　　(3) $6\pi - 1$

3. 切线方程：$\sqrt{2}x - y + 1 - \dfrac{\sqrt{2}}{4}\pi = 0$　　法线方程：$x - \sqrt{2}y + \sqrt{2} - \dfrac{\pi}{4} = 0$

习题 2-4

1. (1) $y' = \sin\left(\dfrac{\pi}{4} - x\right)$　　(2) $y' = 12\sin^2(4x+3)\cos(4x+3)$

(3) $y' = -\dfrac{3}{5}(1+3x)^{-\frac{6}{5}}$　　(4) $y' = 60x(3x^2+1)^9$

(5) $y' = 2n(2x+1)$　　(6) $y' = \cos x^2 - 2x^2 \sin x^2$

(7) $y' = \dfrac{5^x}{2^x}\ln\dfrac{5}{2}$　　(8) $y' = \cos 3^x \cdot 3^x \ln 3$

(9) $y' = -\dfrac{1}{x}$　　(10) $y' = \dfrac{\cot x}{\ln 10}$

(11) $y' = \csc x$　　(12) $y' = \dfrac{1}{2(x-1)}$

(13) $y' = -2e^{-x^2}(x^3 - 2x^2 + 2x + 1)$　　(14) $y' = \arccos x$

2. $y'|_{x=1} = \dfrac{4}{3}$

3. $f'(0) = e^{-1}$　　　　$f'(1) = -e^{-2}$

参 考 答 案

4. $f'\left(\dfrac{1}{2}\right) = \pi e^{\frac{\pi}{2}}$

5. 切线方程：$2x - y - 2\pi = 0$ 法线方程：$x + 2y - \pi = 0$

6. 切线方程：$x - y - 1 = 0$ 法线方程：$x + y - 1 = 0$

7. $(1, e^{-1})$ 切线方程：$y = e^{-1}$

习题 2–5

1. （1）$y'' = \dfrac{2}{x^3}$ （2）$y'' = -\csc^2 x$

   （3）$y'' = -\dfrac{2(1+x^2)}{(1-x^2)^2}$ （4）$y'' = -2\sin x - x\cos x$

   （5）$y'' = 2e^{-t}\sin t$ （6）$y'' = 2\arctan x + \dfrac{2x}{1+x^2}$

   （7）$y'' = \dfrac{e^x(x^2 - 2x + 2)}{x^3}$ （8）$y'' = \dfrac{2}{(1-x)^3}$

2. $f''(0) = 2$

3. （1）$2f'(x^2) + 4x^2 f''(x^2)$ （2）$\dfrac{f''(x)f(x) - [f'(x)]^2}{[f(x)]^2}$

4. $y^{(n)} = 2^n e^{2x}$

5. $a\big|_{t=3} = s''\big|_{t=3} = 268 \text{ m/s}^2$

习题 2–6

1. （1）$\dfrac{dy}{dx} = \dfrac{2y}{2y-1}$ （2）$\dfrac{dy}{dx} = \dfrac{2x + e^y}{1 - xe^y}$

2. （1）$y'\big|_{\left(\frac{\pi}{2}, 0\right)} = -2$ （2）$y'\big|_{(0,1)} = -\dfrac{1}{2}$

3. （1）$\dfrac{dy}{dx} = 4\cos t$ （2）$\dfrac{dy}{dx} = \dfrac{t}{(1-t)^2}$

4. $\dfrac{dy}{dx}\bigg|_{t=\frac{\pi}{3}} = \sqrt{3} - 2$

5. 切线方程：$x + \sqrt{3}y - 4 = 0$ 法线方程：$\sqrt{3}x - y = 0$

6. $y' = (\sin x)^{\cos x - 1}(\cos^2 x - \sin^2 x \ln \sin x)$

习题 2–7

1. $\Delta y = -0.0599$ $dy = -0.06$

2. $dy = dx$ $dy = \dfrac{\sqrt{2}}{2} e^{\frac{\sqrt{2}}{2}} dx$

3. (1) $3e^{\sin 3x}\cos 3x dx$　　(2) $\dfrac{e^{2x}(2x-1)}{x^2}dx$

(3) $(e^{2x}-e^{-2x})dx$　　(4) $8x\tan(1+2x^2)\sec^2(1+2x^2)dx$

(5) $\dfrac{1-n\ln x}{x^{n+1}}dx$　　(6) $-\dfrac{x}{1-x^2}dx$

(7) $\dfrac{\sqrt{1+x^2}}{(1+x^2)^2}dx$　　(8) $-\dfrac{1+\dfrac{1}{\sqrt{1-x^2}}}{(x+\arcsin x)^2}dx$

4. (1) $2x+C$　　(2) $2\sqrt{x}+C$

(3) $\ln|1+x|+C$　　(4) $-e^{-x}+C$

(5) $-\dfrac{1}{\omega}\cos\omega x+C$　　(6) $2\sin x$

(7) $\dfrac{1}{2}\arctan\dfrac{x}{2}+C$　　(8) $\dfrac{\arcsin 3x}{3}+C$

5. $3.14\ \mathrm{cm}^2$

6. $19.625\ \mathrm{cm}^3$

7. (1) 10.033 3　　(2) 1.043 4　　(3) 0.554 1　　(4) 0.79

第 三 章

习题 3–1

1. $\dfrac{5\pm\sqrt{13}}{12}$

2. 略

3. (1) 单调增加区间：$\left(\dfrac{1}{2},+\infty\right)$，单调减少区间：$\left(0,\dfrac{1}{2}\right)$

(2) 单调增加区间：$(-2,0)$，$(2,+\infty)$；单调减少区间：$(-\infty,-2)$，$(0,2)$

(3) 单调增加区间：$(-\infty,0)$，单调减少区间：$(0,+\infty)$

(4) 单调增加区间：$(-\infty,-1)$，$\left(-\dfrac{1}{5},+\infty\right)$；单调减少区间：$\left(-1,-\dfrac{1}{5}\right)$

4. (1) $t=2$，$t=10$ 时速度为零.

(2) $t\in(0,2)\cup(10,+\infty)$ 时做前进运动.

(3) $t\in(2,10)$ 时做后退运动.

5. (1) 极大点为 $x=\pm 1$，极大值为 $y|_{x=\pm 1}=\dfrac{1}{2}$

极小点为 $x=0$，极小值为 $y|_{x=0}=0$

(2) 无极值点，无极值

（3）极大点为 $x=-\dfrac{1}{2}$，极大值为 $y\big|_{x=-\frac{1}{2}}=\dfrac{15}{4}$

极小点为 $x=1$，极小值为 $y\big|_{x=1}=-3$

（4）极小点为 $x=-\dfrac{1}{2}\ln 2$，极小值为 $y\big|_{x=-\frac{1}{2}\ln 2}=2\sqrt{2}$

（5）极大点为 $x=\dfrac{3}{4}$，极大值为 $y\big|_{x=\frac{3}{4}}=\dfrac{5}{4}$

（6）极大点为 $x=1$，极大值为 $y\big|_{x=1}=\dfrac{\pi-2\ln 2}{4}$

6. 当 $x=\pi$ 时，函数取得极大值为 $y=\dfrac{3}{2}$

习题 3-2

1.（1）最大值为 $f(1)=-29$；最小值为 $f(3)=-61$

（2）最大值为 $f\left(-\dfrac{\pi}{2}\right)=\dfrac{\pi}{2}$；最小值为 $f\left(\dfrac{\pi}{2}\right)=-\dfrac{\pi}{2}$

（3）最大值为 $f(0)=10$；最小值为 $f(8)=6$

（4）最大值为 $f\left(\dfrac{3}{4}\right)=\dfrac{5}{4}$；最小值为 $f(-5)=-5+\sqrt{6}$

2. 略

3. 略

4. $x=\dfrac{30}{4+\pi}$ 时截面面积最大．

5. 小正方形边长为 $\dfrac{1}{3}(10-2\sqrt{7})\,\mathrm{cm}$ 时，纸盒容积最大．

习题 3-3

1.（1）在 $(-\infty,+\infty)$ 内是凸的．

（2）在 $(0,+\infty)$ 内是凹的，在 $(-\infty,0)$ 内是凸的．

（3）在 $\left(\dfrac{1}{2},+\infty\right)$ 内是凹的，在 $\left(-\infty,\dfrac{1}{2}\right)$ 内是凸的．

（4）$a>0$ 时，曲线是凹的；$a<0$ 时，曲线是凸的．

2.（1）在区间 $\left(-\infty,-\dfrac{1}{2}\right)$ 内曲线是凸的，在区间 $\left(-\dfrac{1}{2},+\infty\right)$ 内曲线是凹的，拐点是 $\left(-\dfrac{1}{2},2\right)$

（2）在 $(-\infty,0)$ 内是凸的，在 $(0,+\infty)$ 内是凹的，拐点是 $(0,0)$

（3）在 $\left(-\dfrac{\sqrt{2}}{2},\dfrac{\sqrt{2}}{2}\right)$ 内是凸的，在 $\left(-\infty,-\dfrac{\sqrt{2}}{2}\right)\cup\left(\dfrac{\sqrt{2}}{2},+\infty\right)$ 内是凹的，拐点是 $\left(-\dfrac{\sqrt{2}}{2},\dfrac{1}{\sqrt{e}}\right)$

和 $\left(\dfrac{\sqrt{2}}{2}, \dfrac{1}{\sqrt{e}}\right)$

（4）在 $\left(-\infty, -\dfrac{\sqrt{3}}{3}\right)$，$\left(\dfrac{\sqrt{3}}{3}, +\infty\right)$ 内是凸的，在 $\left(-\dfrac{\sqrt{3}}{3}, \dfrac{\sqrt{3}}{3}\right)$ 内是凹的，拐点是 $\left(-\dfrac{\sqrt{3}}{3}, \dfrac{3}{4}\right)$ 和 $\left(\dfrac{\sqrt{3}}{3}, \dfrac{3}{4}\right)$

3. 无拐点

4. $a = 3$ 在区间 $(-\infty, 1)$ 内是凸的，在 $(1, +\infty)$ 内是凹的，拐点为 $(1, -7)$

5. $a = -\dfrac{3}{2}$，$b = -\dfrac{9}{2}$

6. $a = 3$；$b = -9$；$c = 8$

习题 3-4

略

习题 3-5

1. $\overline{R}(50) = 199.5$ $R'(50) = 199$
2. $\varepsilon_p = -2p\ln 2$
3. -0.75 -1 -1.25
4. （1） -8 （2） -0.54
5. 当 $40 < p < 80$ 时，高弹性

   当 $0 < p < 40$ 时，低弹性
6. 生产 250 单位产品时，获最大利润为 850 万元.

习题 3-6

（1） $-\dfrac{1}{3}$ （2） 2   （3） 1   （4） 1   （5） 0

（6） $\cos a$ （7） $+\infty$ （8） e   （9） $\dfrac{1}{2}$ （10） $-\dfrac{1}{2}$

第 四 章

习题 4-1

1. 略

2. （1） $\dfrac{2}{5}x^2\sqrt{x} + \dfrac{1}{2}x^2 - 6\sqrt{x} + C$ （2） $18\sqrt{x} - 4x\sqrt{x} + \dfrac{2}{5}x^2\sqrt{x} + C$

(3) $5\ln|x|+2e^x+\dfrac{2}{\sqrt{x}}+C$

(4) $\dfrac{2^x}{\ln 2}+\tan x+C$

(5) $\dfrac{x^3}{3}-\dfrac{8}{5}x^2\sqrt{x}+2x^2+C$

(6) $\dfrac{x^2}{2}+2\arctan x+C$

(7) $-\cos x+C$

(8) $2x-\tan x+C$

习题 4-2

(1) $\dfrac{1}{4}\sin(4x-1)+C$

(2) $\dfrac{1}{30}(5x-3)^6+C$

(3) $-e^{-x}+C$

(4) $\dfrac{1}{2}e^{x^2}+C$

(5) $\dfrac{3^{2x}}{2\ln 3}+C$

(6) $\dfrac{1}{3}(1+x^2)\sqrt{1+x^2}+C$

(7) $-\dfrac{1}{198(1+x^2)^{99}}+C$

(8) $e^{\sin x}+C$

(9) $\dfrac{1}{4}\ln^4 x+C$

(10) $2\sqrt{x+1}-2\ln(1+\sqrt{1+x})+C$

(11) $\ln\left|\dfrac{\sqrt{1+x}-1}{\sqrt{1+x}+1}\right|+C$

(12) $2\sqrt{x}-3\sqrt[3]{x}+6\sqrt[6]{x}-6\ln(1+\sqrt[6]{x})+C$

习题 4-3

(1) $\sin x-x\cos x+C$

(2) $x^2\sin x+2x\cos x-\sin x+C$

(3) $x^2 e^x-2xe^x+2e^x+C$

(4) $x\ln x-x+C$

(5) $-\dfrac{1}{2}x\cos 2x+\dfrac{1}{4}\sin 2x+C$

(6) $x\arccos x-\sqrt{1-x^2}+C$

第 五 章

习题 5-1

1. (1) $\int_1^2 x^2 dx$ (2) $\int_{\frac{\pi}{3}}^{\pi}\sin x dx$ (3) $\int_0^1 e^x dx$

2. (1) 0   (2) 0   (3) 1   (4) 0

3. (a) $\int_1^3 \dfrac{1}{x}dx$ (b) $\int_{-1}^3 [(2x+3)-x^2]dx$ (c) $\int_a^b [f(x)-g(x)]dx$ (d) $\int_{-1}^1 (\sqrt{2-x^2}-x^2)dx$

4. (1) $\dfrac{1}{2}\leqslant \int_0^1 \dfrac{1}{1+x^2}dx \leqslant 1$

(2) $\dfrac{3}{4}\leqslant \int_{-1}^1 (4x^4-2x+5)dx \leqslant 22$

习题 5-2

1. 0 $\dfrac{\sqrt{2}}{2}$

2. (1) $2x\sqrt{1+x^4}$ (2) $\dfrac{3x^2}{\sqrt{1+x^{12}}}-\dfrac{2x}{\sqrt{1+x^8}}$ (3) $(\sin x-\cos x)\cos x(\pi\sin^2 x)$

3. (1) 1   (2) 2

4. (1) $a\left(a^2-\dfrac{a}{2}+1\right)$ (2) $2\dfrac{5}{8}$ (3) $45\dfrac{1}{6}$ (4) $\dfrac{\pi}{3}$ (5) $\dfrac{\pi}{3}$

   (6) $\dfrac{\pi}{3a}$ (7) $\dfrac{\pi}{6}$ (8) $\dfrac{\pi}{4}+1$ (9) $\ln\dfrac{3}{2}$ (10) 4

   (11) $\dfrac{8}{3}$ (12) $\dfrac{4}{5}(4\sqrt{2}-1)$

习题 5-3

1. (1) $\pi-\dfrac{4}{3}$ (2) $\dfrac{6}{25}$ (3) $\dfrac{51}{512}$ (4) $\dfrac{8}{3}$ (5) 1

   (6) $\ln\dfrac{1+e}{2}$ (7) $\dfrac{\pi}{2}$ (8) $\dfrac{4}{3}$

2. (1) -2π (2) $1-\dfrac{\sqrt{3}}{2}+\dfrac{\pi}{6}$ (3) $\dfrac{1+e^2}{4}$ (4) $\dfrac{1-\ln 2}{2}$

   (5) $\dfrac{e^{\frac{\pi}{2}}-e}{2}$ (6) π^2

3. -12π

习题 5-4

1. (1) 2   (2) 4   (3) $\dfrac{2}{3}$ (4) $\dfrac{\pi}{2}+\dfrac{1}{3}$ (5) $\dfrac{3}{2}-\ln 2$

2. (1) $\dfrac{3}{10}\pi$ (2) $\dfrac{\pi^2}{2}$ (3) $\dfrac{2}{3}\pi$ (4) $\dfrac{16}{3}\pi$ (5) $160\pi^2$

3. $\dfrac{4\sqrt{3}}{3}R^3$

4. $\dfrac{1}{2}\pi R^2 h$

习题 5-5

1. 1.54×10^6 (J)

2. $\dfrac{k}{2a}(b^2-a^2)$

3. $2.45 \times 10^3 \pi r^4$ (J)
4. 1.44×10^7 (N)
5. 117.6 (kN)

习题 5-6

(1) $\dfrac{1}{2}$ (2) 发散 (3) $\dfrac{1}{a}$ (4) 发散

(5) 发散 (6) 1 (7) $\dfrac{8}{3}$ (8) 发散

第 六 章

习题 6-1

1.
(1) 第四卦限、第八卦限、第六卦限、第三卦限 (2) $18+8\sqrt{2}$ (3) $x=-6$ 和 $x=6$
2. $2(9+4\sqrt{2})$
3. $|x|=6$
4. (1) y 轴　yOz 面
   (2) 圆、圆柱面
   (3) 直线、平面
   (4) 平面曲线、曲面
5. 略

习题 6-2

1. (1) $\dfrac{5}{3}$, $2(x+y)$
2. $2x+y^2$
3. (1) $D=\{(x,y)|x>y \text{ 且 } y\neq 0\}$ (2) $D=\{(x,y)|-1\leqslant x \leqslant 1, y>0\}$
   (3) $D=\{(x,y)|x^2+y^2>1\}$ (4) $D=\{(x,y)|x\geqslant \sqrt{y} \text{ 且 } y\geqslant 0\}$
4. (1) $-\dfrac{1}{4}$ (2) $\dfrac{1}{2}$ (3) 0 (4) $\dfrac{1}{2}$

习题 6-3

1. (1) $\dfrac{\partial z}{\partial x}=yx^{y-1}$, $\dfrac{\partial z}{\partial y}=x^y \ln x$ (2) $\dfrac{\partial z}{\partial x}=\dfrac{-2x\sin x^2}{y}$, $\dfrac{\partial z}{\partial y}=-\dfrac{\cos x^2}{y^2}$

   (3) $\dfrac{\partial z}{\partial x}=e^x y^2$, $\dfrac{\partial z}{\partial y}=2y e^x$ (4) $\dfrac{\partial z}{\partial x}=\dfrac{1}{y}\sec^2 \dfrac{x}{y}$, $\dfrac{\partial z}{\partial y}=-\dfrac{x}{y^2}\sec^2 \dfrac{x}{y}$

（5） $\dfrac{\partial z}{\partial x} = y^2(1+xy)^{y-1}$，$\dfrac{\partial z}{\partial y} = (1+xy)^y \left[\ln(1+xy) + \dfrac{xy}{1+xy}\right]$

（6） $\dfrac{\partial z}{\partial x} = 3^{\frac{y}{x}} \ln 3 \left(-\dfrac{y}{x^2}\right)$，$\dfrac{\partial z}{\partial y} = 3^{\frac{y}{x}} \ln 3 \dfrac{1}{x}$

（7） $\dfrac{\partial z}{\partial x} = \dfrac{1}{2x\sqrt{\ln xy}}$，$\dfrac{\partial z}{\partial y} = \dfrac{1}{2y\sqrt{\ln xy}}$

（8） $\dfrac{\partial u}{\partial x} = \dfrac{y}{z} x^{\frac{y}{z}-1}$，$\dfrac{\partial u}{\partial y} = x^{\frac{y}{z}} \ln x \dfrac{1}{z}$，$\dfrac{\partial u}{\partial z} = x^{\frac{y}{z}} \ln x \left(-\dfrac{y}{z^2}\right)$

（9） $\dfrac{\partial u}{\partial x} = yz(xy)^{z-1}$，$\dfrac{\partial u}{\partial y} = xz(xy)^{z-1}$，$\dfrac{\partial u}{\partial z} = (xy)^z \ln(xy)$

（10） $\dfrac{\partial z}{\partial x} = e^{\sin(xy)} y[1+xy\cos(xy)]$，$\dfrac{\partial z}{\partial y} = e^{\sin(xy)} x[1+xy\cos(xy)]$

2. （1） 2   （2） 2

3. 1

4. （1） $z''_{xx} = 12x^2 - 8y^2$，$z''_{yy} = 12y^2 - 8x^2$，$z''_{xy} = z''_{yx} = -16xy$

（2） $z''_{xx} = \dfrac{2(y^2-x^2)}{(x^2+y^2)^2}$，$z''_{yy} = \dfrac{2(x^2-y^2)}{(x^2+y^2)^2}$，$z''_{xy} = z''_{yx} = -\dfrac{4xy}{(x^2+y^2)^2}$

（3） $z''_{xx} = 2a^2 \cos 2(ax+by)$，$z''_{yy} = 2b^2 \cos 2(ax+by)$，$z''_{xy} = z''_{yx} = 2ab\cos 2(ax+by)$

（4） $z''_{xx} = \dfrac{1}{y^2} e^{-\frac{x}{y}}$，$z''_{yy} = \dfrac{x}{y^3} e^{-\frac{x}{y}} \left(\dfrac{x}{y}-2\right)$，$z''_{xy} = z''_{yx} = \dfrac{1}{y^3} e^{-\frac{x}{y}}(y-x)$

5. 略

习题 6-4

1. $\dfrac{\partial z}{\partial x} = 2(xy^2 + x - y)$，$\dfrac{\partial z}{\partial y} = 2(x^2 y - x + y)$

2. $\dfrac{\partial z}{\partial u} = \dfrac{2u}{v^2} \ln(3u-2v) + \dfrac{3u^2}{(3u-2v)v^2}$，$\dfrac{\partial z}{\partial v} = -\dfrac{2u^2}{v^3} \ln(3u-2v) - \dfrac{3u^2}{(3u-2v)v^2}$

3. $\dfrac{dz}{dt} = \dfrac{3(1-4t^2)}{\sqrt{1-(3t-4t^3)^2}}$

4. $\dfrac{dz}{dx} = f'_1 + f'_2 e^x + f'_3 \cos x$

5. （1） $\dfrac{\partial z}{\partial x} = \dfrac{z\sqrt{xyz}+yz^2}{\sqrt{xyz}-xyz}$，$\dfrac{\partial z}{\partial y} = \dfrac{2z\sqrt{xyz}+xz^2}{\sqrt{xyz}-xyz}$

（2） $\dfrac{\partial z}{\partial x} = \dfrac{e^x - yz}{xy}$，$\dfrac{\partial z}{\partial y} = -\dfrac{z}{y}$

(3) $\dfrac{\partial z}{\partial x} = \dfrac{z}{x+z}$, $\dfrac{\partial z}{\partial y} = \dfrac{z^2}{y(x+z)}$

(4) $\dfrac{\partial z}{\partial x} = \dfrac{yz}{z^2 - xy}$, $\dfrac{\partial z}{\partial y} = \dfrac{xz}{z^2 - xy}$

6. -2

7. $\dfrac{\partial z}{\partial x} = \dfrac{ayz - x^2}{z^2 - axy}$, $\dfrac{\partial z}{\partial y} = \dfrac{ayz - x^2}{z^2 - axy}$

8. 略

9. 略

习题 6-5

1. $-\mathrm{d}x + 2\mathrm{d}y$

2. (1) $\left(y + \dfrac{1}{y}\right)\mathrm{d}x + \left(x - \dfrac{x}{y^2}\right)\mathrm{d}y$ (2) $\dfrac{1}{x^2}\mathrm{e}^{\frac{y}{x}}(-y\mathrm{d}x + x\mathrm{d}y)$

(3) $\mathrm{e}^{xy}(\cos xy - \sin xy)(y\mathrm{d}x + x\mathrm{d}y)$ (4) $\dfrac{1}{x^2 + y^2}(-y\mathrm{d}x + x\mathrm{d}y)$

3. 在点（0，0）处，$\mathrm{d}z = 0$，在点（1，1）处，$\mathrm{d}z = -4\mathrm{d}x - 4\mathrm{d}y$

4. $\mathrm{d}z = -\dfrac{\sin 2x}{\sin 2z}\mathrm{d}x - \dfrac{\sin 2y}{\sin 2z}\mathrm{d}y$

习题 6-6

1. (1) 在点（1，1）处取得极小值，极小值为 $f(1,1) = -1$

   (2) 在点（3，2）处取得极大值，极大值为 $f(3,2) = 36$

2. 长=宽=6，高=3

3. $\sqrt{3}$

4. $\left(\dfrac{2}{13}, 2, \dfrac{63}{26}\right)$

5. 长=宽=$\dfrac{2}{\sqrt{3}}R$，高=$\dfrac{1}{\sqrt{3}}R$

第 七 章

习题 7-1

1. (1) $4k\pi$ (2) 18π (3) $\dfrac{\pi}{3}$

2. $I_1 \geqslant I_2$

3. (1) $0 \leqslant I \leqslant \pi^2$ (2) $0 \leqslant I \leqslant 8$

习题 7-2

1. (1) $\dfrac{8}{3}$　　(2) 2　　(3) $\dfrac{7}{20}$　　(4) $\dfrac{8}{15}$　　(5) $-\dfrac{3}{2}\pi$

2. (1) $\dfrac{16}{3}\pi$　　(2) $\pi(1-e^{-R^2})$　　(3) 4π

3. $\dfrac{17}{6}$

4. π

习题 7-3

1. $2a^2(\pi-2)$

2. $\dfrac{\pi}{6}(5\sqrt{5}-1)$

3. $\dfrac{\sqrt{5}}{2}+\dfrac{1}{4}\ln(2+\sqrt{5})$

4. $\dfrac{1}{4}\pi$

5. $\left(\dfrac{2R}{3\alpha}\sin\alpha,0\right)$（其中扇形的顶点为原点，中心角的平分线为 x 轴）

6. $\left(\dfrac{3}{5}x_0,\dfrac{3}{8}y_0\right)$

7. (1) $I_y=\dfrac{1}{4}\pi a^3 b$

   (2) $I_x=\dfrac{1}{3}ab^3$　　$I_y=a^3 b$

第 八 章

习题 8-1

1. (1) 5　　(2) 2　　(3) 0　　(4) 4　　(5) 6

2. $x=\dfrac{20}{3}$, $y=\dfrac{14}{3}$, $z=-\dfrac{2}{3}$

3. (1) -39　　(2) $s-2t+w+v$

习题 8-2

1. (1) 0　　(2) 48　　(3) -8　　(4) -69　　(5) $(x-a)(x-b)(x-c)$　　(6) 0

2. (1) $x_1=-1$，$x_2=-1$，$x_3=0$，$x_4=1$

(2) $x_1 = 1$, $x_2 = -1$, $x_3 = 1$, $x_4 = -1$

习题 8-3

1. $3A - 2A^{\mathrm{T}} = \begin{bmatrix} 1 & 2 & 1 \\ -3 & 2 & -3 \\ 6 & 7 & 2 \end{bmatrix}$, $2A + 3A^{\mathrm{T}} = \begin{bmatrix} 5 & -3 & 18 \\ -2 & 10 & 11 \\ 17 & 9 & 10 \end{bmatrix}$

2. $A + B - C = \begin{bmatrix} 3 & 5 & 2 \\ -4 & 6 & 1 \end{bmatrix}$

3. $\begin{cases} x_1 = 2 \\ x_2 = 1 \\ x_3 = 2 \end{cases}$ $\begin{cases} y_1 = 5 \\ y_2 = 3 \\ y_3 = 2 \end{cases}$

4. (1) $[9]$ (2) $\begin{bmatrix} -10 & 11 \\ 32 & 24 \end{bmatrix}$ (3) $\begin{bmatrix} 6 & -7 & 8 \\ 20 & -5 & -2 \end{bmatrix}$ (4) $\begin{bmatrix} 5 & 15 & 2 \\ 3 & 14 & -1 \\ -3 & -2 & -14 \end{bmatrix}$

习题 8-4

1. (1) $\begin{bmatrix} 5 & -2 \\ -2 & 1 \end{bmatrix}$ (2) $\begin{bmatrix} 1 & -2 & 7 \\ 0 & 1 & -2 \\ 0 & 0 & 1 \end{bmatrix}$ (3) $\begin{bmatrix} 2 & -1 & 1 \\ 4 & -2 & 1 \\ -\dfrac{3}{2} & 1 & -\dfrac{1}{2} \end{bmatrix}$

(4) $\begin{bmatrix} -\dfrac{3}{4} & \dfrac{3}{4} & \dfrac{1}{4} \\ -1 & 0 & 1 \\ \dfrac{5}{4} & -\dfrac{1}{4} & -\dfrac{3}{4} \end{bmatrix}$ (5) $\begin{bmatrix} 0 & 1 & \dfrac{1}{30} \\ 1 & 0 & 0 \\ 0 & 0 & -\dfrac{1}{30} \end{bmatrix}$

2. (1) 2   (2) 3

习题 8-5

1. (1) $\begin{cases} x_1 = 7C \\ x_2 = -5C \\ x_3 = C \end{cases}$ (2) $\begin{cases} x_1 = 1 + 5C \\ x_2 = -1 - C \\ x_3 = 2 + C \\ x_4 = C \end{cases}$ (3) $\begin{cases} x_1 = -\dfrac{16}{15} \\ x_2 = -\dfrac{74}{15} \\ x_3 = \dfrac{6}{5} \end{cases}$

2. 当 $a = 3$ 且 $b \neq -10$ 时无解；当 $a = 3$ 且 $b = -10$ 时有无穷多解；当 $a = 3$，b 为任意常数时有唯一解.

3. 当 $m=5$ 时有解，解为 $\begin{cases} x_1 = \dfrac{4}{5} - \dfrac{1}{5}C_1 - \dfrac{6}{5}C_2 \\ x_2 = \dfrac{3}{5} + \dfrac{3}{5}C_1 - \dfrac{7}{5}C_2 \\ x_3 = C_1 \\ x_4 = C_2 \end{cases}$

附录　初等数学常用公式

一、代数

1. 绝对值

（1）定义　$|a| = \begin{cases} a & a > 0 \\ -a & a < 0 \end{cases}$

（2）性质　$|a| = |-a|$，$|ab| = |a||b|$，$\left|\dfrac{a}{b}\right| = \dfrac{|a|}{|b|}(b \neq 0)$，$|a| \leq A \Leftrightarrow -A \leq a \leq A\ (A \geq 0)$，$|a \pm b| \leq |a| + |b|$，$|a \pm b| \geq |a| - |b|$.

2. 指数

（1）$a^m \cdot a^n = a^{m+n}$　　　　　　（2）$\dfrac{a^m}{a^n} = a^{m-n}$

（3）$(ab)^n = a^n \cdot b^n$　　　　　　（4）$(a^m)^n = a^{mn}$

（5）$a^{-n} = \dfrac{1}{a^n}$　　　　　　　（6）$\sqrt[m]{a^n} = a^{\frac{n}{m}}$

（7）$a^0 = 1$

3. 对数

设 $a > 0, a \neq 1$，$x > 0$，$y > 0$ 则

（1）$\log_a xy = \log_a x + \log_a y$　　（2）$\log_a \dfrac{x}{y} = \log_a x - \log_a y$

（3）$\log_a x^b = b \log_a x$　　　　　（4）$\log_a b = \dfrac{\log_c b}{\log_c a}$

（5）$a^{\log_a b} = b$　　　　　　　　（6）$e^{\ln b} = b$

（7）$\log_a 1 = 0$，$\ln 1 = 0$　　　　（8）$\log_a a = 1$，$\ln e = 1$，$\ln x = \log_e x$

4. 乘法公式与因式分解

（1）十字相乘法：$x^2 + (a+b)x + ab = (x+a)(x+b)$

（2）$(a \pm b)^2 = a^2 \pm 2ab + b^2$

（3）$(a \pm b)^3 = a^3 \pm 3a^2b + 3ab^2 \pm b^3$

（4）$a^2 - b^2 = (a+b)(a-b)$

（5）$a^3 \pm b^3 = (a \pm b)(a^2 \mp ab + b^2)$

5. 二项式定理

$$(a+b)^n = a^n + na^{n-1}b + \dfrac{n(n-1)}{2!}a^{n-2}b^2 + \cdots + \dfrac{n(n-1)\cdots(n-k+1)}{k!}a^{n-k}b^k + \cdots + b^n$$

6. 数列的和

（1）等比数列：$a + aq + aq^2 + \cdots + aq^{n-1} = \dfrac{a(1-q^n)}{1-q}$，$|q| \neq 1$

（2）等差数列：$1 + 2 + 3 + \cdots + n = \dfrac{n(n+1)}{2}$

（3）$1 + 3 + 5 + \cdots + (2n-1) = n^2$

（4）$1^2 + 2^2 + 3^2 + \cdots + n^2 = \dfrac{1}{6}n(n+1)(2n+1)$

（5）$1^3 + 2^3 + 3^3 + \cdots + n^3 = \left[\dfrac{n(n+1)}{2}\right]^2$

二、三角

1. 度与弧度

$$1° = \dfrac{\pi}{180} \text{ rad}, \quad 1 \text{ rad} = \dfrac{180°}{\pi}$$

2. 平方关系

$$\sin^2 x + \cos^2 x = 1, \quad 1 + \tan^2 x = \sec^2 x, \quad 1 + \cot^2 x = \csc^2 x$$

3. 两角和与差的三角函数

$$\sin(x \pm y) = \sin x \cos y \pm \cos x \sin y$$

$$\cos(x \pm y) = \cos x \cos y \mp \sin x \sin y$$

$$\tan(x \pm y) = \dfrac{\tan x \pm \tan y}{1 \mp \tan x \tan y}$$

4. 二倍角公式

$$\sin 2\alpha = 2 \sin \alpha \cos \alpha$$

$$\cos 2\alpha = \cos^2 \alpha - \sin^2 \alpha = 1 - 2\sin^2 \alpha = 2\cos^2 \alpha - 1$$

$$\tan 2\alpha = \dfrac{2 \tan \alpha}{1 - \tan^2 \alpha}$$

5. 和差化积公式

$$\sin x + \sin y = 2 \sin \dfrac{x+y}{2} \cos \dfrac{x-y}{2}$$

$$\sin x - \sin y = 2 \cos \dfrac{x+y}{2} \sin \dfrac{x-y}{2}$$

$$\cos x + \cos y = 2 \cos \dfrac{x+y}{2} \cos \dfrac{x-y}{2}$$

$$\cos x - \cos y = -2 \sin \dfrac{x+y}{2} \sin \dfrac{x-y}{2}$$

6. 积化和差公式

$$2 \sin x \cos y = \sin(x+y) + \sin(x-y)$$

$$2 \cos x \sin y = \sin(x+y) - \sin(x-y)$$

$$2\cos x \cos y = \cos(x+y) + \cos(x-y)$$
$$2\sin x \sin y = \cos(x+y) - \cos(x-y)$$

三、平面解析几何

1. 两点 $P_1(x_1, y_1)$，$P_2(x_2, y_2)$ 间距离

$$d = \sqrt{(x_2-x_1)^2 + (y_2-y_1)^2}$$

2. 两点 $P_1(x_1, y_1)$，$P_2(x_2, y_2)$ 间的线段 P_1P_2 的斜率

$$k = \frac{y_2-y_1}{x_2-x_1}$$

3. 直线方程

（1）点斜式：$y - y_1 = k(x - x_1)$

（2）斜截式：$y = kx + b$

（3）两点式：$\dfrac{y-y_1}{y_2-y_1} = \dfrac{x-x_1}{x_2-x_1}$

（4）截距式：$\dfrac{x}{a} + \dfrac{y}{b} = 1$

4. 点到直线的距离

点 $P_1(x_1, y_1)$ 到直线 $Ax + By + C = 0$ 的距离

$$d = \frac{|Ax_1 + By_1 + C|}{\sqrt{A^2 + B^2}}$$

5. 两条直线的位置关系

设两条直线的方程为

$$l_1:\quad y = k_1 x + b_1 \text{ 或 } A_1 x + B_1 y + C_1 = 0$$
$$l_2:\quad y = k_2 x + b_2 \text{ 或 } A_2 x + B_2 y + C_2 = 0$$

（1）两条直线平行的充要条件

$$k_1 = k_2 \text{ 且 } b_1 \neq b_2 \quad \text{或} \quad \frac{A_1}{A_2} = \frac{B_1}{B_2} \neq \frac{C_1}{C_2}$$

（2）两条直线垂直的充要条件

$$k_1 k_2 = -1 \quad \text{或} \quad A_1 A_2 + B_1 B_2 = 0$$

6. 圆的标准方程

圆心在点 $P_0(x_0, y_0)$、半径为 R 的圆的方程为

$$(x - x_0)^2 + (y - y_0)^2 = R^2$$

特别地，当圆心在原点、半径为 R 的圆的方程为

$$x^2 + y^2 = R^2$$

7. 直角坐标与极坐标之间的关系

$$x = \rho\cos\theta, \quad y = \rho\sin\theta, \quad \rho = \sqrt{x^2 + y^2}, \quad \tan\theta = \frac{y}{x}$$

8. 几种常见的参数方程

（1）经过点 $P_0(x_0, y_0)$，倾角为 α 的直线的参数方程

$$\begin{cases} x = x_0 + t\cos\alpha \\ y = y_0 + t\sin\alpha \end{cases}$$

（2）圆心在点 (x_0, y_0)、半径为 R 的圆的参数方程为

$$\begin{cases} x = x_0 + R\cos t \\ y = y_0 + R\sin t \end{cases}$$

（3）中心在原点，长半轴为 a、短半轴为 b 的椭圆的参数方程为

$$\begin{cases} x = a\cos t \\ y = b\sin t \end{cases}$$

（4）中心在原点，实半轴为 a，虚半轴为 b 的双曲线的参数方程为

$$\begin{cases} x = a\sec t \\ y = b\tan t \end{cases}$$

（5）顶点在原点，对称轴为 x 轴的抛物线的参数方程为

$$\begin{cases} x = 2pt^2 \\ y = 2pt \end{cases}$$

参考文献

[1] 四川大学数学学院高等数学教研室. 大学数学习题册（理工科类）[M]. 成都：四川大学出版社，2005.

[2] 南京理工大学应用数学系. 普通高等教育"十一五"国家级规划教材. 高等数学（上册）（第二版）[M]. 北京：高等教育出版社，2008.

[3] 湖南师范大学数学与计算机科学学院. 基础高等数学 [M]. 上海：复旦大学出版社，2006.

[4] 上海交通大学应用数学系. 高等数学（上册）[M]. 上海：上海交通大学出版社，1987.

[5] 上海交通大学应用数学系. 高等数学（下册）[M]. 上海：上海交通大学出版社，1988.

[6] 同济大学数学教研室. 高等数学（第5版）[M]. 上海：同济大学出版社，2005.

[7] 中国科学技术大学高等数学教研室. 高等数学导论（上册）[M]. 合肥：中国科学技术大学出版社，1988.

[8] 华中理工大学数学系. 高等数学习题课教程 [M]. 武汉：华中理工大学出版社，2000.

[9] 同济大学应用数学系. 高等数学（本科少学时类型）[M]. 上海：同济大学出版社，1987.

[10] 程正兴，杨守志，冯晓霞. 高等数学（上册）[M]. 成都：西南交通大学出版社，1993.

[11] 广东工业大学应用数学系. 高等数学（上册）[M]. 广州：华南理工大学出版社，2003.